Ensaios sobre História e Filosofia das Ciências II

Scientiarum Historia et Theoria Studia, volume 5

Roberto de Andrade Martins

Ensaios sobre História e Filosofia das Ciências II

Extrema
Quamcumque Editum
2022

roberto.andrade.martins@gmail.com

Edição impressa – ISBN: 978-65-996890-8-6
E-book – ISBN: 978-65-996890-9-3

Sumário

PRÓLOGO

Este volume contém quatro ensaios sobre história e filosofia da ciência. Os três primeiros foram escritos alguns anos atrás, embora não tenham sido publicado anteriormente. O quarto texto foi elaborado recentemente.

No caso dos três capítulos que contêm material antigo, foi feita apenas uma revisão, com alguns ajustes de formatação e correções simples. Não fiz nenhuma tentativa de atualizá-los ou de complementá-los.

(1) História da Astronomia e ensino: os perigos da Internet

Este trabalho, que tinha originalmente o título "História da astronomia e ensino", foi elaborado para apresentação sob a forma de uma conferência de abertura no VIII Encontro Brasileiro para o Ensino da Astronomia, realizado na Pontifícia Universidade Católica de São Paulo, de 10 a 12 de dezembro de 2004. Embora tenha sido elaborado com vistas à sua publicação, acabou não sendo divulgado na época. Ele aborda erros encontrados na Internet a respeito de história da ciência, utilizando um exemplo específico de uma página sobre Copérnico que existia, naquela época, no site do Ministério de Ciência e Tecnologia. Essa página já não existe mais e, por isso, talvez se pudesse considerar que o texto perdeu seu valor. Porém, o tipo de problema encontrado naquela página pode ser igualmente localizado em um enorme número de outros sites atuais. Por isso, o tipo de análise apresentado nesse artigo, bem como suas conclusões, permanecem válidos.

Atualmente, mais do que em 2004, a Internet tem sido utilizada por estudantes de todos os níveis como fonte de informação. Infelizmente, é enorme a quantidade de equívocos que são encontrados nos sites nacionais e internacionais a respeito da

História da Ciência. Publiquei, alguns anos atrás, um trabalho em que também chamo a atenção para esse problema e indico como os professores podem utilizar informações erradas como as que aparecem na Internet em estratégias de ensino da História da Ciência.[1]

(2) As fontes literárias do *Tratado da Esfera* de Sacrobosco

Desenvolvi esse estudo em 2002, tendo apresentado uma comunicação sobre o tema, com o título "Las fuentes literarias del Tratado de la esfera de Sacrobosco", nas XIII Jornadas de Epistemología e Historia de la Ciencia, realizadas em La Falda, província de Córdoba, Argentina, de 27 de novembro a 1º de dezembro de 2002. O trabalho original era bastante extenso e foi publicada apenas uma versão muito curta desse estudo, em espanhol, no ano seguinte.[2] A versão longa deste trabalho está sendo publicada aqui pela primeira vez.

(3) Como elaborar uma dissertação sobre História da Ciência

No ano de 2001, quando era professor da Unicamp, elaborei um guia para uso de meus estudantes de pós-graduação, com o objetivo de dar orientações básicas a respeito da elaboração de uma dissertação de Mestrado em história da ciência. Esse antigo texto circulou amplamente, foi disponibilizado na Internet e muitas pessoas tiveram acesso ao mesmo. Esse guia teve algumas modificações e acréscimos em 2004 e essa segunda versão circulou de forma mais restrita. Esse texto de 2004, com

---

[1] MARTINS, Roberto de Andrade. An educational blend of pseudohistory and history of science and its application in the study of the discovery of electromagnetism. Pp. 277-292, in: PRESTES, Maria Elice Brezinski; SILVA, Cibelle Celestino (eds.). *Teaching science with context: historical, philosophical, and sociological approaches*. Berlin: Springer, 2018.

[2] MARTINS, Roberto de Andrade. Las fuentes literarias del Tratado de la Esfera de Sacrobosco. Vol. 9, pp. 307-314, in: RODRÍGUEZ, Victor & SALVATICO, Luis (eds.). *Epistemología e Historia de la Ciencia. Selección de Trabajos de las XIII Jornadas*. Córdoba: Universidad Nacional de Córdoba, 2003.

pequenas correções, está sendo publicado agora pela primeira vez. Não se trata do resultado de uma pesquisa sobre história da ciência, e sim um conjunto de sugestões que podem ser úteis, especialmente, para pessoas que estão realizando pela primeira vez um trabalho de investigação em História das Ciências.

(4) Os primórdios da Óptica Geométrica e a visão na *Optika* de Euclides

Nos anos de 2011 a 2014, quando atuei como professor visitante da Universidade Estadual da Paraíba, ministrei no Mestrado em Ensino de Ciências e Educação Matemática daquela universidade uma disciplina intitulada "Tópicos de Física Clássica". Nela abordei o desenvolvimento histórico dos principais ramos da Física Clássica e preparei uma série de traduções de textos primários curtos, para uso pelos meus estudantes da disciplina. Foi nesse período em que iniciei um estudo a respeito da *Optika* de Euclides, embora não tenha tido tempo, naquela época, de escrever um artigo a respeito. O texto aqui publicado pela primeira vez é um fechamento da pesquisa que comecei naquela época e que foi concluída em 2022.

Sobre o autor

Os principais temas de pesquisa de Roberto de Andrade Martins são: fundamentos da física (especialmente da teoria da relatividade), história da ciência (especialmente história da física, da matemática, da química, da astronomia e da biologia) e filosofia da ciência. Publicou mais de 200 atrabalhos sobre esses assuntos e orientou mais de 30 disertações e teses sobre seus temas de pesquisa.

Roberto de Andrade Martins graduou-se em Física na Universidade de São Paulo (USP, 1972) e obteve seu doutoramento em Lógica e Filosofia da Ciência na Universidade Estadual de Campinas (UNICAMP, 1987). Foi professor da Universidade Estadual de Londrina (UEL), da Universidade Federal do Paraná (UFPR) e da Universidade Estadual de Campinas (UNICAMP), onde trabalhou durante a maior parte de sua carreira acadêmica. Depois de se aposentar da UNICAMP em 2010, foi professor visitante na Universidade Estadual da Paraíba (UEPB), da Universidade de São Paulo em São Carlos (USP) e da Universidade Federal de São Carlos (UFSCar). Desde 2016, é colaborador da Universidade Federal de São Paulo (UNIFESP).

Criou e coordenou o Grupo de História e Teoria da Ciência (GHTC) na UNICAMP, de 1990 até 2010. Participa, como pesquisador, do mesmo grupo, que atualmente é denominado Grupo de História, Teoria e Ensino de Ciências. Foi presidente da Sociedade Brasileira de História da Ciência (SBHC) e da Associação de Filosofia e História da Ciência do Cone Sul (AFHIC). Foi bolsista de produtividade em pesquisa do Conselho Nacional de Desenvolvimento Científico e Tecnológico (CNPq) durante mais de 40 anos.

HISTÓRIA DA ASTRONOMIA E ENSINO: OS PERIGOS DA INTERNET

Roberto de Andrade Martins

Resumo: Este trabalho tem o objetivo de discutir alguns aspectos do uso da história da astronomia no ensino, indicando não apenas certas vantagens no uso dessa abordagem, mas também apontando aspectos problemáticos do uso costumeiro da história da astronomia no ensino e o perigo de utilizar fontes de informação mal fundamentadas, como muitas páginas da Internet. Para exemplificar os problemas relacionados com informações equivocadas, este artigo utiliza uma antiga página sobre Copérnico do *site* do Ministério da Ciência e da Tecnologia (MCT).

Palavras-chave: história da astronomia; história da ciência; Copérnico, Nicolau; revolução Copernicana; ensino de astronomia

1. INTRODUÇÃO

O papel da história da astronomia no ensino nem sempre é claro ou adequado. Algumas vezes os professores fazem uso de informações históricas que não auxiliam a compreensão dos temas estudados, como apresentar simplesmente os nomes de autores e datas de seus trabalhos – algo que somente serve para sobrecarregar a memória dos estudantes. Outras vezes, utilizam afirmações históricas como um elemento de autoridade, para eliminar qualquer possível discussão sobre certos resultados – por

MARTINS, Roberto de Andrade. *Ensaios sobre História e Filosofia das Ciências II*. Extrema: Quamcumque Editum, 2022.

exemplo: "Kepler provou que...". Em muitos casos, apresentam uma versão da história da astronomia que é uma simplificação e distorção da história, transmitindo aos estudantes uma concepção inadequada da própria natureza do trabalho científico.

Este trabalho tem o objetivo de discutir alguns aspectos do uso da história da astronomia no ensino, indicando não apenas certas vantagens no uso dessa abordagem, mas também apontando aspectos problemáticos do uso costumeiro da história da astronomia no ensino e o perigo de utilizar fontes de informação mal fundamentadas, como muitas páginas da Internet.

Em vez de analisar tal tipo de aplicação de forma abstrata, serão utilizados alguns exemplos concretos para discutir a questão. Os exemplos estão relacionados à chamada "revolução copernicana". Esse tópico foi escolhido por ser um tema central no ensino da astronomia, pois o sistema heliocêntrico é ensinado em todos os níveis, em disciplinas variadas como geografia, física, ciências e astronomia.[1]

2. O EXEMPLO A SER ESTUDADO

Quando se ensina o sistema heliocêntrico e se procura justificar sua aceitação, costuma-se falar sobre as contribuições de Copérnico, Galileo e outros pensadores dos séculos XVI e XVII. É natural, de fato, introduzir informações históricas ao tratar sobre o assunto. Mas que tipo de informação deve ser apresentada? Deve-se falar sobre a vida de Copérnico, ou só sobre suas ideias? Como se deve falar sobre isso? Por qual motivo? Que tipo de fontes de informação deve ser utilizado?

---

[1] Este artigo foi elaborado por ocasião da conferência "História da astronomia e ensino" apresentada durante o VIII Encontro Brasileiro para o Ensino da Astronomia (EBEA), realizado na PUC/SP, São Paulo, 10-12 de dezembro de 2004. As páginas da Internet que são indicadas no decorrer do trabalho não estão mais disponíveis, mas seu desaparecimento não as invalida como exemplos relevantes.

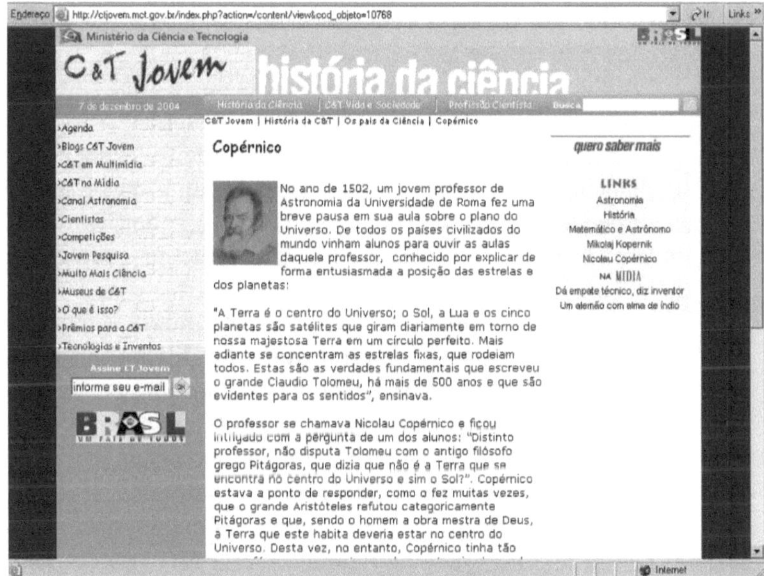

Fig. 1. Captura de tela, realizada em novembro de 2004, da página a respeito de Copérnico do site "C & T Jovem", do MCT.

Em vez de discutir essas questões de forma genérica, vamos analisar como exemplo um texto que procura falar sobre Copérnico e que foi divulgado na Internet, no portal "C & T Jovem", do Ministério da Ciência e Tecnologia, certamente muito consultado por estudantes (Fig. 1).[2] Transcrevemos a seguir todo o conteúdo da referida página, para facilitar a discussão.

COPÉRNICO

No ano de 1502, um jovem professor de Astronomia da Universidade de Roma fez uma breve pausa em sua aula sobre o plano do Universo. De todos os países civilizados do mundo vinham alunos para ouvir as aulas daquele professor,

---

[2] Quando a presente palestra foi apresentada, a referida página do *site* "C&T Jovem", http://ctjovem.mct.gov.br/ era esta: http://ctjovem.mct.gov.br/index.php?action=/content/view&cod_objeto=10768. Porém, depois da palestra, os responsáveis pelo referido *site* foram alertados sobre os problemas existentes e a página sobre Copérnico foi retirada.

conhecido por explicar de forma entusiasmada a posição das estrelas e dos planetas:

"A Terra é o centro do Universo; o Sol, a Lua e os cinco planetas são satélites que giram diariamente em torno de nossa majestosa Terra em um círculo perfeito. Mais adiante se concentram as estrelas fixas, que rodeiam todos. Estas são as verdades fundamentais que escreveu o grande Claudio Tolomeu, há mais de 500 anos e que são evidentes para os sentidos", ensinava.

O professor se chamava Nicolau Copérnico e ficou intrigado com a pergunta de um dos alunos: "Distinto professor, não disputa Tolomeu com o antigo filósofo grego Pitágoras, que dizia que não é a Terra que se encontra no centro do Universo e sim o Sol?". Copérnico estava a ponto de responder, como o fez muitas vezes, que o grande Aristóteles refutou categoricamente Pitágoras e que, sendo o homem a obra mestra de Deus, a Terra que este habita deveria estar no centro do Universo. Desta vez, no entanto, Copérnico tinha tão pouca fé em sua resposta que deu por terminada a aula e saiu bruscamente da sala. Depois de três anos de dedicação ao ensino, resolveu renunciar.

Como não desenhava e não queria mais ensinar o que ele mesmo duvidava, decidiu voltar para sua casa, em Frauenburg (que na época fazia parte da Polônia), para dedicar-se a investigar, para sua própria satisfação, se Tolomeu e os distintos professores do século XVI tinham mesmo razão ou estavam equivocados.

Dentre os seus principais estudos, constam algumas reformas práticas para tornar o calendário mais preciso, pois foi o primeiro a descobrir a duração quase exata do ano (tempos depois das suas descobertas, outros estudiosos constataram que seus cálculos sobre a longitude do ano tinham uma margem de erro de apenas 20 segundos!).

Na obra de Copérnico basearam-se Kepler, Newton, Einstein e vários cientistas que elaboraram a Astronomia moderna. Nicolau Copérnico viveu no período entre 1473 e 1543.

Esse é o texto que utilizaremos como exemplo para nossa análise.

3. ANÁLISE DO TEXTO

Antes de mais nada, é relevante comentar que a imagem apresentada no referido *site* para representar Copérnico é, na verdade, um desenho bem conhecido que mostra Galileo Galilei (Fig. 2). Atualmente é muito fácil, utilizando-se máquinas de busca (como *Google* ou *Altavista*) localizar imagens de Copérnico e de Galileo, e elas são bem distintas.

Fig. 2. Esquerda: Imagem apresentada no *site* "C & T Jovem" como se fosse Copérnico. Direita: Detalhe de um retrato de Galileo Galilei executado em 1624 pelo artista Ottavio Leoni (1578-1630).

Devemos comentar que, na verdade, ninguém sabe como Copérnico se parecia (as figuras mais antigas que mostram esse personagem foram desenhadas várias décadas depois de sua morte – ver Gingerich, 1975, p. 230), porém sabemos como era Galileo, a partir de figuras de sua própria época. Mas passemos aos detalhes do próprio texto.

No ano de 1502, um jovem professor de Astronomia da Universidade de Roma fez uma breve pausa em sua aula sobre o plano do Universo. De todos os países civilizados do mundo vinham alunos para ouvir as aulas daquele professor, conhecido por explicar de forma entusiasmada a posição das estrelas e dos planetas [...]

Ao contrário do que afirma o texto, sabe-se que Copérnico nunca foi professor de astronomia na Universidade de Roma. Na verdade, nunca foi professor de qualquer assunto, em nenhum lugar (não teve carreira acadêmica). Há notícia de que ele esteve uma única vez em Roma, por pouco tempo, em 1500; e em 1502 ele era um mero estudante de Medicina, em Pádua (ver Bilinski, 1983). Evidentemente, o resto da citação acima também está equivocado: como ele não era professor, não podiam acorrer alunos "de todos os países civilizados" para ouvir suas aulas...

O leitor deste trabalho pode se perguntar: "Mas afinal, como podemos saber quem está correto – o texto da Internet, que afirma que Copérnico foi professor em Roma, ou este crítico, que afirma que ele nunca foi professor em Roma?"

A resposta é simples: quando se trata de história da ciência, o critério para se discutir se uma afirmação está correta ou errada é a consulta a documentos. Os biógrafos de Copérnico (entre os quais não podemos incluir nem o autor do texto da Internet nem o presente crítico) procuraram localizar a documentação da própria época que permitisse reconstituir a vida daquele personagem, e estabeleceram uma cronologia bastante confiável, na qual outros autores se basearam, posteriormente.[3] Quem não quer fazer uma pesquisa baseada em fontes primárias mas quer simplesmente saber qual a versão mais aceita para a biografia de algum cientista pode consultar, atualmente, o *Dictionary of*

---

[3] Uma das biografias fundamentais de Copérnico é a de Prowe (1967). Pode-se encontrar um levantamento da documentação original (manuscritos) a respeito de Copérnico em Biskup (1973). Surgem constantemente novas informações e análises e pode-se encontrar uma revisão feita há 30 anos em Biskup (1974). Muitos estudos importantes sobre Copérnico foram publicados em polonês (Rosen, 1974). Há uma coleção de cartas de Copérnico e outros documentos de difícil acesso traduzidos em Copernicus (1985).

Scientific Biography, que é uma obra de referência escrita por especialistas e utilizada por todos os historiadores.[4]

É claro que a descoberta de novos documentos poderia alterar nossa concepção sobre a vida de Copérnico; mas tal descoberta, quando for feita, será divulgada em obras especializadas (artigos ou livros bem documentados) e não em um site anônimo da Internet.

Continuando com o texto que estamos analisando:

> "A Terra é o centro do Universo; o Sol, a Lua e os cinco planetas são satélites que giram diariamente em torno de nossa majestosa Terra em um círculo perfeito. Mais adiante se concentram as estrelas fixas, que rodeiam todos. Estas são as verdades fundamentais que escreveu o grande Claudio Tolomeu, há mais de 500 anos e que são evidentes para os sentidos", ensinava.

Quando, em algum texto, colocam-se entre aspas as frases atribuídas a uma pessoa, supõe-se que se trata de uma citação literal, fiel àquilo que a pessoa realmente disse ou escreveu. No caso, não se trata de uma citação de um texto e sim daquilo que Copérnico teria dito em uma aula que ministrou em Roma. Mas quem teria anotado as palavras exatas de Copérnico? Algum estudante? Em princípio, isso teria sido possível, se de fato Copérnico tivesse ministrado essa aula. Porém, como não existiram esses cursos ministrados por Copérnico, a citação entre aspas é uma mera ficção, algo inventado pelo autor do texto. Colocar a citação entre aspas pode ser considerado, aqui, um recurso inadequado e até desonesto, por transmitir uma ideia falsa a respeito do *status* da citação.

Além de ser impossível que a citação fosse uma reprodução literal daquilo que Copérnico disse, seu próprio conteúdo é inadequado. Na época em questão (1502) ninguém se referia ao Sol, à Lua e aos planetas como "satélites". A palavra "satélite"

---

[4] Ver a biografia de Copérnico no *Dictionary of scientific biography* (Rosen, 1970).

foi introduzida por Kepler em 1610, mais de um século depois, para designar os corpos celestes que giravam em torno de Júpiter.[5] Além disso, no sistema de Ptolomeu, os planetas não descreviam "círculos perfeitos" e sim trajetórias muito complicadas. Essas trajetórias podiam ser descritas, na teoria de Ptolomeu, como uma composição de movimentos circulares (os movimentos do deferente, do epiciclo e, eventualmente, do centro do círculo e de outros pontos relevantes).[6]

O texto indica que tais ideias teriam sido escritas por Ptolomeu "há mais de 500 anos". Ora, como a suposta aula de Copérnico teria sido em 1502, isso significa que Ptolomeu teria escrito tais ideias antes de 1502–500 = 1002. Seria Ptolomeu um autor medieval? Não. Na verdade, ele viveu no século II d.C. É verdade que o século II é anterior a 1002, mas a frase passa a impressão errônea de que ele teria vivido um pouco antes daquela data.

Devemos escrever Ptolomeu ou Tolomeu? O nome do astrônomo em questão, em grego, era Κλαυδιοσ Πτολεμαιοσ, ou seja, Klaudios Ptolemaios se utilizarmos o alfabeto romano. Em inglês costuma-se utilizar a grafia Ptolemy e em francês utiliza-se Ptolémée, que só diferem do original grego pela terminação. Em português, seria possível escrever Ptolemeu (com a letra "e" na sílaba central), que estaria mais próximo do nome grego original, mas popularizou-se a grafia Ptolomeu. Em espanhol, utiliza-se geralmente a grafia Tolomeo, na qual o "p" é omitido porque não é pronunciado.

---

[5] Em 1610, logo após a divulgação da descoberta das quatro "estrelas" que giravam em torno de Júpiter por Galileo, Kepler publicou dois trabalhos comentando sobre isso. No primeiro (*Dissertatio cum nuncio sidereo*), chamou as "estrelas" de planetas. No segundo (*Narratio de observatis Jovis satellitibus*) introduziu o termo "satélites" (ver Kepler, 1993).

[6] Pode-se encontrar uma descrição bastante boa do trabalho de Ptolomeu e da maior parte das informações aqui apresentadas em inúmeras obras sobre história da astronomia. Ver, por exemplo, Dreyer, 1953; Kuhn, 1985 (traduzido em Kuhn, 1990); Hoskin, 1997; Pedersen, 1993; e Toulmin & Goodfield, 1999.

Voltando ao texto da Internet: "Estas são as verdades fundamentais que escreveu o grande Claudio Tolomeu [...] e que são evidentes para os sentidos". Ou seja: o texto passa ao leitor a impressão de que a teoria de Ptolomeu é extremamente simples (com movimentos circulares dos planetas em torno da Terra) e que ela se baseava na simples observação sensorial dos céus ("evidente para os sentidos"). No entanto, o sistema de Ptolomeu não era simples – era extremamente complexo e sofisticado, sob o ponto de vista matemático – e não era nem um pouco "evidente". Prossigamos:

> O professor se chamava Nicolau Copérnico e ficou intrigado com a pergunta de um dos alunos: "Distinto professor, não disputa Tolomeu com o antigo filósofo grego Pitágoras, que dizia que não é a Terra que se encontra no centro do Universo e sim o Sol?".

Diante das aspas na citação acima, podemos novamente perguntar: quem será que anotou as palavras exatas do aluno?

De acordo com o texto da Internet, o aluno imaginário estaria comparando as ideias de Ptolomeu com as de Pitágoras. No entanto, ninguém sabe o que Pitágoras dizia (não restou nenhuma obra nem fragmento dele).[7] Conhecemos apenas aquilo que alguns "pitagóricos" ensinaram – mas a doutrina não era homogênea e ela não pode ser atribuída ao próprio Pitágoras. Sabe-se, por exemplo que alguns pitagóricos (como Philolaos de Kroton) ensinavam que a Terra se movia em torno do "fogo central", que *não* era o Sol.[8] Esse fogo central seria invisível para nós, porque estaria sempre oculto pela "anti-terra". O Sol não teria

---

[7] Os fragmentos considerados autênticos e as informações indiretas antigas do pensamento dos pré-socráticos foi coletada por Hermann Diels no século XIX. Uma boa tradução comentada, para o inglês, dos principais fragmentos, pode ser encontrada no livro de Kirk, Raven & Schofield (1983).

[8] Philolaos foi um dos principais pitagóricos, e foi nominalmente citado por Copérnico no *De revolutionibus* (ver mais informações em Casini, 1994). Copérnico também se referiu a Ecphantos. A respeito dos pitagóricos, veja-se o capítulo 12 do livro de Heath (1981).

luz própria, mas apenas refletiria a luz do fogo central. Esse não era um sistema heliocêntrico, evidentemente.

> Copérnico estava a ponto de responder, como o fez muitas vezes, que o grande Aristóteles refutou categoricamente Pitágoras e que, sendo o homem a obra mestra de Deus, a Terra que este habita deveria estar no centro do Universo. Desta vez, no entanto, Copérnico tinha tão pouca fé em sua resposta que deu por terminada a aula e saiu bruscamente da sala. Depois de três anos de dedicação ao ensino, resolveu renunciar.

Ao contrário do que a primeira frase da citação acima insinua, Aristóteles nunca argumentou que a Terra deveria estar no centro do universo porque o homem é a obra mestra de Deus. Para Aristóteles, Deus não criou o homem (nem o universo, diga-se de passagem). O Deus aristotélico não interfere no funcionamento do mundo, não realiza milagres, não cria nem destrói nada. Sua única atividade é o puro pensamento; ele transcende o universo, não tendo qualquer semelhança com o Deus judaico-cristão.

A citação transmite a impressão de que as pessoas que aceitavam o sistema geocêntrico eram movidas pela fé, por suas crenças religiosas. Não é verdade. Nenhum dos filósofos antigos que defendeu a posição central da Terra utilizou uma justificativa religiosa. Nem Aristóteles nem Ptolomeu falam sobre Deus, ao discutir a posição da Terra no universo. O texto também insinua que Copérnico, tendo perdido sua fé (irracional) no sistema geocêntrico, mudou de atitude. Isso é falso.

No final da citação, o texto indica que Copérnico encerrou bruscamente sua carreira de três anos como professor de astronomia em Roma. Como já foi dito, essa carreira não existiu.

> Como não desenhava e não queria mais ensinar o que ele mesmo duvidava, decidiu voltar para sua casa, em Frauenburg (que na época fazia parte da Polônia), para dedicar-se a investigar, para sua própria satisfação, se Tolomeu e os distintos

professores do século XVI tinham mesmo razão ou estavam equivocados.

O início dessa citação é muito curioso: "Como não desenhava...". Se Copérnico desenhasse ele não voltaria para Frauenburg? O que tem a capacidade de desenhar a ver com o ensino de astronomia? Essa afirmação, muito curiosa, será esclarecida mais adiante.

A minúscula cidade onde Copérnico desenvolveu a maior parte de sua teoria e, depois, morreu, era chamada de Frauenburg, realmente. Porém, ao contrário do que o texto afirma, ela não fazia parte da Polônia, na época, e sim da Prússia oriental. Inversamente, hoje em dia ela faz parte da Polônia, com o nome polonês de Frombork (Frauenburg é o nome em alemão). O autor do texto nem se deu ao trabalho de verificar essas informações, que podem ser encontradas facilmente.

Devemos assinalar que não existe nenhuma evidência documental de que Copérnico tenha abandonado suas atividades de ensino (ou qualquer outra) para investigar se Ptolomeu e os demais defensores do geocentrismo estavam corretos ou não.

De qualquer forma, a contribuição mais importante de Copérnico foi certamente a elaboração de uma proposta heliocêntrica para o sistema solar. O que o texto vai falar sobre isso? Curiosamente, não diz nada! Em vez disso, vai apresentar como uma importante contribuição desse pensador a reforma do calendário:

> Dentre os seus principais estudos, constam algumas reformas práticas para tornar o calendário mais preciso, pois foi o primeiro a descobrir a duração quase exata do ano (tempos depois das suas descobertas, outros estudiosos constataram que seus cálculos sobre a longitude do ano tinham uma margem de erro de apenas 20 segundos!).

Então, a reforma do calendário foi a grande contribuição científica de Copérnico? Não, não foi. O calendário foi reformado *quatro décadas* depois da morte de Copérnico (1582), e não por ele. Além disso, o texto indica que Copérnico calculou a "longitude do ano". Mas o ano tem "longitude"? Não, essa é uma terminologia inadequada. O ano tem *duração*, a palavra "longitude" representa uma das coordenadas geográficas de um ponto.

De acordo com o texto, Copérnico foi capaz de contribuir para a reforma do calendário por causa de seus cálculos muito precisos sobre a duração do ano. Se examinarmos a obra principal de Copérnico, *De revolutionibus orbium coelestium* (ou *Sobre as revoluções dos orbes celestes*)[9] poderemos ver que ele de fato se preocupou bastante com a duração do ano. Ele avaliou que o *ano sideral* teria uma duração de 365 dias, 6 horas, 9 minutos e 40 segundos (*De revolutionibus*, livro III, seção 14). O valor atualmente aceito é de 365 dias, 6 horas, 9 minutos e 9 segundos. A diferença é de apenas 31 segundos. Não é de 20 segundos, como o texto afirma, porém é pequena. Será que, enfim, o texto que estamos criticando afirmou algo de correto e relevante?

Não vamos nos animar tão depressa. Vamos verificar as informações com um pouco mais de cuidado. Algumas páginas antes de apresentar sua própria avaliação da duração do ano, Copérnico citou em seu livro a estimativa da duração do ano sideral feita pelo astrônomo islâmico Thābit ibn Qurrah: 365 dias, 6 horas, 9 minutos, 12 segundos (*De revolutionibus*, livro III, seção 13).[10] Como já foi dito acima, o valor atualmente aceito é de 365 dias, 6 horas, 9 minutos e 9 segundos. Assim, a diferença entre a estimativa de Thābit ibn Qurrah e o valor atual era de apenas 3 segundos. No caso de Copérnico, a diferença é de 31 segundos

---

[9] Há muitas traduções para o inglês da obra fundamental de Copérnico (Copernicus, 1952; Copernicus, 1976; Copernicus, 1978). Há uma tradução completa publicada em Portugal (Copérnico, 1984).

[10] Não sabemos de qual obra de ibn-Qurrah Copérnico teria obtido esse valor. Consultando uma tradução recente de seus trabalhos, encontramos 365 dias, 6 horas, 9 minutos e 26 segundos (em vez de 12 segundos). Ver Ibh-Qurrah, 1987, p. 56. Para analisar os dados de ibn-Qurrah (ou de qualquer autor antigo) é necessário fazer uma conversão de unidades, pois os tempos eram representados de outra forma.

(ou seja, 10 vezes maior). É interessante também indicar que Al-Şābi' Thābit ibn Qurrah al-Ḥarrānī (este é seu nome completo) viveu entre os anos 826 ou 836 e 901 da era cristã (ou seja, um pouco mais de 6 séculos antes de Copérnico). Assim sendo, vemos que Copérnico não foi capaz de melhorar a estimativa feita mais de 600 anos antes por ibn-Qurrah. Não podemos, portanto, aceitar a afirmativa da citação acima, de que Copérnico "foi o primeiro a descobrir a duração quase exata do ano".

Há um outro problema técnico que precisamos indicar. Em sua obra, Copérnico indicou uma boa avaliação do *ano sideral* (o tempo que o Sol demora para retornar à mesma posição em relação às estrelas, quando visto da Terra). Existem outros modos de se definir o ano. O *ano trópico* é o tempo entre dois equinócios de primavera (ou de outono) sucessivos. A duração do ano trópico é diferente da duração do ano sideral, por causa da precessão dos equinócios.

Copérnico não dava importância ao ano trópico, porque acreditava que este seria muito variável. Ele acreditava (como diversos árabes, alguns séculos antes) que, além da precessão dos equinócios, havia uma "trepidação" (movimento oscilatório, de ida-e-volta) dos equinócios (ver Goldstein, 1994). Se existisse de fato essa trepidação, a duração do ano trópico sofreria oscilações e não seria uma medida útil.

Porém, o nosso calendário se baseia no *ano trópico* e não no *ano sideral*. O cálculo de Copérnico para o ano sideral é irrelevante para o estabelecimento do calendário. Além disso, não existe a trepidação em que Copérnico acreditava. Ou seja: se alguém tentasse se basear nos estudos de Copérnico para estabelecer um novo calendário, tudo teria dado errado.

O último parágrafo do texto que estamos discutindo é este:

Na obra de Copérnico basearam-se Kepler, Newton, Einstein e vários cientistas que elaboraram a Astronomia moderna. Nicolau Copérnico viveu no período entre 1473 e 1543.

Os anos de nascimento e morte de Copérnico aqui apresentados são corretos.

Mas será que todos os grandes cientistas posteriores realmente se basearam em Copérnico? Não. Kepler inicialmente aceitou Copérnico, depois mudou completamente sua teoria, eliminando os deferentes e epiciclos que este ainda aceitava, introduzindo órbitas elípticas e fazendo várias outras mudanças importantes. Newton se baseou em Kepler (e não em Copérnico), mostrando que as leis de Kepler podiam ser explicadas pela lei da gravitação universal. Einstein, por sua vez, partiu da teoria de Newton mas introduziu grandes alterações conceituais. Não se pode dizer que Kepler, Newton ou Einstein tenham adotado a teoria de Copérnico.

Em resumo: o texto sobre Copérnico existente no *site* do MCT é totalmente equivocado, sob o ponto de vista histórico. Descreve de forma incorreta a vida de Copérnico e suas contribuições. Além disso, passa uma visão inadequada sobre o próprio processo de construção da ciência. Entre outras coisas, transmite a ideia de que Copérnico foi um grande observador e que seu trabalho se baseou principalmente em observações e medidas cuidadosas.

Vemos, portanto, que esse texto estava repleto de equívocos; não constituía uma boa fonte de informação sobre Copérnico.

4. A AUTORIA DO TEXTO DISCUTIDO

Quem escreveu esse texto divulgado pelo Ministério da Ciência e Tecnologia? O texto não está assinado.

Adotando a hipótese de que talvez se tratasse de uma cópia de algum outro material, fiz uma busca na Internet e foi localizado um texto muito semelhante, em um *site* de Portugal.[11] No entanto, o texto português é mais longo. Comparemos o início das duas descrições:

---

[11] O endereço desse outro texto é:
http://www.prof2000.pt/users/matic/copernico.html

Texto do *site* brasileiro	Texto do *site* de Portugal
No ano de 1502, um jovem professor de Astronomia da Universidade de Roma fez uma breve pausa em sua aula sobre o plano do Universo. De todos os países civilizados do mundo vinham alunos para ouvir as aulas daquele professor, conhecido por explicar de forma entusiasmada a posição das estrelas e dos planetas: "A Terra é o centro do Universo; o Sol, a Lua e os cinco planetas são satélites que giram diariamente em torno de nossa majestosa Terra em um círculo perfeito. Mais adiante se concentram as estrelas fixas, que rodeiam todos. Estas são as verdades fundamentais que escreveu o grande Claudio Tolomeu, há mais de 500 anos e que são evidentes para os sentidos", ensinava. O professor se chamava Nicolau Copérnico e ficou intrigado com a pergunta de um dos alunos: "Distinto professor, não disputa Tolomeu com o antigo filósofo grego Pitágoras, que dizia que não é a Terra que se encontra no centro do Universo e sim o Sol?".	Era o ano de 1502. O jovem professor de astronomia da Universidade de Roma, fez uma breve pausa na sua lição sobre o plano do Universo. De todos os países civilizados do mundo chegaram seus discípulos para ouvir as lições de Copérnico sobre as estrelas e os planetas. Continuou fazendo sua exposição do sistema tolemaico: "A Terra está no centro do Universo; o Sol, a Lua e os cinco planetas são satélites que giram diariamente em torno da nossa majestosa terra num círculo perfeito. Mais além encontram-se as estrelas fixas, que tudo rodeiam. Estas são as verdades fundamentais que escreveu o grande Cláudio Tolomeo há mais de mil e quinhentos anos e que são evidentes para os sentidos". Um jovem de olhos brilhantes fez uma pergunta: "Distinto professor", "não disputou isto o antigo filósofo grego Pitágoras dizendo que não é a Terra que se encontra no centro do Universo, mas sim o Sol?".

A enorme semelhança poderia ser explicada de várias formas. Um desses dois *sites* poderia ter copiado o outro; ou então, ambos poderiam ter se baseado em uma terceira fonte utilizada por ambos; poderiam ter existido, também, outras versões inter-mediárias.

O *site* português é mais antigo do que o brasileiro e poderia ter sido a fonte original de tudo. No entanto, um detalhe desse *site* nos chamou a atenção: curiosamente, a página publicada em Portugal tem o seu título (que aparece na barra superior do programa de navegação) em castelhano: "Nació: 19 de Febrero de 1473 en Torun, Polonia". Isso sugeria que esse texto teria se baseado em outro, naquele idioma.

Utilizando uma máquina de busca foi possível encontrar *diversas* páginas em castelhano com esse mesmo texto sobre Copérnico.[12] A mais antiga delas, da Universidade do Chile,[13] tem a data de março de 1997.[14]

O "site" de Portugal não tem data, mas (graças a um vírus) é possível determinar que a sua página sobre Copérnico não foi produzida antes do segundo semestre de 1998. Vamos explicar como foi possível concluir isso. O ponto de partida foi examinar o código HTML da página de Portugal (o que pode ser feito salvando a página no seu computador e abrindo-a com um editor de texto simples, como o "bloco de notas" do Windows). Foi possível então ver que essa página de Portugal sobre Copérnico tinha um cabeçalho (que não aparece no navegador) bastante estranho.

```
<html>
<head>
<meta HTTP-EQUIV="Content-Type" CONTENT="text/html; charset=windows-1252">
```

---

[12] Alguns dos endereços encontrados:
 http://www.mat.usach.cl/histmat/html/cope.html ;
http://www.ine.cl/32-ninos/copernico.htm ;
http://www.paginadigital.com.ar/articulos/2003/2003seg/tecnologia/sica11-3pl.asp ;
http://www.mat.ucm.es/deptos/am/guzman/pagjor/coper.htm ;
http://www.geocities.com/mat21uy/cantor.htm
[13] No endereço http://www.mat.usach.cl/histmat/html/cope.html.
[14] Estas páginas não existem mais. [Nota adicionada em 2022]

```
<meta NAME="GENERATOR" CONTENT="Microsoft FrontPage
3.0">
<title> Nació: 19 de Febrero de 1473 en Torun, Polonia </title>
<meta NAME="subject" CONTENT="JOÃO JARDIM x8?! ***** !
DIA 8 VOTA NÃO!">
<meta NAME="doccomm" CONTENT="A REGIONALIZAÇÃO É
UM ERRO COLOSSAL!">
</head>
```

Nesse cabeçalho, substituímos um palavrão que aparecia depois de "João Jardim x8?!" por cinco asteriscos. Esse cabeçalho não foi uma brincadeira do autor. É um dos efeitos de um vírus de macro chamado W97M/VMPCK1.BY, criado em 1998 em Portugal, para protestar contra a divisão daquele país em 8 regiões administrativas, que era defendida pelo político Alberto João Jardim. O plebiscito foi realizado no dia 8 de novembro de 1998. O vírus foi criado um pouco antes disso.

Portanto, o computador que criou a página portuguesa sobre Copérnico estava infectado por esse vírus, e a página não pode ter sido elaborada antes da invenção do vírus acima referido. Deve ter sido produzida no segundo semestre de 1998, ou pouco depois (porque no início do ano seguinte, os programas antivírus já protegiam contra essa macro). Como a página sobre Copérnico da Universidade do Chile tem a data de março de 1997, podemos concluir que a página de Portugal é seguramente posterior à do Chile, e deve ter se baseado nela. Isso explica o título da página em castelhano, no "site" português.

É claro que o próprio texto da Universidade do Chile poderia ter se baseado em alguma outra fonte anterior. No entanto, não encontramos na Internet um texto equivalente em outros idiomas. Se há uma fonte mais antiga, ela deve ter sido em forma impressa (livro, artigo, enciclopédia, etc.).

Podemos concluir, portanto, que o texto original (na Internet) é castelhano e foi divulgado no Chile em 1997. Uma primeira versão em português foi divulgada no segundo semestre de 1998, ou pouco depois disso. Podemos também verificar que o texto divulgado no Brasil é uma tradução parcial do texto em castelhano (não foi copiado do texto de Portugal), por alguns detalhes que serão indicados a seguir.

Já vimos que havia uma frase misteriosa no texto divulgado pelo Ministério da Ciência e Tecnologia: "Como não desenhava e não queria mais ensinar o que ele mesmo duvidava, decidiu voltar para sua casa, em Frauenburg [...]". Se examinarmos o texto em castelhano, encontraremos uma afirmação um pouco diferente: "Como no deseaba ya enseñar lo que él mismo dudaba, decidió volver a su casa, en Frauenburg [...]". Ou seja: o texto em castelhano afirmava que Copérnico "não desejava", mas a pessoa que elaborou o texto brasileiro se equivocou na tradução, traduzindo "no deseaba" por "não desenhava" (que, em castelhano, seria "no dibujaba").

Neste ponto, o tradutor de Portugal foi mais feliz: "Como já não desejava ensinar o que ele mesmo duvidava, decidiu voltar a sua casa, em Frauenburg [...]". Pode-se concluir, portanto, que o texto brasileiro não se baseou na tradução feita em Portugal e sim no texto em castelhano.

A versão divulgada em Portugal também não é isenta de erros de tradução. Como exemplo, podemos mostrar uma frase que não aparece no "site" brasileiro: "Em jovem, Nicolás influenciou o ponto de vista positivo e prático de seu pai mercador e de seu tio administrador da Igreja". Sabe-se que o pai de Copérnico faleceu quando este tinha apenas 10 anos. Portanto, essa frase está afirmando que, desde criança, Copérnico era uma pessoa capaz de influenciar pessoas mais velhas, como seu pai e seu tio. Seria isso verdade? Não, é apenas um erro de tradução! O texto em castelhano diz: "De joven, en Nicolás influyó el punto de vista positivo y práctico de su padre mercader y de su tío administrador de la Iglesia". Ou seja: quando Copérnico era jovem, *ele foi influenciado* (e não influenciou) por seu pai e seu tio. Portanto, erros de tradução do castelhano para o português não são um privilégio brasileiro. Mesmo para realizar uma tradução a partir de um idioma tão próximo do nosso, é necessário ter uma certa competência, para evitar erros que alteram completamente o sentido do original.

5. OUTROS PROBLEMAS DO TEXTO ORIGINAL

É claro que o original castelhano não era uma maravilha. Quase tudo o que foi criticado anteriormente no texto divulgado no Brasil estava presente no texto divulgado no Chile.[15] E, o que é pior, lá se encontram ainda outras "pérolas" de que o tradutor brasileiro nos poupou. Por exemplo, para explicar o motivo pelo qual Copérnico tinha ideias originais, o texto afirma:

> Por outro lado, estimularam sua imaginação as vitórias dos marinheiros e mercadores que passavam pelo porto de Thorn quando vinham da Ásia, Itália, Rússia e outros lugares.

De acordo com esse texto, no final do século XV, quando Copérnico era ainda criança e vivia em sua cidade natal (Thorn ou Thorun, atualmente chamada de Thrun), ele foi influenciado pelos grandes navegantes que passavam pelo porto de sua cidade. Mas onde ficava essa cidade?

Se examinarmos um mapa da Polônia (Fig. 3), veremos que Thorn era um minúsculo porto fluvial no meio do país. Que grandes e vitoriosos marinheiros e mercadores passavam por lá, vindo da Ásia, da Itália e da Rússia?

Mesmo supondo que tivessem existido esses grandes marinheiros que passavam por Thorn, como Copérnico os conheceu? E que influência eles tiveram sobre a origem do sistema heliocêntrico? Afinal de contas, os grandes navegadores da época (que não eram poloneses, ao que se saiba) traziam notícias sobre lugares, sobre povos, sobre animais e outras coisas semelhantes – mas nada que pudesse sugerir ao jovem Copérnico a busca de uma nova teoria astronômica.

---

[15] Atualmente, o mesmo texto continua a aparecer na Internet, em diversos *sites*. Para localizá-lo, basta fazer uma busca utilizando este texto: Copérnico "Nació: 19 de Febrero de 1473 en Torun, Polonia" (não deixar de colocar aspas). [Nota adicionada em 2022]

Fig. 3. Mapa da Polônia, indicando em destaque a localização de Thorn ou Thorun (Thrun).

Em outro ponto, o texto em castelhano e sua tradução divulgada em Portugal afirmam que Copérnico:

> Também aprendeu grego a fim de ler os textos originais dos astrônomos gregos, assim como suas traduções dos antigos matemáticos árabes.

Na época, os estudantes aprendiam grego para ler textos literários e filosóficos e o mesmo pode ter acontecido com Copérnico. Sabe-se, de fato, que ele traduziu do grego para o latim uma série de cartas de Theophylaktos Simokates, que publicou em 1509 com o título "Epistolae morales, rurales et amatoriae" (ver Copernicus, 1985). Não há evidência, porém, de que ele tenha estudado qualquer texto astronômico em grego. Ele se baseou em textos astronômicos em latim, como faziam quase todos, nessa época.

Há outro aspecto interessante na citação acima. Segundo ela, devemos entender que os astrônomos gregos haviam feito traduções dos antigos matemáticos árabes. Porém, os matemáticos árabes são do período medieval, posterior à época em que os astrônomos gregos viveram. Talvez devamos então acreditar que os astrônomos gregos tinham uma máquina do tempo, obtiveram textos dos astrônomos árabes (muito posteriores a eles), aprenderam árabe e traduziram esses textos para o grego, e que foi essa tradução grega do árabe que Copérnico estudou!

Em outro ponto, o texto procura explicar os motivos científicos pelos quais Copérnico propôs sua teoria:

> Logo começou a duvidar da exatidão da teoria tolemaica e fez perguntas como estas: Se o Sol gira ao redor da Terra na órbita fixa de um círculo perfeito, como explicar o mudar das estações? Como é que algumas estrelas e planetas variam de posição de um ano para outro?

O autor do texto parece pensar que era impossível explicar a mudança das estações adotando a teoria geocêntrica de Ptolomeu. Porém, desde a Antiguidade, a mudança das estações podia ser compreendida (dentro do sistema geocêntrico) por um modelo simples em que o Sol se move em relação às estrelas fixas em um círculo inclinado em relação à equinocial. Através desse modelo era possível não apenas explicar qualitativamente as estações, mas também calcular a inclinação do Sol em qualquer dia do ano e calcular a duração do dia e da noite, ao longo das estações.

O final da citação acima sugere que havia certos fenômenos (variação de posição de estrelas e planetas) que não podiam ser explicados pela teoria geocêntrica de Ptolomeu e que isso foi um dos motivos pelos quais Copérnico foi levado à teoria heliocêntrica. No entanto, não havia sido observada nenhuma variação de posição das estrelas de um ano para o outro à qual o texto se refere. Muito depois de Copérnico foi observada a paralaxe das estrelas, mas esse efeito não era conhecido em sua época – e a *ausência* de paralaxe foi um argumento utilizado, na época, contra a teoria de Copérnico.

Quanto ao movimento dos planetas, eles eram muito bem explicados na teoria de Ptolomeu.

Além de mal informado sobre astronomia e sobre a teoria de Ptolomeu, o autor do texto aqui criticado adota uma visão ingênua sobre a ciência. Ele procura transmitir aos seus leitores a impressão de que Copérnico desenvolveu sua teoria para explicar fenômenos que não eram explicados pela teoria de Ptolomeu: estações do ano, movimentos das estrelas e dos planetas. Isso é historicamente falso e é desastroso sob o ponto de vista epistemológico.

Poderíamos indicar ainda outros problemas do texto castelhano, mas essa amostra é suficiente para exemplificar a enorme quantidade de erros que se costuma encontrar em versões "populares" a respeito da história da astronomia.

6. INFORMAÇÕES BIOGRÁFICAS E CONTEXTO CIENTÍFICO

Vamos refletir um pouco, agora, sobre os tipos de informações que o texto aqui analisado procurava apresentar.

Por um lado, o texto falava muito sobre a suposta vida de Copérnico. Apresentava as datas de nascimento e morte (e outras datas), mencionava informações sobre sua família, sobre as cidades em que viveu, lugares em que estudou ou trabalhou, supostas influências que sofreu, e anedotas sobre sua vida. Será importante conhecer a vida dos antigos astrônomos? Para quê?

Informações biográficas a respeito de Copérnico podem ser curiosas e interessantes, mas só são *relevantes* para a compreensão histórica da teoria heliocêntrica se forem informações *corretas* e se ajudarem a entender por quê Copérnico foi Copérnico (ou seja, por quê ele fez aquilo que fez). Assim, se nosso objetivo central é ensinar astronomia, utilizando a história para auxiliar a compreensão da evolução do pensamento astronômico, muitos tipos de informações biográficas são irrelevantes (mesmo se forem corretas). No caso do texto aqui discutido, além de dados irrelevantes há muitas informações *falsas*, que distorcem a história e que levam a uma visão errônea do trabalho de Copérnico.

A pergunta central que pode ser feita é: afinal de contas, por que motivo foi Copérnico (e não alguma outra pessoa) e apenas Copérnico que, em sua época, propôs uma teoria heliocêntrica como aquela que ele elaborou? O texto aqui discutido procura proporcionar respostas, mas infelizmente são todas falsas. Na verdade, até hoje a pesquisa histórica *não respondeu* a essa pergunta. Não sabemos o que havia de tão especial na personalidade e/ou na vida de Copérnico que poderia tê-lo levado a fazer o que ele fez. É desonesto ficar oferecendo explicações imaginárias, diante da ausência de *documentação* que proporcione uma boa resposta a essa pergunta.

O texto também fala um pouco sobre a situação da astronomia da época. Menciona a teoria que era aceita antes de Copérnico (geocêntrica, de Ptolomeu), comenta sobre a reforma do calendário, indica alguns fenômenos que deviam ser explicados pelas teorias astronômicas, trata sobre observações e medidas da época e aponta alguns motivos para duvidar da teoria antiga. Esse contexto astronômico da época é essencial para se compreender a proposta de Copérnico, suas dificuldades e seus pontos positivos. Porém, para serem úteis, as informações históricas a respeito da astronomia da época devem ser *reais* (ou seja, históricas) e não fictícias (imaginárias ou pseudo-históricas). Deve-se compreender a real situação da época, entender tanto os pontos negativos quanto os pontos *positivos* (que eram muitos) da antiga teoria geocêntrica.

7. UM POUCO DE HISTÓRIA

Não é difícil obter informações históricas básicas confiáveis sobre a astronomia antiga. Não há dúvidas, entre os historiadores da astronomia, sobre alguns pontos fundamentais. Sabe-se que Ptolomeu, baseando-se nos estudos de Hipparchos e de outros, havia desenvolvido uma excelente teoria astronômica. Para descrever os movimentos do Sol, da Lua e dos planetas, ele utilizou modelos com círculos excêntricos e epiciclos. O modelo foi gradualmente refinado por Ptolomeu, introduzindo recursos matemáticos (como o ponto equante) que permitiam uma excelente concordância com os fenômenos observados. Sob o ponto de vista matemático, a teoria era bastante sofisticada. O modelo de Ptolomeu não era plano e sim tridimensional. Os epiciclos não ficavam no plano dos deferentes (eram inclinados em relação a eles) e os cálculos exigiam o uso de trigonometria esférica – um ramo da matemática que não é elementar. Apenas em um caso a teoria era mais simples: para o Sol, Ptolomeu utilizou um modelo com um único círculo excêntrico, sem equante e sem epiciclo (como Hipparchos), que explicava as estações e também suas diferentes durações (Dreyer, 1953).

É preciso compreender que a obra de Ptolomeu era extremamente sofisticada e complexa, tendo sido exposta principalmente em um enorme tratado sistemático, o *Almagesto*, que é de difícil compreensão.[16] A visão "popular" da teoria geocêntrica não faz justiça àquilo que realmente foi feito pelos astrônomos antigos.

O trabalho de Ptolomeu era principalmente matemático, procurando ajustar a teoria às observações (ou, como se dizia na época, "salvar os fenômenos" – ver Duhem, 1984). Mas ele também queria entender como os corpos celestes se moviam. No seu livro *Hipóteses dos planetas*, Ptolomeu desenvolveu um modelo do universo baseado em cascas esféricas ("orbes") encaixadas umas nas outras, para explicar os movimentos dos astros[17].

---

[16] Uma tradução do *Almagesto* para o inglês que se encontra com facilidade em bibliotecas (e em sebos) é Ptolemy, 1952. Vale a pena folhear essa obra, para ter uma ideia de seu estilo e seu alto nível técnico. Uma descrição detalhada do sistema de Ptolomeu é apresentada em Neugebauer (1975).

[17] Há uma tradução comentada para o castelhano (Ptolomeo, 1987).

O sistema astronômico de Ptolomeu era coerente e detalhado, os cálculos correspondiam às observações de seu tempo, e sua teoria cobria todos os fenômenos astronômicos conhecidos[18]. No entanto, quando sua teoria foi extrapolada para centenas de anos, foram observadas discrepâncias entre os cálculos e as observações – o que era de se esperar. Durante a Idade Média, o sistema de Ptolomeu foi estudado e aperfeiçoado, primeiramente pelos matemáticos e astrônomos islâmicos, que fizeram novas medidas, introduziram novos métodos de cálculo e estabeleceram novos parâmetros e tabelas[19]. Não parecia necessário, no entanto, fazer nenhuma mudança profunda no próprio sistema astronômico utilizado pelo antigo astrônomo.

Nos séculos XII e XIII a astronomia volta a se desenvolver na Europa (McCluskey, 1998). Primeiramente, são feitas traduções de textos árabes; depois, ocorre a "redescoberta" dos textos gregos, que são estudados e traduzidos para o latim. Aos poucos, foram sendo elaborados comentários, manuais explicativos, tabelas. Uma importante contribuição foi feita durante o século XIII, na Espanha, após o período da reconquista do território. O rei Alfonso X, "o sábio" (1221-1284), rei de Castela e de León, mandou traduzir muitos textos astronômicos islâmicos e fez com que fossem compostas novas tabelas, as "Tábuas Alfonsinas", a partir das quais era possível fazer boas previsões astronômicas, que concordavam com as observações (Sansó, 1994).

Os principais astrônomos que precederam Copérnico, no século XV, foram Georg Peurbach (1423-1461) e Johann Müller de Königsberg (1436-1476), mais conhecido por seu nome latinizado (Johannes Regiomontanus). Eles se preocupavam com detalhes da teoria e não questionavam as bases fundamentais da visão de mundo geocêntrica.

---

[18] Pode-se encontrar falhas em Ptolomeu, é claro. Ver, por exemplo, os três primeiros capítulos de Gingerich, 1993.

[19] Uma boa descrição do pensamento científico islâmico medieval é apresentado em Nasr, 1992; Nasr, 1993. Ver também Kennedy 1998, que estuda alguns aspectos específicos.

Na época de Copérnico, apesar de haver autores que defendiam a rotação da Terra, praticamente todos aceitavam que ela estava imóvel no centro do universo. E foi essa a tradição que Copérnico recebeu.

Copérnico estudou astronomia na Polônia e na Itália. A astronomia era ensinada, naquela época, dentro do curso de humanidades (como parte das "artes liberais") e, de forma mais profunda, no curso de medicina (como pré-requisito à astrologia, que era um importante instrumento utilizado pelos médicos). Sabe-se que Copérnico fez algumas poucas medidas astronômicas e que seu trabalho observacional como "astrônomo amador" não foi importante para o desenvolvimento de sua obra. É importante frisar isto: Copérnico não mostrou através de observações que a teoria de Ptolomeu estava errada. Seu estudo foi principalmente teórico.

Havia algum motivo, então, para rejeitar o sistema de Ptolomeu? Vamos repetir: a motivação do sistema de Copérnico não foi qualquer inconsistência entre o sistema de Ptolomeu e as observações. Também não foi por causa do ferramental matemático / geométrico que ele utilizou. Em sua teoria heliocêntrica, Copérnico utilizou recursos matemáticos semelhantes aos de Ptolomeu: círculos deferentes, excêntricos e epiciclos. Há uma correspondência profunda entre as duas teorias e qualquer movimento celeste que Copérnico possa explicar, pode ser explicado também no sistema de Ptolomeu.

Como já foi dito acima, não sabemos exatamente o que levou Copérnico a desenvolver sua teoria. Em alguns pontos de seus escritos, ele procura apresentar argumentos para preferir um sistema geocêntrico (mas não sabemos se esses motivos foram seu ponto de partida). Os principais argumentos são de três tipos:

1. Copérnico considera que o Sol é a fonte de luz e da vida de todo o universo e que, por isso, deve estar no centro de tudo. Este é um argumento filosófico, influenciado pelo neoplatonismo (Olson, 1995), e que não consideraríamos muito forte – nem agora, nem na própria época.

2. O sistema de Ptolomeu utiliza equantes e círculos excêntricos, e isso torna os movimentos dos planetas irregulares. Para Copérnico, isso é uma falha, pois os movimentos celestes fundamentais devem ser circulares e uniformes.

3. O sistema heliocêntrico exige um menor número de círculos para descrever o movimento dos astros, e é preferível por causa de sua simplicidade.

Esses dois últimos argumentos são os mais citados pelos historiadores e filósofos da ciência[20] e são os que nos parecem mais razoáveis. No entanto, é preciso tomar certos cuidados com a afirmação de que a teoria de Copérnico era mais simples e harmoniosa do que a de Ptolomeu. Inicialmente, Copérnico de fato queria utilizar em sua teoria apenas círculos deferentes concêntricos e epiciclos que tinham velocidades angulares constantes (ou seja, eliminar equantes e círculos excêntricos).[21] Depois, para conseguir explicar os detalhes dos movimentos dos planetas, ele acabou introduzindo de novo círculos excêntricos, além dos epiciclos, destruindo assim a simplicidade inicial da sua proposta.[22] Por outro lado, o menor número de círculos também deve ser considerado com cautela. No sistema de Ptolomeu, aperfeiçoado por Peurbach no século XV, havia 40 círculos para explicar todos os movimentos celestes. Na primeira versão de sua teoria, Copérnico conseguiu reduzir o número de círculos. No entanto, na versão final publicada por Copérnico em seu livro "Sobre as revoluções", ele utilizou 48 círculos.[23] Na

---

[20] Ver por exemplo a análise de Lakatos (1975) que, entretanto, não tem uma boa fundamentação histórica.

[21] Em torno de 1510 Copérnico escreveu e circulou, sob forma manuscrita, uma primeira versão de sua teoria – o texto chamado *Commentariolus*. Nessa versão preliminar ele rejeitava totalmente os excêntricos, e dizia ser possível reduzir o número de círculos utilizados na teoria de Ptolomeu. Ver Swerdlow, 1973. Há uma tradução comentada, para o português, desse trabalho (Copérnico, 2003).

[22] Para se compreender o que é possível realizar utilizando esse tipo de recursos matemáticos, ver Hanson, 1985 e Gearhart, 1985.

[23] Durante muito tempo, os autores repetiram que o sistema de Copérnico era mais simples do que o de Ptolomeu. Uma obra popular mas bastante bem

verdade, o sistema de Copérnico não era mais simples do que o de Ptolomeu.

Não é evidente, portanto, que a teoria de Copérnico fosse superior à de Ptolomeu, sob o ponto de vista dos argumentos apresentados acima.

É importante assinalar que a teoria de Copérnico era fortemente baseada na teoria de Ptolomeu, sob o ponto de vista dos parâmetros astronômicos adotados. Praticamente todos os parâmetros da teoria heliocêntrica de Copérnico foram obtidos a partir de uma reinterpretação da teoria de Ptolomeu (Petroni & Scolamiero, 1986). Sabe-se que, em vez de utilizar novas medidas, Copérnico se valeu dados das "Tabelas Alfonsinas", dando nova interpretação aos parâmetros.[24]

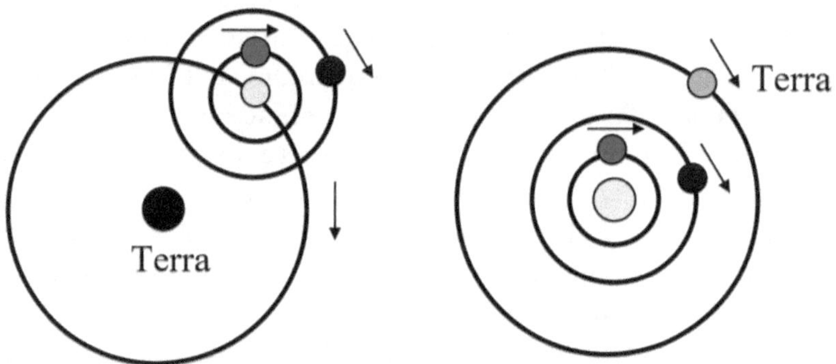

Fig. 4. Modelo geocêntrico (esquerda) e helicêntrico (direita)

Podemos dar alguns exemplos simples. Para os planetas que naquela época eram denominados "inferiores" (Mercúrio e Vênus), aquilo que na teoria geocêntrica era o raio do seu deferente foi reinterpretado por Copérnico como sendo a distância da

---

fundamentada que ajudou a romper com essa crença foi a obra *The sleepwalkers*, do escritor Arthur Koestler (ver a tradução em português: Koestler, 1989).

[24] Esse ponto foi estabelecido pelo historiador Noel Swerdlow. Ver Swerdlow, 1973; Rosen, 1976 (que criticou Swerdlow); Swerdlow, 1977.

Terra ao Sol; e aquilo que na teoria de Ptolomeu era o raio do epiciclo foi reinterpretado, na teoria copernicana, como sendo a distância do planeta ao Sol. No caso de Mercúrio, na teoria de Ptolomeu, a razão entre o raio do epiciclo e o raio do deferente era igual a 0,375 (utilizando notação decimal moderna). Na teoria de Copérnico, a razão entre a distância de Mercúrio ao Sol e a distância da Terra ao Sol era igual a 0,375 – precisamente o mesmo valor, com nova interpretação. No caso dos demais planetas, os parâmetros foram também simplesmente reinterpretados, não exigindo novas medidas.

Outro exemplo: no caso dos planetas que eram chamados de "superiores" (Marte, Júpiter, Saturno), a teoria geocêntrica havia estabelecido o período do movimento médio do planeta (movimento do deferente) visto da Terra. Para Marte, o período era de 687 dias (1,88 anos, em notação decimal moderna), para Júpiter era de 4.345 dias (11,86 anos) e para Saturno, 10.750 dias (29,43 anos). Exatamente os mesmos períodos foram atribuídos por Copérnico, mas interpretando-os como sendo os períodos do movimento médio do planeta em relação ao Sol.

Sob o ponto de vista da visão de mundo adotada, Copérnico também não inovou muito. Para Ptolomeu, os corpos celestes não se movem livremente pelo espaço, mas são transportados por cascas esféricas transparentes (os orbes). As estrelas estariam presas no orbe visível mais externo (o "firmamento"), e logo depois disso estaria o fim do universo. Copérnico aceitava a ideia dos orbes transportando os planetas[25] (por isso seu livro se chamava *Sobre a revolução dos orbes celestes*) e também manteve a ideia da esfera das estrelas.

A proposta de um universo infinito, com as estrelas espalhadas pelo espaço, não aparece na obra de Copérnico. Ela aparece em 1576, na obra do inglês Thomas Digges e, depois, em Giordano Bruno (ver McMullin, 1987; Granada, 1990; Granada, 1997). A ideia de que os astros se movem pelo espaço sem

---

[25] Ver uma discussão sobre esse ponto em Rosen, 1975; Swerdlow, 1976; e Barker, 1990.

serem movidos por esferas apareceu depois de Copérnico, em 1588, na obra de Tycho Brahe. O astrônomo dinamarquês Brahe introduziu essa ideia porque notou que, na sua própria teoria, as esferas teriam que se entrecruzar e que, portanto, não podiam ser objetos físicos sólidos, reais. Kepler adotou, depois, a concepção de Tycho (ver Randles, 1999, capítulo 3; Lerner, 1997).

Tudo isso deve ser dito para se compreender que a teoria de Copérnico era muito diferente da teoria heliocêntrica que foi aceita depois, tendo muitos pontos de contato (e sendo até mesmo dependente) em relação ao sistema ptolomaico.

Além disso, deve-se notar que a teoria de Copérnico tinha algumas virtudes, mas muitos problemas (Moesgaard, 1974). Ela não melhorava muito a concordância entre teoria e observação, pois tomava como ponto de partida os parâmetros da teoria antiga. Além disso, estava em conflito com a física aceita na época (aristotélica) e Copérnico não forneceu uma boa alternativa àquela física[26]. A opinião mais comum sobre seu trabalho, no final do século XVI, era que aquela parecia ser uma teoria engenhosa, mas falsa. E era uma opinião extremamente razoável, para a época. Não havia razões científicas para aceitar a teoria de Copérnico.

Popularmente se difundiu a ideia de que, na época em que foi proposta, a teoria de Copérnico não foi aceita apenas por causa de um preconceito religioso. Essa ideia também precisa ser revista. Na época em que Copérnico divulgou suas ideias, houve uma pequena reação religiosa contra elas, mas por parte dos protestantes – não dos católicos (Hooykaas, 1974; Kobe, 1998; Marcel, 1980; Oberman, 1986). Por mais de meio século, a Igreja Católica *não* considerou a teoria de Copérnico como herética e não fez nenhuma oposição a seu estudo e uso. Ela só proibiu a teoria depois dos episódios de Bruno, Campanella e Galileo. E, nessa época, os protestantes haviam parado de se opor à teoria geocêntrica.

---

[26] Uma boa descrição da evolução da mecânica, da Antiguidade até o século XVII, é apresentada em Dijksterhuis, 1961.

Pode-se perceber que se trata de uma história extremamente complexa, muito diferente das simplificações que continuam a ser difundidas até hoje e que não possuem fundamento histórico.

A substituição da teoria geocêntrica pela heliocêntrica foi lenta e não foi obra de Copérnico. A teoria que aceitamos hoje em dia é heliocêntrica, mas não é a de Copérnico. Para nós o universo não termina na esfera das estrelas, não há orbes movendo os planetas, não há deferentes nem epiciclos, não existe a trepidação dos equinócios. Não foi a teoria de Copérnico, mas sim uma outra teoria heliocêntrica, que resultou dos trabalhos conjuntos de diversos pensadores, que acabou sendo aceita em meados do século XVII – um século depois da morte de Copérnico. Infelizmente, não é possível aqui contar essa história.

8. O ENSINO DE ASTRONOMIA E A HISTÓRIA – CONSIDERAÇÕES FINAIS

Voltemos ao problema histórico. Suponha que queremos ensinar a origem da teoria heliocêntrica de Copérnico: o que deve ser tratado?

É pouco útil ficar falando sobre a vida de Copérnico, sobre seu tio, sobre datas em que esteve em cada lugar, etc. – isso não ajuda a compreender a situação nem a contribuição de Copérnico. É importante apenas situá-lo em seu período histórico, mas a maior parte dos detalhes biográficos é irrelevante – não serve para nenhum propósito didático.

As ideias de Copérnico devem ser apresentadas em detalhe, assim como as outras ideias existentes na época – sem distorcê-las, sem exageros, sem ocultar as vantagens da teoria antiga nem os problemas da teoria nova.

Infelizmente, não se encontra uma boa descrição histórica em materiais disponíveis na Internet, em enciclopédias, em livros didáticos, em biografias populares ou em obras de divulgação. É necessário recorrer a boas fontes de pesquisa, para não distorcer a história. Ou seja: não é correto preparar às pressas uma aula sobre Copérnico baseando-se apenas naquilo que se encontra facilmente na Internet ou em obras de popularização. É necessário gastar algum tempo, procurar livros bem fundamentados, que sejam o resultado de uma pesquisa histórica realizada por pessoas competentes, que recorreram aos documentos primários.

Mas será necessário isso? Vale a pena dedicar grande esforço e tempo para introduzir uma visão histórica tão complexa no ensino da astronomia? Depende. Primeiro é necessário responder a uma outra pergunta: Qual o objetivo a ser atingido?

O ensino deve utilizar estratégias adequadas para atingir os objetivos desejados. Se o objetivo for apenas divertir os alunos, contando estórias curiosas, não é preciso ter escrúpulos: você pode inventar sua estória (como no exemplo analisado acima). Se o objetivo for evitar perguntas e questionamentos em aula, você pode utilizar argumentos de autoridade: "Copérnico provou que a Terra gira em torno do Sol" (embora isso seja falso). Mas se você quer ensinar a astronomia como uma *ciência* e quer passar uma visão correta da natureza do trabalho científico, você *precisa* conhecer a verdadeira história.

A ciência não é uma "verdade", mas algo que se aceita em certa época porque parece bem fundamentado em observações, cálculos, argumentos, discussões. Quando ensinamos apenas os resultados da ciência, e não o processo científico que levou à gradual formação e aceitação das teorias, estamos apenas transmitindo um conjunto de crenças, e não um ensino científico. Quando fazemos isso, estamos *doutrinando* os estudantes e não transmitindo uma noção correta sobre o que é a astronomia como ciência.

Para transmitir uma visão científica adequada, a história que precisa ser contada é complexa, detalhada, sem gênios perfeitos e sem vilões idiotas. Ela descreve as ideias, as discussões, os pontos positivos e negativos, aquilo que era pesado e discutido na época. E conhecer essa história é algo que exige trabalho, dedicação, tempo. Essa história pode ser contada por quem realmente valorizar o ensino da astronomia como ciência, e se der ao trabalho de pesquisar seriamente a história da astronomia.

AGRADECIMENTOS

O autor agradece o apoio recebido da Fundação de Amparo à Pesquisa do Estado de São Paulo (FAPESP) e do Conselho Nacional de Desenvolvimento Científico e Tecnológico (CNPq) para a realização de suas pesquisas.

REFERÊNCIAS BIBLIOGRÁFICAS

BARKER, Peter. Copernicus, the orbs, and the equant. *Synthese: International Journal for Epistemology, Methodology and Philosophy of Science* **83**: 317-323, 1990.

BILINSKI, Bronislaw. Il periodo padovano di Niccolo Copernico (1501-1503). Pp. 223-285, in: POPPI, A. (ed.). *Scienza e filosofia all'Università di Padova nel Quattrocento*. Padova: LINT, 1983.

BISKUP, Marian. *Regesta Copernicana*. Wroclaw: Ossolineum, 1973. (Studia Copernicana, 8)

BISKUP, Marian. Nouvelles recherches sur la biographie de Nicolas Copernic. *Revue d'Histoire des Sciences et de leurs Applications*, **27**: 289-306, 1974.

CASINI, Paolo. Copernicus, Philolaus and the Pythagoreans. *Memorie della Società Astronomica Italiana* **65**: 497-508, 1994.

COPÉRNICO, Nicolau. *As revoluções dos orbes celestes*. Trad. A. Dias Gomes e Gabriel Domingos. Lisboa: Fundação Calouste Gulbenkian, 1984.

COPÉRNICO, Nicolau. *Commentariolus – Pequeno comentário de Nicolau Copérnico sobre suas próprias hipóteses acerca dos movimentos celestes*. Introdução, tradução e notas de Roberto de Andrade Martins. 2ª ed. São Paulo: Livraria da Física, 2003.

COPERNICUS, Nicolaus. *Minor works*. Editado por Pawel Czartoryski. Tradução e comentário por Edward Rosen e Erna Hilfstein. London: Macmillan, 1985.

COPERNICUS, Nicolaus. *On the revolutions of the heavenly spheres*. Trad. Charles Glenn Wallis. Chicago:

Encyclopaedia Britannica, 1952. (Great Books of the Western World, v. 16)

COPERNICUS, Nicolaus. *On the revolutions of the heavenly spheres*. A new translation from the Latin, with an introduction and notes, by A. M. Duncan. Newton Abbot: David & Charles, 1976.

COPERNICUS, Nicolaus. *On the revolutions*. Editado por Jerzy Dobrzycki. Tradução e comentários por Edward Rosen. Baltimore : Johns Hopkins Univ. Press, 1978.

CROWE, Michael J. *Theories of the world from Antiquity to the Copernican revolution*. 2nd ed. New York: Dover, 2001.

DIJKSTERHUIS, E. J. *The mechanization of the world picture*. Trad. C. Dikshoorn. Oxford: Clarendon Press, 1961.

DREYER, J. L. E. *A history of astronomy from Thales to Kepler*. 2. ed. New York: Dover, 1953.

DUHEM, Pierre. *Salvar os fenômenos: Ensaio sobre a noção de teoria física de Platão a Galileo*. Trad. Roberto de Andrade Martins. In: *Cadernos de História e Filosofia da Ciência*, 1984.

GEARHART, C. A. Epicycles, eccentrics, and ellipses: The predictive capabilities of Copernican planetary models. *Archive for History of Exact Sciences*, **32**: 207-222, 1985.

GINGERICH, Owen (ed.). *The nature of scientific discovery*. Washington: Smithsonian Institution, 1975.

GINGERICH, Owen. *The eye of the heaven. Ptolemy, Copernicus, Kepler*. New York: American Institute of Physics, 1993.

GOLDSTEIN, Bernard R. Historical perspectives on Copernicus's account of precession. *Journal for the History of Astronomy* **25**: 189-197, 1994.

GRANADA, Miguel A. L'interpretazione bruniana di Copernico e la "Narratio prima" di Rheticus. *Rinascimento: Rivista dell'Istituto Nazionale di Studi sul Rinascimento* 30: 343-365, 1990.

GRANADA, Miguel A. Thomas Digges, Giordano Bruno e il copernicanesimo in Inghilterra. Pp. 125-156, in:

CILIBERTO, Michele; MANN, Nicholas (eds.). *Giordano Bruno, 1583-1585: The English experience*. Firenze: Olschki, 1997.

HANSON, Norwood Russel. *Constelaciones y conjecturas*. Madrid: Alianza Editorial, 1985.

HEATH, Thomas. *Aristarchus of Samos, the ancient Copernicus*. New York: Dover, 1981.

HEATH, Thomas. *Greek astronomy*. New York: Dover, 1991.

HOOYKAAS, R. Calvin and Copernicus. *Organon: International Review*, **10**: 139-148, 1974.

IBN-QURRA, Thabit. *Oeuvres d'astronomie*. Trad. Régis Morelon. Paris: Belles Lettres, 1987.

KENNEDY, Edward S. *Astronomy and astrology in the medieval Islamic world*. Aldershot: Ashgate, 1998.

KEPLER, Johannes. *Discussion avec le messager céleste*. Trad. Isabelle Pantin. Paris: Belles Lettres, 1993.

KIRK, S.; RAVEN, J. E.; SCHOFIELD, M. *The presocratic philosophers. a critical history with a selection of texts*. 2. ed. Cambridge: Cambridge University Press, 1983.

KOBE, Donald H. Copernicus and Martin Luther: An encounter between science and religion. *American Journal of Physics* **66**: 190-196, 1998.

KOESTLER, Arthur. *O homem e o universo*. São Paulo: IBRASA, 1989.

KOYRÉ, Alexandre. *From the closed world to the infinite universe*. Baltimore: Johns Hopkins, 1957.

KUHN, Thomas S. *A revolução Copernicana*. Lisboa: Edições 70, 1990.

KUHN, Thomas. *The Copernican revolution*. Cambridge, MA: Harvard University Press, 1985.

LAKATOS, Imre. Why did Copernicus' research program supersede Ptolemy's? Pp. 354-383, in: WESTMAN, R. S. (ed.). *Copernican achievement*. Berkeley: Univ. California Press, 1975.

LERNER, Michel-Pierre. *Le monde des sphères. II. La fin du cosmos classique*. Paris: Belles Lettres, 1997.

MARCEL, Pierre. Calvin et Copernic: La légende ou les faits? La science et l'astronomie chez Calvin. *Revue Réformée*, **31**: 1-210, 1980.

MCCLUSKEY, Stephen C. *Astronomers and cultures in early Medieval Europe*. Cambridge: Cambridge University Press, 1998.

MCMULLIN, Ernan. Bruno and Copernicus. *Isis: International Review devoted to the History of Science and its Cultural Influences* **78**: 55-74, 1987.

HOSKIN, Michael. *The Cambridge illustrated history of astronomy*. Cambridge: Cambridge University Press, 1997.

MOESGAARD, Kristian Peder. Success and failure in Copernicus' planetary theories. *Archives Internationales d'Histoire des Sciences*, **24**: 73-111, 243-318, 1974.

NASR, Seyyed Hossein. *An introduction to Islamic cosmological doctrines*. Albany: State of New York University, 1993.

NASR, Seyyed Hossein. *Science and civilization in Islam.* New York: Barnes & Noble, 1992.

NEUGEBAUER, Otto. *A history of ancient mathematical astronomy*. Berlin: Springer-Verlag, 1975. 3 vols.

OBERMAN, Heiko A. Reformation and revolution: Copernicus' discovery in an era of change. Pp. 179-203, in: *Dawn of the Reformation: Essays in late medieval and early Reformation thought*. Edinburgh : Clark, 1986.

OLSON, Paul A. Plato revisited: The Florentine Platonists and the astronomers. Pp. 172-199, in: *Journey to wisdom: Self-education in patristic and medieval literature*. Lincoln : University of Nebraska Press, 1995.

PEDERSEN, Olaf. *Early physics and astronomy: a historical introduction*. Cambridge: Cambridge University, 1993.

PETRONI, Angelo M.; SCOLAMIERO, Lucio. On the determination of planetary distances in the Copernican system. *British Journal for the Philosophy of Science* **37**: 335-340, 1986.

PROWE, Leopold. *Nicolaus Coppernicus*. Osnabruck: Zeller, 1967. 2 vols.

PTOLEMY, Claudius. *Almagest*. Trad. R. Catesby Taliaferro Chicago: Encyclopaedia Britannica, 1952. (Great Books of the Western World, v. 16)

PTOLOMEO, Claudio. *Las hipótesis de los planetas*. Edição e notas de Eulália Pérez Sedeño. Madrid: Alianza Editorial, 1987.

RANDLES, W. G. *The unmaking of the Medieval Christian cosmos, 1500-1760: from solid spheres to boundless aether*. Aldershot: Ashgate, 1999.

ROSEN, Edward. Copernicus, Nicholas. Vol. 3, pp. 401-411, *in*: GILLIESPIE, Charles Coulston (ed.). *Dictionary of Scientific Biography*. 16 vols. New York: Charles Scribner's Sons, 1970.

ROSEN, Edward. Studia Copernicana. *Journal of the History of Ideas*, **35**: 521-526, 1974.

ROSEN, Edward. Copernicus' spheres and epicycles. *Archives Internationales d'Histoire des Sciences*, **25**: 82-92, 1975.

ROSEN, Edward. The Alfonsine Tables and Copernicus. *Manuscripta* **20**: 163-174, 1976.

SAMSÓ, Julio. *Islamic astronomy and medieval Spain*. Aldershot: Variorum, 1994.

SWERDLOW, Noel M. A summary of the derivation of the parameters in the "Commentariolus" from the Alfonsine Tables. *Centaurus: International Magazine of the History of Mathematics, Science, and Technology*, **21**: 201-213, 1977.

SWERDLOW, Noel M. Pseudoxia Copernicana: Or, enquiries into very many received tenents and commonly presumed truths, mostly concerning spheres *Archives Internationales d'Histoire des Sciences*, **26**: 108-158, 1976.

SWERDLOW, Noel M. The derivation and first draft of Copernicus's planetary theory: a translation of the "Commentariolus" with commentary. *Proceedings of the American Philosophical Society* **117**: 423-512, 1973.

TOULMIN, Stephen; GOODFIELD, June. *The fabric of heavens*. Chicago: University of Chicago Press, 1999.

AS FONTES LITERÁRIAS DO *TRATADO DA ESFERA* DE SACROBOSCO

Roberto de Andrade Martins

Resumo: O *Tratado da Esfera* de Johannes de Sacrobosco, escrito no início do século XIII, foi um dos mais famosos textos astronômicos jamais escritos. Ao longo dessa obra, o autor citou trechos de três poetas latinos clássicos: Virgílio, Lucano e Ovídio. Este artigo descreve essas citações e seu contexto na obra de Sacrobosco, procurando interpretar o motivo pelo qual o autor introduziu essas menções. Comparando a ocorrência de citações literárias no *Tratado da Esfera* com aquilo que pode ser encontrado em outras obras de conteúdo astronômico anteriores, da mesma época e posteriores, é apresentada a interpretação de que o objetivo principal era fornecer esclarecimentos sobre os próprios textos literários, cujas menções a fenômenos astronômicos podiam ser obscuras ou incompreensíveis para os leitores.
Palavras-chave: Sacrobosco, Johannes de; Tratado da Esfera; história da astronomia; astronomia medieval; literatura e astronomia; astronomia cultural

1. INTRODUÇÃO

O *Tratado da Esfera* de Johannes de Sacrobosco, escrito no início do século XIII, foi um dos mais famosos textos astronômicos jamais escritos. Durante a Idade Média foi reproduzido e estudado sob forma de inúmeros manuscritos, e depois do

MARTINS, Roberto de Andrade. *Ensaios sobre História e Filosofia das Ciências II*. Extrema: Quamcumque Editum, 2022.

desenvolvimento da imprensa foram publicadas mais de 200 edições dessa obra. Lynn Thorndike, em seu estudo sobre o *Tratado da Esfera*, indica várias das fontes de informação em que Sacrobosco se baseou para escrever esse texto, como Alfraganus, Ptolomeu e Macrobius. Certamente Sacrobosco utilizou diversas fontes astronômicas e filosóficas, mas além disso é notável o grande número de pontos em que ele cita poetas clássicos: Virgílio, Ovídio, Lucano.

Os livros sobre história da astronomia não costumam se referir aos textos literários clássicos. Mesmo uma obra tão ampla como o *Système du Monde*, de Pierre Duhem, passa por alto esse tipo de fontes (Duhem, 1913-1959). No entanto, um estudo mais cuidadoso mostra que, paralelamente às discussões astronômicas dos matemáticos e dos filósofos, houve uma longa tradição astronômica e astrológica que fez parte da literatura clássica, não apenas entre os autores romanos mas também entre os gregos (por exemplo, Hesíodo). Em obras poéticas – como também em obras que falam sobre a vida no campo – encontramos muitas vezes descrições dos fenômenos celestes e de suas influências sobre fenômenos terrestres.

Os textos literários clássicos citados por Sacrobosco são as *Geórgicas* de Virgílio, a *Farsália* de Lucano, e quatro obras de Ovídio: *Metamorfoses*, *Tristia*, *Ex Ponto* e *Fastos*. Por que teria Sacrobosco citado essas obras? Seria comum, na Idade Média, apresentar citações literárias? Tais citações cumprem algum papel essencial ao texto, ou seriam dispensáveis? O presente trabalho analisa as partes relevantes desses textos, procurando esclarecer se Sacrobosco os utilizou apenas para ilustrar sua obra, ou se realmente extraiu dos mesmos informações específicas que não seriam encontradas com facilidade em outras fontes.

Além de estudar as fontes literárias clássicas citadas por Sacrobosco, este trabalho analisa essa tradição astronômica paralela e pouco conhecida, mostrando sua forte influência em autores anteriores a Sacrobosco (como, por exemplo, Macrobius e Martianus Capella). É importante resgatar a tradição astronômica literária, sem cujo conhecimento torna-se difícil compreender o desenvolvimento de obras tão importantes quanto o *Tratado da Esfera*.[1]

2. O TRATADO DA ESFERA

Johannes de Sacrobosco[2] (ou John of Holywood) nasceu na Inglaterra ou Escócia no final do século XII e morreu em Paris, em 1244 ou 1256 (Daly, 1970; Thorndike, 1949). Acredita-se que ele estudou em Oxford, tornou-se um cânone da ordem de Santo Agostinho e em 1220 mudou-se para Paris, onde lecionou matemática e permaneceu até seu falecimento. Pouco depois de mudar-se para a França, aproximadamente em 1230, completou sua obra mais famosa, *De Sphæra*, um pequeno tratado astronômico baseado em Ptolomeu, em obras astronômicas árabes (especialmente Alfraganus) e outras fontes.

Essa obra apresenta os conceitos astronômicos fundamentais, sem empregar cálculos matemáticos, utilizando uma forma adequada para os estudos medievais do *quadrivium*, as quatro disciplinas matemáticas, que eram: aritmética, geometria, música e astronomia. Esse *Tratado da Esfera* começou a ser utilizado como livro texto na Universidade de Paris, propagando-se rapidamente por toda a Europa. Antes do final do século XIII já havia se tornado extremamente popular. Logo passou a constituir-se leitura obrigatória não apenas na Universidade de Paris, mas também em Bologna, Oxford, Viena e outras universidades (Gingerich, 1988). Até o século XV, o *Tratado da Esfera* foi estudado e reproduzido sob a forma de manuscritos. Depois da invenção da imprensa de tipos móveis, essa obra foi um dos primeiros livros científicos publicados. Posteriormente, houve

---

[1] O presente trabalho foi redigido em 2002-2003. Uma primeira versão, curta, foi apresentada em um evento realizado em 2002 e publicada no ano seguinte (Martins, 2003). Esta versão completa nunca foi publicada, anteriormente.

[2] Há muitas grafias diferentes do nome latinizado desse autor. Por motivo que desconheço, os bibliotecários preferem utilizar a grafia Joannes de Sacro Bosco e os historiadores da ciência geralmente utilizam a forma Johannes de Sacrobosco, que será empregada aqui.

mais de 200 edições do texto de Sacrobosco, geralmente com adições e comentários, que circularam até o século XVIII. Foi o tratado astronômico mais popular de todos os tempos.

A popularidade do *Tratado da Esfera* pode ser atribuída à sua clareza e à sua simplicidade. É uma obra astronômica que se dedica aos conceitos básicos, deixando de lado quase todos os aspectos matemáticos. É um trabalho bem estruturado, curto, que ocupa menos de 30 folhas nos incunábulos e menos do que isso em edições e traduções recentes.

3. AS FONTES DE SACROBOSCO

Quais foram as fontes em que Sacrobosco se baseou para escrever o *Tratado da Esfera*? Ele mencionou astrônomos como Cláudio Ptolomeu (séc. II d.C.) e Alfragano ou Abū al-ʿAbbās Aḥmad ibn Muḥammad ibn Kathīr al-Farghānī (aprox. 800/805–870). Não mencionou Aristóteles, mas o pensamento aristotélico é o fundo filosófico básico do livro. Lynn Thorndike supõe que ele utilizou também algumas obras medievais que não citou (Thorndike, 1949, pp. 19-21), como as de Guillaume de Conches (aprox. 1080-1150) e Macrobius Ambrosius Theodosius (aprox. 370-430 d.C.), além de outros filósofos e astrônomos. Compreendemos com facilidade o uso dessas fontes por Sacrobosco. Porém, o aspecto curioso é que o *Tratado da Esfera* se refere em muitos lugares a autores clássicos que não eram nem filósofos, nem astrônomos: Virgílio, Ovídio, Lucano.[3] Ele não apenas indica seus nomes, mas também transcreve trechos de suas obras.

Dois dos textos literários clássicos são citados em vários pontos: *Georgicæ*, de Virgílio – nove citações; *Pharsalia*, de Lucano – oito citações. Há também menções de quatro obras Ovídio: *Metamorphoses*; *Ex Ponto*; *Tristia*; *Fasti* (uma referência de cada um desses livros). Finalmente, devemos indicar que

---

[3] Publius Vergilius Maro (70-19 a.C.), Publius Ovidius Naso (43 a.C.-18 d.C.) e Marcus Annaeus Lucanus (39-65 d.C.). Serão utilizados aqui os nome aportuguesados desses autores.

Sacrobosco citou quatro outras passagens em verso sem mencionar seus autores. Uma delas é do poeta Ausonius, do século IV. As outras não foram identificadas. Não vamos nos deter nesses pontos mais obscuros.

Qual era o objetivo do uso desses autores clássicos em um texto astronômico? Por que teria Sacrobosco citado essas obras? Seria comum, na Idade Média, apresentar citações literárias? Tais citações cumprem algum papel essencial ao texto, ou seriam dispensáveis? Podemos imaginar diversas explicações: talvez ele quisesse ostentar sua erudição; ou então, para esclarecer os conceitos com o uso de imagens literárias; ou para tornar o texto mais sugestivo. No entanto, não é evidente qual teria sido o objetivo de Sacrobosco, quando utilizava essas menções de poetas clássicos.

4. RELEVÂNCIA ASTRONÔMICA DOS TEXTOS LITERÁRIOS

A escolha dos textos literários utilizados por Sacrobosco não parece ter sido arbitrária. Dois dos clássicos utilizados por Sacrobosco (as *Geórgicas* e os *Fastos*) possuem relevância astronômica bastante direta. As *Geórgicas* de Virgílio são um poema didático sobre a vida no campo, com informações a respeito de agricultura, pecuária, etc. A determinação das estações do ano propícias a cada atividade depende de informações astronômicas que estão, portanto, presentes em grande quantidade. Os *Fastos* de Ovídio, por outro lado, são uma descrição pormenorizada do calendário romano.[4] São fenômenos astronômicos que determinam as datas mais importantes do ano e, por isso, era natural que houvesse referências astronômicas nesta obra, com a indicação bastante detalhada do surgimento e desaparecimento das várias constelações e estrelas com o passar dos meses.

Além das citações que Sacrobosco efetivamente utilizou no *Tratado da Esfera*, as *Geórgicas* e os *Fastos* contêm muitas

---

[4] Foi conservada apenas a descrição dos seis primeiros meses do ano romano.

outras partes relevantes para a astronomia, às quais ele poderia ter se referido.

As outras obras clássicas citadas no *Tratado da Esfera*, no entanto, possuem poucas conexões com a astronomia. A *Farsália* de Lucano, também denominada *Sobre a guerra civil*, é uma obra de natureza histórica. As *Metamorfoses* de Ovídio contêm principalmente relatos mitológicos; *Tristia* e *Ex Ponto* são séries de cartas escritas por Ovídio, durante seu exílio. Não esperaríamos encontrar um grande número de informações astronômicas em nenhum desses livros e, de fato, eles não contêm uma quantidade significativa de conexões com a astronomia. Apesar disso, têm um pequeno número de trechos onde aparecem efetivamente alguns enunciados astronômicos relevantes.

Há um aspecto interessantes que devemos comentar. Essas e outras obras literárias antigas, que não se destinavam a transmitir informações astronômicas, continham efetivamente certo número de trechos associados a fenômenos astronômicos, como os citados por Sacrobosco, que mostram que a cultura clássica estava impregnada por tais conhecimentos. Geralmente, tais informações aparecem de forma natural, em contextos adequados, sendo indícios de que a astronomia fazia parte da cultura geral, naquela época. De fato, há uma grande variedade de campos de conhecimento que, na Antiguidade clássica, estavam diretamente conectados à astronomia: a mitologia (pois os planetas e as constelações tinham relação com deuses e outros seres sobrenaturais); a geografia (pois as direções geográficas e as divisões da superfície da Terra dependiam de conhecimentos astronômicos); a meteorologia (pois o clima variava ao longo do ano e parecia depender do aparecimento de certos astros ou constelações); a navegação (pois os antigos pilotos se orientavam pelas estrelas, quando atravessavam o Mediterrâneo); agricultura, pecuária e caça (pois havia ciclos anuais envolvendo as plantas e os animais, que pareciam ser regidos pelos astros); a astrologia (que às vezes era inseparável da astronomia); a medicina (pois os fenômenos celestes pareciam ser a causa de epidemias e as doenças individuais eram associadas ao horóscopo de cada pessoa); o calendário (por motivos já mencionados); as festas religiosas (relacionadas com o ciclo anual, com fases da Lua, com o surgimento de constelações) e diversas técnicas, incluindo a alquimia e a magia (que consideramos superstições, mas faziam parte da cultura antiga).[5]

Vamos analisar a seguir todos os trechos dessas obras que são citados no *Tratado da Esfera*. Depois de analisa-los, procuraremos esclarecer se Sacrobosco os utilizou apenas para ilustrar sua obra, ou se realmente extraiu dos mesmos informações específicas que não seriam encontradas com facilidade em outras fontes.

5. AS GEÓRGICAS

Das fontes literárias usadas por Sacrobosco, o maior número de menções é às *Geórgicas* de Virgílio[6]. Há nove citações, que aparecem espalhadas no *Tratado da Esfera* (capítulos 2, 3 e 4). Oito das nove citações são extraídas de dois pequenos trechos do livro I das *Geórgicas*; a citação restante é tirada do final do livro II.

Virgílio era de uma família de criadores de rebanhos. As *Geórgicas* são consideradas como um conjunto de poemas didáticos sobre a vida no campo. Cada um dos quatro livros tem um tema principal. O primeiro livro trata da agricultura, o segundo sobre cultivo de árvores, o terceiro sobre pecuária e o quarto sobre abelhas. As *Geórgicas*, assim como outras obras de Virgílio, foram adotadas como textos de estudo literário durante a Idade Média, tornando-se parte da cultura erudita transmitida nas universidades.

O primeiro dos trechos do livro I citado por Sacrobosco (Virgílio, *Geórgicas* I, 215-230) descreve os sinais celestes adequados para realizar a semeadura de diferentes tipos de grãos. O

---

[5] A respeito dos aspectos culturais mais amplos da Astronomia na Antiguidade, pode-se consultar Martins, 2021 [nota adicionada em 2022].

[6] Publius Vergilius Maro viveu aproximadamente de 70 a 19 a.C. e escreveu as *Geórgicas* entre 37 e 30 a.C.

segundo trecho, que vem logo em seguida (Virgílio, *Geórgicas* I, 231-251), fala sobre as diferentes zonas celestes (e zonas terrestres correspondentes). Por fim, o terceiro trecho (Virgílio, *Geórgicas* II, 475-483) descreve alguns fenômenos envolvendo o Sol e a Lua, como: eclipses, a maior duração das noites no inverno e a influência celeste nos terremotos e marés.[7]

Trata-se, portanto, de trechos das *Geórgicas* que abordam assuntos de relevância astronômica. Podemos nos perguntar, no entanto, se esses são os únicos trechos dessa obra de Virgílio onde são tratados temas astronômicos; e se há algum motivo especial para que Sacrobosco se refira a esses trechos e a esta autoridade.

Vejamos agora as citações, onde o trecho em negrito é a parte citada por Sacrobosco no *Tratado da Esfera*. Em cada uma delas, vamos fornecer primeiro a tradução para o português, depois o texto em latim.

> Na primavera são semeadas as favas; a ti também, alfafa, os sulcos aceitam e retorna o cuidado anual do painço, **quando o Touro brilhante, com seus chifres dourados abre o ano, ante cuja ameaça a estrela do cão se esconde**. (Virgílio, *Geórgicas* I, 215-218)
>
> Uere fabis satio; tum te quoque, medica, putres / accipiunt sulci et milio uenit annua cura, / **candidus auratis aperit cum cornibus annum / Taurus et auerso cedens Canis occidit astro**.

Vejamos o contexto do *Tratado da Esfera* em que essa menção aparece e que é uma explicação do significado de "nascimento cósmico" de uma constelação:

> [...] o signo com o qual e no qual o Sol nasce na manhã diz-se que nasce cosmicamente. E este nascimento é dito

---

[7] No caso de todas as obras clássicas citadas por Sacrobosco, não vamos indicar aqui a página de nenhuma edição ou tradução específica e sim a localização do trecho de acordo com as edições tradicionais, apontando o número do livro em algarismos romanos e os versos em algarismos arábicos.

próprio e principal e quotidiano. Temos um exemplo desse nascimento nas *Geórgicas*, onde é ensinada a plantação das favas e do milho alvo no tempo da primavera, quando o Sol está em Touro, assim: "O touro branco com chifres brilhantes abre o ano, / e o cão, cedendo à estrela adversa, se põe." (Sacrobosco, 2006, pp. 13v-14r)[8]

Uma parte da mesma passagem é citada em outro ponto do *Tratado da Esfera*:

> O ocaso é helíaco quando o Sol se aproxima de um signo e por sua presença e luminosidade não permite que este seja visto. Um exemplo disso está no verso citado, a saber: "E o cão, cedendo à estrela adversa, se põe". (Sacrobosco, 2006, p. 14v)

Vejamos os trechos seguintes das *Geórgicas* que são citados por Sacrobosco.

> Mas se for para colheitas de trigo e da ervilhaca resistente que te esforças arando o solo, e se as espigas são teu único objetivo, **deixa que as filhas de Atlas se ocultem no amanhecer,** e que a estrela de Creta, da coroa de fogo, parta, **antes que coloque nos sulcos a semente que lhes é devida**, ou então entregarás a esperança do ano prematuramente à terra que não coopera. (Virgílio, *Geórgicas* I, 219-224)
>
> At si triticeam in messem robustaque farra / exercebis humum solisque instabis aristis, / **ante tibi Eoæ Atlantides abscondantur** / Cnosiaque ardentis deccdat stella Curonæ, / **debita quam sulcis committas semina** quamque / inuitæ properes anni spem credere terræ.

51

No *Tratado da Esfera*, essa citação é utilizada na explicação do significado de "ocaso cósmico" de uma constelação:

> O ocaso cósmico diz respeito à oposição, a saber, quando o Sol se ergue com um signo, cujo signo oposto se põe cosmicamente. Esse ocaso é citado nas *Geórgicas*, onde é ensinado o semear do trigo no final do outono, quando o Sol está em Escorpião. Pois quando ele se ergue com o Sol, o Touro, signo que lhe é oposto, onde estão as Plêiades, se põe. Assim: "Quando diante de ti as Atlântidas se escondem, / entregue a semente, como é devido, ao sulco." (Sacrobosco, 2006, p. 14r)

Ao fazer essa menção às *Geórgicas*, Sacrobosco omitiu um trecho intermediário, que utilizou, no entanto, em outro ponto do *Tratado da Esfera*:

> O nascimento é helíaco ou solar quando o signo ou estrela pode ser visto por causa da distância do Sol até ele; enquanto previamente não podia ser visto pela proximidade do Sol. [...] Virgílio, nas *Geórgicas*: "E a estrela de Gnosos da coroa flamejante desce." A qual, estando perto de Escorpião, não era visível enquanto o Sol estava em Escorpião. (Sacrobosco, 2006, p. 14v)

Sacrobosco utilizou um trecho das *Geórgicas* que se refere à divisão do céu (e da Terra) em cinco zonas geográficas:

> O Sol dourado controla os astros do mundo, dividindo para isso seu orbe em doze partes exatas. **O céu contém cinco zonas; sobre uma das quais brilha sempre o Sol, sempre rubra e tórrida pelas suas chamas**; em volta dos extremos, para a direita e para a esquerda[9], estão as regiões cinzentas, enrijecidas pelo gelo, e negras pela chuva; entre essas duas e a zona do meio os deuses concederam aos mortais duas outras, e foi traçado um caminho que passa por ambas, onde gira

---

[9] Para o Norte e para o Sul. Nos mapas antigos, o Norte ficava do lado direito.

obliquamente o círculo dos signos. (Virgílio, *Geórgicas* I, 231-239)

Idcirco certis dimensum partibus orbem / per duodena regit mundi sol aureus astra. **quinque tenent cælum zonæ: quarum una corusco / semper sole rubens et torrida semper ab igni**; / quam circum extremæ dextra læuaque trahuntur / cæruleæ, glacie concretæ atque imbribus atris; / has inter mediamque duæ mortalibus ægris / munere concessæ diuum, et uia secta per ambas, / obliquus qua se signorum uerteret ordo.

Essa passagem é mencionada por Sacrobosco ao explicar as cinco zonas geográficas:

Deve ser notado ainda que os quatro paralelos menores, a saber, os dois trópicos, o paralelo Ártico e o paralelo Antártico, distinguem no céu cinco zonas ou regiões. Por isso, Virgílio, nas Geórgicas: "O céu tem cinco zonas, das quais uma pelo ardor / do Sol está sempre vermelha, e sempre tórrida pelo fogo." São distinguidas também igual número de regiões na Terra, diretamente abaixo das ditas zonas. (Sacrobosco, 2006, p. 13r)

O trecho seguinte das Geórgicas que foi utilizado por Sacrobosco se refere aos polos celestes:

E assim como o mundo sobe em direção à Cítia e os picos Rifeus, da mesma forma ele desce para a Líbia e para o Sul. **Este polo se mantém sempre acima de nós; o outro [polo], abaixo de nossos pés, é visto do Styx e pelas profundezas do Manes.** Aqui [região Norte] desliza a grande Serpente [Draco] com suas voltas sinuosas entre as duas Ursas e em volta delas como um rio; **as Ursas que temem mergulhar nas águas do Oceano.** Lá [região Sul], dizem, ou que reina a silenciosa escuridão eterna da noite, sob as dobras do manto tenebroso da noite; ou então que a Aurora, aos nos deixar, retorna para eles e lhes traz de volta o dia; e que quando o primeiro alento dos cavalos do Sol nos sopra do oriente, nessa hora o rubro pôr-do-Sol começa a acender os fogos. (Virgílio, *Geórgicas* I, 240-251)

Mundus, ut ad Scythiam Riphæasque arduus arces / consurgit, premitur Libyæ deuexus in Austros. / **Hic uertex nobis semper sublimis; at illum / sub pedibus Styx atra uidet Manesque profundi.** / Maximus hic flexu sinuoso elabitur Anguis / circum perque duas in morem fluminis Arctos, / **Arctos Oceani metuentis æquore tingi.** / Illic, ut perhibent, aut intempesta silet nox / semper et obtenta densentur nocte tenebræ; / aut redit a nobis Aurora diemque reducit, / nosque ubi primus equis Oriens adflauit anhelis / illic sera rubens accendit lumina Vesper.

Quando Sacrobosco cita o primeiro trecho grifado acima, ele troca uma das palavras, utilizando "Hic vertex nobis semper sublimis, at illum / sub pedibus Styx atra **tenet** Manesque profundi", em vez de "atra **uidet** Manesque profundi".

No *Tratado da Esfera*, esse primeiro trecho é mencionado duas vezes, quando Sacrobosco esclarece o que são os polos do mundo, ou polos celestes. A primeira passagem é esta:

> Esses dois pontos no firmamento são ambos imóveis; são chamados de polos do mundo, porque terminam o eixo da esfera. O mundo gira sobre eles. Um deles sempre nos é visível, o outro realmente sempre é ocultado. Por isso Virgílio, no primeiro [livro] das *Geórgicas*: "Seu vértice sempre acima para nós; mas aquele / sob os pés do negro Styx é visto pelos manes das profundezas." (Sacrobosco, 2006, p. 8r)

Em outro ponto, ele utiliza a mesma citação ao explicar que "em nossa localidade" (ou seja, na Europa) as estrelas que estão em torno do polo celeste norte nunca se põem, estão sempre visíveis; e completa com outro trecho da mesma passagem das *Geórgicas*, que descreve que a constelação da Ursa nunca mergulha no oceano:

> [...] em nossa localidade, essas estrelas nunca se põem. Por isso Virgílio: "Este vértice está sempre acima de nós / mas o

outro é visto pelos manes profundos do Styx sob nossos pés". [...] Também Virgílio nas Geórgicas assim diz: "Arctos temerosa de tocar a onda do oceano". (Sacrobosco, 2006, p. 20r)

O último dos trechos das *Geórgicas* que foi empregado por Sacrobosco é este:

> Quanto a mim, primeiramente, Musas mais doces do que tudo, cujos emblemas sagrados eu levo, movido por um forte amor, aceitem-me e mostrem-me os caminhos do céu e os astros, **os variados eclipses do Sol e as obras da Lua**; de onde vêm os terremotos, por qual força os mares profundos se inflam, rompendo todas as barreiras e depois retornando para seu próprio lugar; por que o Sol de inverno se apressa tanto para o Oceano, ou o que retarda a noite demorada. (Virgílio, *Geórgicas* II, 475-483)
>
> Me uero primum dulces ante omnia Musae, / quarum sacra fero ingenti percussus amore, / accipiant caelique uias et sidera monstrent, / **defectus solis uarios lunaeque labores**; / unde tremor terris, qua ui maria alta tumescant / obicibus ruptis rursusque in se ipsa residant, / quid tantum Oceano properent se tingere soles / hiberni, uel quae tardis mora noctibus obstet.

Sacrobosco cita (*Tratado da Esfera*, cap. 4) uma única frase desse trecho: "Defectus lunæ varios solisque labores", invertendo na realidade o texto original, que diz: "defectus solis uarios lunæque labores" (Sacrobosco, 2006, p. 28r). Talvez Sacrobosco tenha feito a citação de memória, já que inverteu as posições do Sol e da Lua; ou pode ter utilizado um manuscrito que apresentasse essa variante.

O contexto em que Sacrobosco apresenta esse texto de Virgílio é uma descrição sobre os eclipses, onde ele explica que os da Lua são visíveis de todas as partes da Terra, enquanto que os eclipses do Sol são visíveis apenas em uma região da Terra:

> E deve ser notado que quando ocorre um eclipse da Lua, ele é visível em todos os lugares na Terra. Mas quando ocorre

um eclipse do Sol, isso não é assim. Realmente, ele pode ser visível em um clima e não em outro, o que acontece por causa dos diferentes pontos de vista nos diferentes climas. Por isso Virgílio exprime de forma muito apta e concisa a natureza de cada eclipse: "Defeitos variados da Lua, e dos trabalhos do Sol". (Sacrobosco, 2006, p. 28r)

Deve-se notar que ele atribui a Virgílio uma elegante síntese da natureza dos eclipses, mas no trecho em questão o poeta romano não tenta explicar a causa ou natureza dos eclipses e sim indicar alguns fenômenos associados ao Sol e à Lua.

O que as citações de Virgílio acrescentam ao texto de Sacrobosco? É difícil compreender. Cada alusão a Virgílio apresentada no *Tratado da Esfera* é um enunciado truncado, que só é compreensível para os que conhecem todo o parágrafo de onde foi extraído. No entanto, mesmo supondo que os leitores do *Tratado da Esfera* conheciam o texto completo de Virgílio, adicionar essas citações não esclarece os conceitos que Sacrobosco estava apresentando. Além disso, Virgílio não era uma autoridade sobre temas de astronomia, que pudesse dar mais segurança às ideias que Sacrobosco estava expondo. Assim, não se consegue perceber facilmente por qual motivo Sacrobosco introduziu essas citações, em um livro tão conciso.

A análise dos outros exemplos também nos traz perplexidades semelhantes. Porém, antes de passar às citações dos demais autores, é importante assinalar que existem vários outros trechos das *Geórgicas* que abordam temas astronômicos e que poderiam ter sido citados por Sacrobosco – mas que ele não mencionou. Vejamos alguns exemplos.

6. O QUE SACROBOSCO NÃO CITOU

Logo no início do primeiro livro, por exemplo, Virgílio escreve: "O que faz o campo se alegrar, sob que estrelas, Mecenas, deve-se revolver a terra [...]?" (Virgílio, *Geórgicas* I, 1-2). Logo depois, há uma invocação aos astros celestes: "Vós, ó gloriosas luzes do mundo, que conduzis pelo céu o caminho do ano"

(Virgílio, *Geórgicas* I, 5-6). Mais adiante, Virgílio se interroga sobre o futuro de César, que talvez se torne uma estrela nos céus, para cuidar da Terra – e descreve algumas constelações celestes, entre as quais a de Escorpião, que deixaria entre suas garras um espaço para a estrela de César (Virgílio, *Geórgicas* I, 24-42). Um pouco depois, ao se referir às estações do ano, Virgílio utiliza o termo técnico "solstício" para indicar o verão: "Orai por solstícios úmidos e invernos serenos, ó agricultores" (Virgílio, *Geórgicas* I, 100-101).

Ao descrever os primórdios da humanidade, Virgílio indica que "o navegante inicialmente contou as estrelas e lhes deu nomes: Plêiades, Híades e Arctos – a brilhante filha de Lycaon" (Virgílio, *Geórgicas* I, 137-138).

Antes do primeiro trecho que é efetivamente citado por Sacrobosco há um outro em que são indicados também sinais astronômicos importantes para os agricultores, com referências a Arcturus, a Serpente, Abydos, etc. Aparece então uma menção clara do equinócio, quando descreve: "Quando Libra equiparar as horas do dia às do sono e dividir o globo pela metade entre luz e sombra, então colocai a trabalhar vossos bois, homens; semeai os campos com cevada até o limite das chuvas do inverno intratável" (Virgílio, *Geórgicas* I, 208-211).

Ainda no livro primeiro das *Geórgicas*, Virgílio se refere aos dias fastos e nefastos do ciclo lunar, indicando por exemplo que o quinto dia (a partir da Lua nova) deve ser evitado, que o sétimo e o décimo são dias de sorte e que o nono é benéfico para renegados e negativo para ladrões (Virgílio, *Geórgicas* I, 276-286). É compreensível que Sacrobosco não tenha mencionado essa passagem, pois o *Tratado da Esfera* não trata sobre esse tipo de assunto.

Outro trecho se refere à redução da duração dos dias, no outono, quando os homens devem observar os astros e ter cuidado com as tempestades (Virgílio, *Geórgicas* I, 311-312) e à necessidade de observar os meses e os signos celestes nos quais Saturno, o astro frígido, se afasta; e entre quais fogos celestes Cyllenius vagueia em seu orbe (Virgílio, *Geórgicas* I, 335-337).

Depois, Virgílio indica que Júpiter estabeleceu avisos através da Lua e de outros sinais, para que os agricultores pudessem prever calor, chuvas, ventos e frios (Virgílio, *Geórgicas* I, 351-355).

Portanto, embora tenha feito várias referências às *Geórgicas*, Sacrobosco não se preocupou em indicar todas as passagens onde havia menção aos fenômenos astronômicos. Qual o critério que ele usou para selecionar as citações? Não é possível descobrir isso.

7. A FARSÁLIA

Oito das citações literárias que aparecem no *Tratado da Esfera* são da obra de Lucano sobre a guerra civil (*Farsália*).[10] A primeira citação é parte do discurso de Pompeu, no segundo livro da *Farsália*, onde ele descreve todos os lugares que conquistou:

> Não deixei nenhuma parte do mundo intocado; toda a Terra, em qualquer lugar sob o Sol, está ocupada por meus troféus. De um lado, o Norte conhece minhas vitórias pelas águas geladas do Phasis; a zona quente me é conhecida nas praias do Egito e **em Syene, onde a sombra não se dobra para nenhum lado**; meu poder é temido no poente, onde o Baetis [na Espanha], o mais longínquo dos rios, encontra a maré. (Lucano, *Farsália* II, 583-589)
>
> Pars mundi mihi nulla vacat; sed tota tenetur / Terra meis, quocunque iacet sub sole, tropaeis. / Hinc me victorem gelidas ad Phasidos undas / Arctos habet; calidas medius mihi cognitus axis / Aegypto atque **umbras nusquam flectente Syene**; / occasus mea iura timent Tethynque fugacem / qui ferit Hesperius post omnia flumina Baetis.

Sacrobosco utilizou essa citação para falar sobre o Trópico de Câncer.

---

[10] Marcus Annaeus Lucanus (39-65 d.C.) escreveu esta obra nos últimos anos de sua vida. O tema principal de *Pharsalia*, ou *De Bello Civili* (Sobre a Guerra Civil), é a guerra entre Júlio César e Pompeu. O título do poema é uma referência à batalha de Pharsalus, que ocorreu em 48 a.C.

Para aqueles cujo zênite está no Trópico de Câncer, acontece que o Sol passa uma vez por ano pelo zênite de suas cabeças, a saber, quando está no primeiro ponto de Câncer; e então, em uma hora de um dia do ano todo, sua sombra é perpendicular. Diz-se que a cidade de Syene está situada assim. Por isso Lucano: "A sombra de Syene que nunca se inclina". Deve-se entender isso ao meio dia de um único dia; para todo o resto do ano, para eles a sombra cai para o norte. (Sacrobosco, 2006, pp. 20v-21r)

Note-se que a citação isolada de Lucano não é útil, porque Sacrobosco precisa esclarecer que existe um único dia do ano no qual, ao meio-dia, a sobre é vertical, ou seja, não se inclina para o Sul nem para o Norte. O texto de Lucano não ajuda a esclarecer o conceito que o *Tratado da Esfera* está expondo.

Três das menções que Sacrobosco apresenta da *Farsália* são trechos contíguos, do terceiro livro, onde Lucano se refere às conquistas de Alexandre e à reunião de diferentes povos durante a guerra. As três citações desses trechos descrevem relações entre fenômenos ou constelações celestes e regiões da Terra.

Os Capadócios ferozes vieram; e os homens que acham o solo do Monte Amanus duro demais para cultivar; e os Armênios, que residem onde o Niphates rola ao longo de seu curso sinuoso. Os Coatras abandonaram suas florestas que chegam aos céus; **vós, Árabes entrastes em um mundo que vos era desconhecido e vos maravilhastes porque a sombra das árvores não caía para a esquerda** [para o Sul]. (Lucano, *Farsália*, III, 243-248)

Venere feroces / Cappadoces, duri populus non cultor Amani, / Armeniusque tenens volventem saxa Niphatem. / Aethera tangentes silvas liquere Choatrae. / **Ignotum vobis, Arabes, venistis in orbem / umbras mirati nemorum non ire sinistras**.

Sacrobosco citou esse trecho da *Farsália* em um ponto onde explica que, dependendo do local considerado sobre a superfície da Terra, as sombras de objetos verticais nunca ficam na direção sul:

> Por isso Lucano, falando sobre os Árabes que vieram a Roma ajudar Pompeu, diz: "Vocês, árabes, vieram a um mundo que lhes era desconhecido / e se maravilharam porque a sombra das árvores nunca fica para a esquerda", pois em seu lugar as sombras ficavam algumas vezes para sua direita, algumas vezes para sua esquerda, algumas vezes perpendicular, algumas vezes orientais, algumas vezes ocidentais. Mas quando vieram a Roma, que está além do Trópico de Câncer, então suas sombras estavam sempre setentrionais. (Sacrobosco, 2006, p. 20v)

O trecho seguinte se refere à visibilidade das estrelas próximas ao polo celeste norte, dependendo do ponto geográfico onde está o observador:

> **Os remotos Orestas também foram perturbados pelo furor de Roma, e os chefes de Carmania (onde o céu, começando a se inclinar para o Sul, vê pelo menos uma parte da Ursa mergulhar abaixo do horizonte, e onde Bootes, que se põe rapidamente, é visível apenas durante uma pequena porção da noite); [...] (Lucano, *Farsália*, III, 249-252)**
> **Tunc furor extremos movit Romanus Orestas / Carmanosque duces, quorum iam flexus in Austrum / aether non totam mergi tamen aspicit Arcton; / lucet et exigua velox ibi nocte Bootes.**

Esse trecho da *Farsália* é utilizado por Sacrobosco para explicar que para aqueles que estão na região próxima ao Equador – diferente do que ocorre para os habitantes da Europa – as estrelas próximas ao polo celeste norte vão nascer e se por:

> Para eles, também, as estrelas que estão próximas dos polos nascem e põem, e igualmente para outros que habitam perto da equinocial. Portanto Lucano assim diz: "Então a fúria romana moveu as Orestas remotas, / e os líderes Carmanios, cujo éter agora girava / para o Sul, no entanto não vêem

Arcton bastante submerso, / e o veloz Bootes brilha na noite escassa". (Sacrobosco, 2006, p. 20r)

A passagem seguinte da *Farsália* que foi utilizada por Sacrobosco menciona a relação entre o norte da África e os signos do zodíaco:

> [...] **e a terra da Etiópia, que não é coberta por nenhuma parte do zodíaco, a não ser pela perna do Touro e pela ponta do seu chifre que se projeta**; e a terra onde o grandioso Eufrates e o Tigre rápido erguem suas cabeças. (Lucano, *Farsália*, III, 253-257)
> **Aethiopumque solum quod non premeretur ab ulla / signiferi regionc poli, nisi poplite lapso / ultima curvati procedret ungula Tauri**; / quaque caput rapido tollit cum Tigride magnus / Euphrates.

Sacrobosco mencionou esse trecho ao tratar a relação entre as regiões da Terra e os círculos paralelos:

> Também se deve notar que a Etiópia, ou uma parte dela, está além do Trópico de Câncer. Por isso Lucano: "E a Etiópia que sozinha não é tocada / por nenhuma região do polo que transporta os signos, / exceto a ponta do casco de Taurus saltitante". (Sacrobosco, 2006, p. 21r)

Outro trecho da *Farsália* descreve que, certa noite, os guerreiros de um exército receavam a chegada da manhã, quando seria necessário começar a batalha. Mas seu chefe os incitou à guerra, e então eles rogaram para que a manhã chegasse logo. Lucao então assinalou que as noites eram curtas naquela época do ano, porque o Sol já estava próximo da constelação de Câncer, e que "era curta a noite que então pendia sobre o arqueiro da Tessália":

> Antes que seu líder falasse, todos eles olhavam as estrelas do céu com olhos lacrimosos, e tremiam quando o polo da Ursa girava; mas agora, quando sua exortação penetrou em

seus corações, oraram pela luz do dia. E naquela estação o céu não demorou a mergulhar as estrelas no mar; pois o Sol estava na constelação de Gêmeos, quando seu disco atinge seu ponto mais alto e Câncer está próximo; **então a noite curta atirou flechas da Tessália**. (Lucano, *Farsália*, IV, 521-528)

Cum sidera caeli / ante dulcis voces oculis umentibus omnes / aspicerent flexoque Ursae temone paverent, / idem, cum fortes animos praecepta subissent, / optavere diem. Nec segnis vergere ponto / tunc erat astra polus; nem sol Ledaca tenebat / sidera, vicino cum lux altissima Cancro est / **tunc nox Thessalicas urguebat parva sagittas**.

Sacrobosco utilizou essa citação no capítulo 3 do *Tratado da Esfera*, onde procura explicar o que são os nascimentos e ocasos crônicos das constelações, que acontecem quando a noite está começando. O trecho relevante é este:

O ocaso crônico é uma questão de oposição. Por isso Lucano assim diz: "Então a noite curta atirou flechas da Tessália". (Sacrobosco, 2006, p. 14v)

A alusão, isolada do seu contexto, é incompreensível; e não esclarece o conceito de ocaso crônico, ou seja, não ajuda o leitor do *Tratado da Esfera* a compreender seu significado.

Em outro trecho da *Farsália*, Pompeu interroga um navegador árabe sobre como ele se orienta pelas estrelas, e recebe a seguinte resposta:

Todos os signos que se movem e fluem pelo céu enganam o pobre marinheiro, porque [o céu] está mudando sempre; não damos atenção a essas estrelas; mas a [estrela] polar, que nunca mergulha abaixo das ondas, **o eixo mais brilhante das Ursas gêmeas**, é ela que guia o nosso navio. (LUCANO, *Farsália*, VIII, 172-176)

Signifero quaecumque fluunt labentia caelo / numquam stante polo miseros fallentia nautas, / sidera non sequimur; sed, qui non mergitur undis / **axis inocciduus gemina clarissimus Arcto**, / ille regit puppes.

Esse texto é mencionado em um ponto onde Sacrobosco se refere à visibilidade perene do polo norte celeste, para os que vivem na Europa:

> Mas em nossa localidade, essas estrelas nunca se põem. [...] E Lucano: "Eixo que nunca se põe, brilhando com as Ursas gêmeas". (Sacrobosco, 2006, p. 20r)

Há duas outras citações que são tiradas de trechos contíguos da *Farsália*, onde Lucano descreve um templo da Líbia dedicado a Amon. Ele comenta que essa é a única parte da Líbia onde há grandes árvores verdes, que lá crescem por causa de uma fonte; e comenta:

> Mas apesar disso o Sol não encontra impedimento, quando o orbe do dia se encontra colocado no zênite: as árvores quase não podem abrigar seus próprios troncos, pois a sombra projetada por seus raios é muito pequena. **Foi determinado que aqui é o lugar onde o círculo do solstício superior atinge os signos do meio, equidistantes dos polos.** [...] Mas a sombra das pessoas (se elas existem) que estão separadas de nós pelo fogo da Líbia cai para o Sul, enquanto a nossa vai para o Norte. (Lucano, *Farsália* IX, 528-532; 538-539)
>
> Hic quoque nil obstat Phoebo, cum cardine summo / stat librata dies; truncum vix protegit arbor: / tam brevis in medium radiis conpellitur umbra. / **Deprehensum est hunc esse locum, qua circulus alti / solstitii medium signorum percutit orbem**. / [...] At tibi, quaecumque es Libyco gens igne dirempta, / in Noton umbra cadit, quae nobis exit in Arcton.

No *Tratato da Esfera*, esse trecho é mencionado quando Sacrobosco está explicando o que acontece para as pessoas que vivem na região do Equador.

> E isso é o que diz Alfragano, que para eles o verão e o inverno são de uma igual compleição: pois esses dois tempos, que para nós são inverno e verão, são dois invernos para eles.

E a diferença fica clara nesses versos de Lucano: "Entende-se que este é o lugar onde o círculo / do alto solstício atinge o meio do orbe dos signos". Aqui Lucano chama a equinocial de círculo do alto solstício, sobre o qual ocorrem dois solstícios elevados para aqueles que estão sob a equinocial. Ele chama o zodíaco de orbe dos signos, o qual é dividido em duas metades ou cortado ao meio pela equinocial; atinge, isto é, divide. (Sacrobosco, 2006, p. 19v)

O último trecho da *Farsália* utilizado por Sacrobosco é bastante complexo, referindo-se ao movimento das constelações quando vistas por pessoas do norte da África:

Cada um dos polos está à mesma distância deles [os habitantes da Líbia]; e os signos fugidios passam pelo meio do céu. **Essas** [constelações] **não se movem obliquamente: Escorpião, quando emerge do horizonte, não está mais reto** [próximo da perpendicular] **do que Touro; e Áries não cede seu tempo a Libra; nem Virgem faz Peixes descer lentamente. Chiron** [Sagitário] **sobe tão alto quanto Gêmeos, e o Capricórnio úmido tão alto quanto o Câncer ardente; e Leão não sobe mais alto do que Aquário.** (Lucano, *Farsália* IX, 542-543; 533-537)

Procul axis uterque est, / et fuga signorum medio rapit omnia caelo. / **Non obliqua meant, nec Tauro Scorpios exit / rectior, aut Aries donat sua tempora Librae, / aut Astraea iubet lentos descendere Pisces. / Par Geminis Chiron, et idem, quod Carcinus ardens, / umidos Aegoceros, nec plus Leo tollitur Urna.**

Este trecho da *Farsália* é de grande dificuldade, exigindo para sua explicação um bom conhecimento sobre astronomia e sobre a relação entre a latitude do observador e a aparência celeste. Um leitor "comum" da *Farsália* dificilmente entenderia o significado desses trechos sem o auxílio de uma pessoa versada em astronomia. O *Tratado da Esfera* menciona esse trecho quando está explicando os movimentos das constelações do Zodíaco, quando vistas por uma pessoa da região equatorial:

Eis realmente a regra: dois arcos quaisquer do zodíaco, iguais e igualmente distantes de um dos quatro pontos já mencionados, possuem iguais ascensões. Daí se segue que signos opostos possuem ascensões iguais. E isso é o que Lucano diz falando sobre a marcha de Cato na Líbia, perto da equinocial: "Eles não se movem obliquamente, nem Escorpião sai mais reto do que Touro, / nem Áries cede seu tempo a Libra, / nem Astrea pede a Peixes para descer lentamente. / Chiron é par com Gêmeos, e o Carcino ardente é igual / ao úmido Aegloceros, nem o Leão se move mais do que a Urna". Aqui Lucano diz que para os que estão sob a equinocial, signos opostos possuem igual ascensão e ocaso. (Sacrobosco, 2006, p. 15v)

8. OVÍDIO

O trecho das *Metamorfoses*[11] citado por Sacrobosco é parte da introdução da obra, onde Ovídio descreve a criação do universo pelos deuses. Lá ocorre uma referência às zonas geográficas terrestres:

Assim como a abóbada celeste é cortada por duas zonas à direita [Norte] e duas à esquerda [Sul] e uma quinta [zona] no meio, mais ardente do que essas, assim a providência de Deus marcou a massa que estava no meio com igual número de zonas, **e as mesmas regiões foram marcadas sobre a Terra**. Dessas, a zona central não pode ser habitada por causa do calor; a neve profunda cobre duas; e duas ele colocou no meio e lhes deu clima temperado, misturando calor e fogo. (Ovídio, *Metamorfoses*, I, 45-51)

Utque duae dextra caelum totidemque sinistra / parte seccant zonaed, quinta est ardentior illis, / sic onus inclusum numero distinxit eodem / dura dei, **totidemque plagae tellure premuntur**, / Quarum quae media est, non est habitabilis

---

[11] Publius Ovidius Naso (43 a.C.-18 d.C.) escreveu as Metamorphoses em torno do ano 8 d.C. A temática da obra é a mitologia grega e romana, abordando as transformações sofridas pelos personagens.

aestu; / nix tegir altra duas; totidem inter utramque locavit / temperiemque dedit mixta cum frigore flamma.

No *Tratado da Esfera*, há uma menção a esse trecho quando Sacrobosco está explicando as cinco faixas celestes e as cinco faixas terrestres correspondentes, limitadas pelos trópicos e pelos círculos polares:

> Deve ser notado ainda que os quatro paralelos menores, a saber, os dois trópicos, o paralelo Ártico e o paralelo Antártico, distinguem no céu cinco zonas ou regiões. [...] Por isso, Ovídio, no primeiro das Metamorfoses: "E zonas em igual número são marcadas na terra. / Delas, a que está no meio não é habitável por causa do calor; / a neve recobre as duas superiores; e entre elas ele colocou outras / temperadas, dando-lhe uma mistura de frio com fogo." (Sacrobosco, 2006, p. 13r)

Duas outras citações de Ovídio são retiradas das cartas que ele escreveu no exílio – uma delas em *Tristia* e a outra em *Ex Ponto*. Na primeira delas, Ovídio lamenta a ocasião em que, ao ser desterrado, precisou tomar um navio e partir, em meio a um mar tempestuoso.

> **O Guardião** [Bootes] **da Ursa do Erimanto mergulha no oceano e com suas estrelas torna tempestuosas as águas do mar**. No entanto, não estou sulcando as águas do mar Jônio por minha própria vontade, mas obrigado a ser audaz por causa do medo. (Ovídio, *Tristia* I, 4, 1-4)
> **Tingitur oceano custos Erymanthidos ursae, / aequoreasque suo sidere turbat aquas**. / Non tamen Ionium non nostra findimus aequor / sponte, sed audaces cogirmur esse metu.

A citação desse trecho ocorre no *Tratado da Esfera* em um ponto em que Sacrobosco está explicando que as estrelas e constelações próximas ao polo norte celeste são sempre visíveis para os habitantes da Europa, mas podem nascer e se por para os habitantes próximos ao Equador.

> Ovídio, também, sobre a mesma estrela: "O guardião da ursa de Erimanto mergulha no oceano / e com sua estrela perturba as águas do mar". Ou seja, ela se põe verticalmente. Mas em nossa localidade, essas estrelas nunca se põem. (Sacrobosco, 2006, p. 20r)

A segunda carta citada acima foi escrita por Ovídio a seu amigo Severus, e nela o poeta lamenta que já está no exílio há 4 anos e que há uma guerra em curso:

> Voltando ao meu tema, querido amigo, lamento que combates cruéis se adicionem aos meus infortúnios. Desde que eu me separei de ti, lançado às margens do próprio Styx, **o nascer das Plêiades já está trazendo o quarto outono**. (Ovídio, *Ex Ponto* I, 8, 25-28)
>
> Sed memor unde abii, queror, o iucunde sodalis, / accedant nostris saeva quod arma malis. / Ut careo vobis, Stygia detrusus in oras, / **quattuor autumnos Pleias orta facit**.

Essa passagem é mencionada por Sacrobosco ao explicar o que significa o nascimento crônico ou temporal de um astro ou constelação:

> O nascimento é crônico ou temporal quando um signo ou estrela, depois do ocaso do Sol, surge sobre o horizonte no lado do oriente de forma crônica, a saber, à noite. É chamado de temporal, porque o tempo dos matemáticos nasce com o ocaso do Sol. Sobre esse nascimento temos em *Sobre o Ponto* de Ovídio, onde ele lamenta seu exílio prolongado, dizendo: "O nascimento das Plêiades faz quatro outonos", indicando pelos quatro outonos os quatro anos que tinham passado desde que fora enviado para o exílio. (Sacrobosco, 2006, p. 14r)

Sacrobosco apresenta também uma citação dos *Fastos* de Ovídio.

> Quando esse dia tiver amanhecido, não acreditai mais nos ventos; nesta estação, a brisa é inconstante; durante seis dias estarão descerradas as portas da prisão de Éolo, que ficarão escancaradas. **Agora o leve Aquário assenta-se, com sua urna inclinada**; cabe a ti, ó Peixe, acolher agora os cavalos celestes [do Sol]. (Ovídio, *Fastos*, II, 453-458)
>
> Orta dies fuerit, tu desine credere ventis; / perdidit illius temporis aura fidem; / flamina non constant, et sex reserata diebus / carceris Aeolii ianua lata patet. / **Iam levis obliqua subsedit Aquarius urna**: / proximus aetherios excipe, Piscis, equos.

A única parte deste trecho que é citada por Sacrobosco é "Iam **senis** obliqua subsedit Aquarius urna", que nas edições atuais consta como "Iam **levis** obliqua subsedit Aquarius urna".

> O nascimento é helíaco ou solar quando o signo ou estrela pode ser visto por causa da distância do Sol até ele; enquanto previamente não podia ser visto pela proximidade do Sol. Ovídio coloca um exemplo disso no livro dos *Fastos*, assim: "Agora o Aquário idoso assenta-se com sua urna inclinada". (Sacrobosco, 2006, p. 14v)

De todas as obras de Ovídio utilizadas por Sacrobosco, a única que esperaríamos ver citada (e várias vezes) seriam os *Fastos*. Realmente, nesta obra Ovídio procura descrever todo o calendário romano e aparecem constantemente referências aos fenômenos celestes, incluindo o surgimento e o ocaso das várias constelações. No entanto, Sacrobosco apresenta uma única citação dessa obra, como também das outras três obras de Ovídio que utiliza e que não possuem temática astronômica predominante.

9. A ASTRONOMIA NA VIDA ANTIGA

Vamos agora examinar o problema sob o ponto de vista inverso: Qual o conteúdo astronômico na literatura antiga? As passagens relevantes de Lucano, Ovídio, Virgílio e outros escritores que se referem a fenômenos celestes são, às vezes, de difícil compreensão. Por quê os poetas e outros escritores inseriam descrições astronômicas em seus livros?

A tradição grega mostra que havia, na Antiguidade, uma relação íntima entre a agricultura e a astronomia, e que alguns conhecimentos sobre os astros eram considerados de grande utilidade.

No *Prometeu Acorrentado* de Ésquilo, escrito aproximadamente em 460 a.C., o personagem principal descreve um estágio da humanidade em que as pessoas viviam como animais, sem conhecer o modo de construir um móvel ou uma casa, vivendo em cavernas. Então, Prometeu começou a ensinar-lhes sobre as estações do ano e sobre os astros:

> Eles não possuíam nem os sinais fixos do frio do inverno, nem da primavera, quando ela surge vestida de flores, nem uma marca segura do calor do Sol, com frutos que derretem. Labutavam completamente sem conhecimento, até que eu lhes mostrei o nascimento das estrelas, e seu ocaso, por mais obscuro que fosse. (ÉSQUILO, *Prometeu acorrentado*, 456-461)

O conhecimento sobre os astros é, aqui, o símbolo principal da transformação do homem primitivo em homem civilizado. Segundo esta obra, somente depois disso Prometeu lhes ensina os números, a escrita, o cuidado com os animais e outros conhecimentos úteis. A astronomia teria vindo antes de todo o resto.

No mundo antigo, o estudo dos céus era relevante para a compreensão de muitos temas. A navegação exigia o conhecimento das estrelas, pois não existiam bússolas. Era necessário conhecer as estrelas e saber utilizá-las para dirigir o rumo do navio. Para desenhar mapas geográficos eram necessárias as coordenadas de cada lugar e isso só podia ser conhecido astronomicamente. As mudanças climáticas de locais em diferentes latitudes e as diferenças entre a duração dos dias e das noites em cada lugar eram estudadas utilizando a astronomia.

O ano era descrito por meio dos fenômenos celestes de cada época e o surgimento ou ocaso das constelações (ou de certas estrelas específicas) indicava as mudanças de estações e de clima: o calor, o frio, as chuvas, os ventos. A agricultura dependia do conhecimento dessas mudanças e as estrelas determinavam o melhor momento para lançar as sementes ao solo, para cortar árvores, ou para a colheita dos grãos. Cada momento do ano, determinado pelo que acontecia no céu, era mais adequado para os cuidados com a pecuária, para a caça de determinados animais e para a reprodução dos animais domésticos.

Os navegantes e os pescadores precisavam conhecer as marés, que dependiam da Lua; e os ventos e tempestades, que eram regidos pelos astros. Os médicos estudavam a astronomia, porque as epidemias e as doenças individuais eram determinadas ou influenciadas pelas mudanças anuais e por fatores astrológicos. O prognóstico e a escolha do tratamento (remédios, purgantes, sangrias etc.) dependiam dos astros. O início das estações e todo o calendário anual, incluindo as festas religiosas, era determinado por fenômenos celestes.

A sociedade antiga estava completamente envolvida em crenças astrológicas (que hoje em dia consideramos superstição), que determinavam a escolha de dias propícios ou inadequados para cada atividade (desde o dia e hora de um casamento, até o momento para começar o estudo da gramática). Quase todas as técnicas – carpintaria, engenharia, culinária etc. – dependiam do conhecimento astrológico. A metalurgia não era possível, naquela época, sem conhecer as relações entre os planetas e cada metal.

No mundo antigo, a astronomia estava relacionada a muitíssimos aspectos da vida e todos precisavam conhecer pelo menos alguns deles. A antiga literatura naturalmente tratava de temas astronômicos, porque eles estavam incorporados à vida das pessoas. Além disso, os poetas empregaram um simbolismo que costumava estar associado aos fenômenos celestes, e a mitologia tinha relações estreitas com a visão de mundo daquela época.

Na *República* de Platão, Glaucon também indica a importância prática do estudo da astronomia: "A observação das estações e dos meses e anos é tão essencial para um general quanto para um fazendeiro ou navegante" (Platão, *República*, VII, 527). Virgílio nos declara que foi Júpiter quem estabeleceu os signos celestes, pela Lua e outros astros, para que os agricultores pudessem prever calor, chuvas, ventos, frio e calor (Virgilio, *Geórgicas* I, 351-355). O mesmo poeta diz que os navegantes contaram as estrelas e lhes atribuíram nomes (*ibid.*, I, 137-138).

O conhecimento astronômico era parte fundamental da vida naquele tempo e por isso aparece nos escritos dos mais antigos poetas gregos, Homero e Hesíodo. Em particular, a obra *Os trabalhos e os dias* de Hesíodo é o texto mais antigo que conhecemos onde são apresentadas as influências celestes na agricultura. Nem todas as obras antigas sobre agricultura continham informações sobre as estações do ano e a influência dos astros no plantio. A obra de Catão, por exemplo, não contém tal tipo de informação. No entanto, um dos livros da obra de Varro, que trata sobre o plantio dos grãos, inclui muitas informações desse tipo.

Os textos literários gregos e romanos continham referências astronômicas porque a astronomia era parte da vida de todos, e a literatura descrevia a vida. Autores como Cícero tinham grande interesse pelo estudo dos astros – e ele traduziu do grego para o latim os *Fenômenos* de Aratos de Solis. Referindo-se a Cícero, Emma Gee afirmou: "As estrelas e a poesia caminham juntas para os romanos" (Gee, 2001, p. 533).

A situação mudou complemente durante o período da revolução científica (século XVII), quando a astronomia se afastou da vida das pessoas e, ao mesmo tempo, a astrologia e outras crenças sobre os astros entraram em decadência. Até o século XVII havia, no entanto, muitos livros que mantiveram os ensinamentos antigos sobre a astronomia prática, apoiando-se sobre os textos antigos.

Os historiadores da astronomia têm, geralmente, uma visão distorcida sobre esse período mais antigos, porque somente veem no passado aquilo que atualmente consideramos como fazendo parte da astronomia.

10. O USO DE CITAÇÕES LITERÁRIAS POR OUTROS AUTORES

Para tentar esclarecer o uso que Sacrobosco fez das menções literárias, vamos agora investigar se outros autores que escreveram sobre astronomia no período medieval também faziam citações dos poetas. Começaremos por um autor muito antigo, do início da Idade Média: Martianus Minneus Felix Capella (séc. V d.C.), que influenciou todo o desenvolvimento da educação medieval, tendo sido um dos primeiros desenvolver o sistema das sete artes liberais. Sua obra *De nuptiis Philologiae et Mercurii* (Sobre o casamento da Filologia com Mercúrio) contém uma seção sobre astronomia e lá podemos encontrar algumas citações dos poetas clássicos romanos. Porém, os autores e obras citados por Sacrobosco não aparecem lá de forma significativa. Mesmo quando as citações feitas por Sacrobosco e Capella estão próximas, no original romano, os trechos selecionados são diferentes. Por exemplo: Martianus Capella, ao descrever a forma esférica da Terra e suas consequências astronômicas (Capella, *De nuptiis Philologiae et Mercurii*, VI.592; Capella, 1977, p. 221), menciona um trecho das *Geórgicas* de Virgílio que não é citado por Sacrobosco, embora este cite duas outras frases do mesmo trecho. Abaixo, as frases em negrito são as citadas por Sacrobosco; a frase em itálico é citada por Capella.

> E assim como o mundo sobe em direção à Cítia e os picos Rifeus, da mesma forma ele desce para a Líbia e para o Sul. **Este pólo se mantém sempre acima de nós; o outro [pólo], abaixo de nossos pés, é visto do Styx e pelas profundezas do Manes.** Aqui [região Norte] desliza a grande Serpente [Draco] com suas voltas sinuosas entre as duas Ursas e em volta delas como um rio; **as Ursas que temem mergulhar nas águas do Oceano.** Lá [região Sul], dizem, ou que reina a silenciosa escuridão eterna da noite, sob as dobras do manto tenebroso da noite; ou então que a Aurora, aos nos deixar,

retorna para eles e lhes traz de volta o dia; *e que quando o primeiro alento dos cavalos do Sol nos sopra do oriente, nessa hora o rubro pôr-do-Sol começa a acender os fogos.* (Virgílio, *Geórgicas* I, 240-251)

Mundus, ut ad Scythiam Riphæasque arduus arces / consurgit, premitur Libyæ deuexus in Austros. / **Hic uertex nobis semper sublimis; at illum / sub pedibus Styx atra uidet Manesque profundi.** / Maximus hic flexu sinuoso elabitur Anguis / circum perque duas in morem fluminis Arctos, / **Arctos Oceani metuentis æquore tingi.** / Illic, ut perhibent, aut intempesta silet nox / semper et obtenta densentur nocte tenebræ; / aut redit a nobis Aurora diemque reducit, / *nosque ubi primus equis Oriens adflauit anhelis / illic sera rubens accendit lumina Vesper.*

Encontramos uma semelhança muito maior examinando outra obra medieval, chamada *Commentarii in Somnium Scipionis* (*Comentários sobre o Sonho de Cipião*), escrita por Macrobius Ambrosius Theodosius (século V d.C.). Há uma grande similaridade entre as menções literárias do *Tratado da Esfera* e as que aparecem nos *Comentários sobre o Sonho de Cipião*. É provável que Sacrobosco tenha lido e utilizada essa obra (que era muito popular), embora não a cite.

Macróbio se refere sempre a Virgílio com grande respeito, não simplesmente por seu valor literário, mas por sua erudição, seu conhecimento amplo e supostamente infalível.

> Em um eclipse, o Sol não sofre nenhuma perda, mas somos privados de sua luz; por outro lado, quando ocorre um eclipse da Lua, ela sofre uma privação dos raios solares, com os quais ela dá claridade à noite. Virgílio, que tinha grande treino em todas as artes, estava ciente disso quando falou sobre "Os muitos eclipses do Sol, as muitas obras da Lua". (Macrobius, *Commentarii in Somnium Scipionis*, I.15.12; Macrobius, 1952, p. 150; citação de *Geórgicas* II.478)

Embora a esfera celeste esteja sempre girando em torno da Terra de leste para oeste, o eixo polar que sustenta a Grande

Ursa, por estar acima de nós, será sempre visível para nós, por mais que gire no turbilháo celeste; e ele sempre mostrará "as Ursas que não querem mergulhar abaixo da superfície do oceano" [*Geórgicas* I.246]. O pólo Sul, por outro lado, enterrado longe de nossa visão, por assim dizer, pela localização de nossa morada, nunca se mostrará a nós, nem as estrelas com as quais ele sem dúvida é adornado. E era isso que Virgílio, conhecendo muito bem os caminhos da natureza, queria indicar quando disse: "Um pólo está sempre acima de nós, enquanto o outro, abaixo de nossos pés, é visto pelo negro Styx e pelas sombras infernais". (Macrobius, *Commentarii in Somnium Scipionis*, I.16.5; Macrobius, 1952, p. 153; citação de *Geórgicas* I.246)

Nessas duas citações, Macróbio esclarece conceitos astronômicos e logo depois os aplica para explicar o significado daquilo que Virgílio escreveu. Seria esse o objetivo das menções aos poetas – explicar o que eles haviam escrito?

É claro que um signo que se ergue com o Sol e se põe com ele não é visível, e mesmo as constelações vizinhas são ocultas por ele. A estrela do Cão, por estar perto do Touro, não é visível naquela época, ficando oculta pela luz do Sol, que está próximo. Por isso Virgílio comenta, "O Touro branco como a neve com chifres dourados prenuncia o ano, e o Cão se desvanece, retirando-se diante da estrela que o confronta" [*Geórgicas* I.246]. Isso não quer dizer que quando o Touro e o Sol estão em conjunção, a estrela do Cão, que está perto do Touro, começa a se por; em vez disso ele diz que ela "se desvanece" quando Touro contém o Sol, porque ela se torna invisível, com o Sol tão perto dela. (Macrobius, *Commentarii in Somnium Scipionis*, I.18.14-15; Macrobius, 1952, p. 161)

Devemos nos lembrar que os nomes Saturno, Júpiter e Marte não têm nada a ver com a natureza desses planetas mas são ficções da mente humana, que "numera as estrelas e lhes dá nomes". (Macrobius, *Commentarii in Somnium Scipionis*, I.19.18; Macrobius, 1952, p. 166; citação de *Geórgicas* I.137)

Com relação aos cinco cinturões, peço-lhes que não pensem que Virgílio e Cícero, os dois fundadores da eloquência romana, discordam em suas opiniões porque o último diz que os cinturões *envolvem a Terra* e o primeiro que os cinturões, que ele chama pelo nome grego de zonas, "mantêm o céu" [*Geórgicas* I.233]. Mais adiante será mostrado que ambos estão corretos e que não há contradição. (Macrobius, *Commentarii in Somnium Scipionis*, II.5.7; Macrobius, 1952, p. 201)

[...] agora nos cabe questionar o significado de certas palavras de Virgílio, um poeta que nunca foi encontrado em erro com relação a nenhum assunto: "A graça dos deuses concedeu duas zonas aos frágeis mortais; e um caminho foi cortado entre elas, onde pode girar o arranjo oblíquo dos signos". (Macrobius, *Commentarii in Somnium Scipionis*, II.8.1; Macrobius, 1952, p. 212; citação de *Geórgicas* I.237-239)

O zodíaco passa entre as duas zonas temperadas [*inter ambas*] e não através delas [*per ambas*]. Não é raro que ele [Virgílio] substitua *per* por *inter*, como podemos ver em uma outra passagem: "semelhante a um rio, acima e através das duas Ursas" [*Geórgicas* I.245]. A constelação do Dragão não atravessa as Ursas; ela as circunda e passa entre elas mas não através delas. (Macrobius, *Commentarii in Somnium Scipionis*, II.8.6-7; Macrobius, 1952, p. 213)

É uma verdade inquestionável, de que Cícero estava ciente e que Virgílio tinha em mente quando disse: "Não há lugar para a morte aqui" [*Geórgicas* IV.226]. É uma verdade inquestionável, digo, que dentro do universo vivo nada perece, as coisas que parecem morrer apenas mudam de aparência [...] (Macrobius, *Commentarii in Somnium Scipionis*, II.12.13; Macrobius, 1952, p. 224)

Macrobius também cita Lucano, que é outro autor muito citado por Sacrobosco.

> Quando o Sol atinge Câncer, ao meio-dia, como ele está diretamente sobre a cidade [de Syene], nenhum objeto lança sombras sobre a terra, nem mesmo um gnômon ou a lâmina de um relógio de Sol, que marca a passagem das horas no marcador. Isso é o que o poeta Lucano queria exprimir, embora sua afirmação seja inadequada; pois as palavras "Syene nunca produz sombras" [Lucano, *Pharsalia* II.587] se refere ao fenômeno mas confunde a verdade, Dizer que nunca lança sombras é incorreto; a única ocasião em que isso ocorre foi relatada e explicada acima. (Macrobius, *Commentarii in Somnium Scipionis*, II.7.15-16; Macrobius, 1952, p. 211)

Vemos nessas citações que Macróbio sempre se refere a Virgílio de forma respeitosa, não simplesmente por seu valor literário mas por sua erudição, seu conhecimento amplo e infalível: "Virgílio, que estudou todas as artes"; "Virgílio, que tinha um conhecimento completo sobre os caminhos da natureza"; "Virgílio, um poeta que nunca foi encontrado em erro com relação a nenhum assunto". O mesmo tipo de atitude pode ser encontrado em muitos outros autores posteriores – como Dante, por exemplo.

Muitas das menções do *Tratado da Esfera* são as mesmas que aparecem nos *Comentários sobre o Sonho de Cipião*. É possível que o objetivo de Sacrobosco tivesse sido o mesmo de Macróbio – esclarecer o que os poetas haviam escrito. Mas há uma distância temporal de muitos séculos entre eles.

Há um caso relevante muito mais próximo de Sacrobosco: a obra *Dragmaticon philosophiæ* (Diálogo sobre filosofía natural) de Guillaume de Conches (aprox. 1090-1160). Esse texto, escrito em 1148, apresenta a filosofia natural e, especialmente, o conhecimento astronômico, sob a forma de um diálogo. O uso de citações literárias é pequeño, mas duas das que ele apresenta são relevantes para nosso estudo.

Na primeira, Guillaume de Conches descreveu a diferença entre os movimentos das estrellas observados de diferentes pontos da Terra, e então ele citou a *Farsália* de Lucano (IX.533) onde o poeta diz que aqueles que vivem perto do Equador veem todas as constelações subindo e descendo sem obliquidade. Guillaume comentou: "E isto é o que Lucano queria transmitir quando falou sobre aqueles que vivem na região tórrida [...]" (Guillaume de Conches, *Dragmaticon philosophiæ* III.6.5; Guillaume de Conches, 1997, p. 49). Percebe-se que o significado do trecho de Lucano não era evidente e que Guillaume está tentando esclarecer o que o poeta dizia.

Na outra passagem relevante de Guillaume de Conches, o autor explicou as cinco zonas da Terra e logo em seguida comentou que Virgílio tinha sido criticado porque havia descrito cinco zonas no céu e não na Terra. Então, Guillaume esclareceu que é possível falar sobre as cinco zonas no céu e também na Terra, explicando o que Virgílio havia escrito e indicando que ele estava correto (Guillaume de Conches, *Dragmaticon philosophiæ* VI.3.2; Guillaume de Conches, 1997, p. 124).

Nos dois casos, Lucano e Virgílio não são mencionados para ajudar a compreensão da astronomia, mas sim o contrário: a exposição sobre astronomia esclarece o significado do que os poetas diziam. Assim, vemos que um autor muito mais próximo a Sacrobosco, sob o ponto de vista cronológico, tinha a mesma atitude que Macrobius, no uso de citações literárias.

11. CITAÇÕES POÉTICAS NO SÉCULO XVI

Outra fonte relevante para ser apresentada é um texto anônimo e sem data, "De ortu poetico", que foi publicado várias vezes durante o século XVI como um apêndice do *Tratado da Esfera* de Sacrobosco. Ele apareceu em uma edição de 1543 publicada em Wittenberg (Sacrobosco, 1543) e depois foi reproduzido, por exemplo, na *Sphaera emendata* (Sacrobosco, 1550) editada por Élie Vinct (1509-1587), que teve um grande número de edições. O título completo deste apêndice é: "De ortv poético, hoc est, exempla ortvs et occasus stellarum fixarum, ex uariis autoribus collecta, & ad studiosorum vtilitatem diligenter explicata, incerto auctore", mostrando que o seu autor era desconhecido nessa época (meados do século XVI). Como o título indica, o tema principal desse apêndice é apresentar descrições poéticas do nascimento e ocaso das estrelas (e constelações). Os principais autores utilizados eram Virgílio, Ovídio e Hesíodo, além de textos agrícolas. O próprio título também mostra que essas menções astronômicas poéticas precisavam ser *explicadas*. Depois de uma introdução geral, onde esclarece os principais conceitos, o autor desconhecido apresenta uma análise detalhada de citações de Virgílio e de Hesíodo, e depois outras mais sucintas. A existência dessa obra e sua ampla divulgação no século XVI mostra que os leitores dos poetas clássicos precisavam de elucidações para compreender suas alusões a fenômenos astronômicos. Publicada no século XVI, essa obra poderia ser muito anterior – não o sabemos. Talvez fosse um texto medieval.

O último autor que vamos comparar com Sacrobosco é o astrônomo espanhol Jerónimo de Chaves, que escreveu um grande comentário ao *Tratado da Esfera* em vernáculo. No Prólogo de seu livro, Chaves informou que um dos seus objetivos era

> [...] dar prazer e consolo aos que entendem os livros latinos; apresentando e exemplificando muitas demonstrações, figuras e tabelas de apoio que muitas vezes faltam a esses livros latinos. E juntamente declarando em alguns escólios curtos certos lugares e versos obscuros de Poetas, que eu vi e li muitas vezes serem mencionados e indicados, mas raramente bem declarados. (Chaves, 1545, fols. iii,r-iii,v)

Examinando os pontos em que Chaves apresenta citações dos poetas, é possível perceber que seu objetivo era esclarecer as menções astronômicas obscuras na literatura, como neste exemplo:

> Quando o Autor falou sobre o nascimento cósmico, trouxe um verso de Virgílio para exemplificar, que assim diz em latim: *Candidus auratis aperit cum cornibus annum*, e logo juntamente com esse coloca outro verso do mesmo Virgílio que diz: *Taurus et adverso caedens Canis occidit Astro*. E baseia de tal maneira o primeiro com o segundo, que o Touro do segundo verso entra com a construção do primeiro, e o Autor

apresentou o restante do verso falando do ocaso helíaco; e é uma parte da qual se adiciona com a primeira por uma copulativa, cuja declaração de ambos é esta. Que então se semeiem as favas e o milho alvo, quando o Touro formoso e resplandecente, com seus chifres dourados, abre o ano; e a estrela Canícula, que dá lugar à estrela contrária (a saber, o Sol) for ocultada pelo ocaso helíaco. Por aí, parece que a opinião de Virgílio é que o Sol está no signo de Touro, e juntamente ocorre o ocaso helíaco da Canícula, quando se referem a semear as favas e o milho alvo. Por causa disso, alguns pensaram ou quiseram sentir que a Canícula, no tempo de Virgílio, estivesse no signo do Touro; e quando o Sol viesse a esse signo do Touro, ocorresse o ocaso helíaco da Canícula. Outros forneceram muitos sentidos diferentes deste; e foram tantos e tão variados, que até agora não vi sentido nem parecer algum que me enquadrasse e que concluísse de forma verdadeira. Por isso, muitas vezes pensando qual sentido lhe pudesse dar que não fosse alheio ao seu propósito e que, ao mesmo tempo, não repugnasse à Astrologia, e se conformasse e enquadrasse com a letra do verso, ocorreu-me um tal sentido, que aqui escrevo brevemente, declarando-o do modo mais fácil e claro que me é possível. (Chaves, 1545, fols. lviii,v-lix,r)

Em seguida, Chaves adicionou cinco páginas de esclarecimentos. Algo semelhante ocorre em outros lugares desta obra, como ao discutir uma menção a Lucano:

> Sobre o verso de Lucano, falando sobre os Árabes, os quais se maravilharam quando vieram a Roma, porque as sombras das árvores, bosques e arbustos não se estendiam para o lado esquerdo, como faziam na sua terra, a Arábia; deve-se notar que os Astrônomos, Geógrafos, Poetas e Filósofos não consideram a posição do céu e do horizonte da mesma maneira. Pois os Astrônomos consideram a parte Ocidental como a direita; e a causa é porque o Astrônomo, para considerar os movimentos dos planetas e orbes celestes, dirige o rosto para o lado Meridional, deixando o Polo Ártico nas costas [...] (Chaves, 1545, fols. lxiii,r)

Como no exemplo indicado de Virgílio, Chaves também apresentou aqui uma grande explicação a respeito de Lucano.

A análise do comentário de Jerónimo de Chaves mostra claramente que, para ele, era necessário esclarecer os textos dos poetas, porque eles não eram facilmente compreendidos. É claro que há um intervalo de três séculos entre Sacrobosco e Chaves e também em relação à publicação do "De ortu poetico". Mas sabemos que muitas universidades continuavam seguindo os padrões medievais, e é razoável supor que não havia diferenças significativas entre os dois contextos acadêmicos, no que se refere ao estudo dos poetas latinos e à necessidade de explicar as menções astronômicas de suas obras.

12. CONSIDERAÇÕES FINAIS

A presença de menções astronômicas na literatura antiga (e também no período medieval e no renascimento) é facilmente compreensível, pela importância e utilidade da astronomia na vida daquela época. Porém, nosso problema é o inverso: por que Sacrobosco (e outros autores antigos que escreveram sobre astronomia) citaram obras literárias? Logo no início deste artigo, apresentamos algumas possibilidades: Para exibir erudição? Para esclarecer conceitos? Para tornar o texto mais sugestivo? É claro que mencionar pessoas famosas sempre adicionou prestígio aos autores e esse poderia ser um motivo para citar os poetas clássicos. No entanto, não parece ser o motivo principal.

O *Tratado da Esfera* foi elaborado para os estudantes medievais do *Quadrivium* – aritmética, geometria, música e astronomia. Esses estudantes já haviam estudado anteriormente o *Trivium* – lógica, gramática e retórica – e, nos estudos gramaticais, haviam sido apresentados à literatura clássica. Seria natural utilizar citações de autores que eles haviam estudado, para que pudesse associar os novos ensinamentos a coisas que já eram conhecidas.

Durante o estudo dos poetas clássicos, certamente os estudantes medievais já havia encontrado textos com referências a diversos fenômenos astronômicos, e isso poderia trazer um interesse pelo esclarecimento dessas menções. A gramática mais utilizada durante a Idade Média era a *Institutiones grammaticae* de Priscianus Caesariensis (aprox. 500 d.C.), que continha muitas referências a Virgílio e que incluía versos de temas astronômicos (Leff, 1992, p. 313). Seria natural, portanto, incluir no *Tratado da Esfera* algumas menções familiares aos estudantes.

Sabe-se que o astrônomo Georg von Peuerbach (1423-1461), tendo obtido seu título de Mestre em Artes na Universidade de Viena em 1453, lecionou depois sobre poesia latina clássica (incluindo Virgílio) nessa universidade (Shank, 2014, p. 392). Como em 1454 ele já estava lecionando sobre sua obra *Theoricae novae planetarum* (*ibid.*; North, 1992, p. 357), pode-se concluir que ele combinou o ensino de astronomia com o da literatura latina. Havia, portanto, uma associação harmoniosa entre o ensino das duas disciplinas, pelo menos nessa época (século XV). Acredito que o mesmo poderia ser dito sobre a época de Sacrobosco.

A análise interna do *Tratado da Esfera* não permite esclarecer o que suscitou a inclusão das menções literárias na obra. No entanto, a comparação com outros textos anteriores, da mesma época e posteriores indicou uma preocupação constante em proporcionar esclarecimentos astronômicos para a compreensão dos textos poéticos. Não é possível excluir outros propósitos por parte de Sacrobosco, mas é plausível que sua intenção principal fosse o uso da astronomia para explicar as citações literárias, e não o oposto. Podemos concluir com uma citação do famoso retórico romano Marcus Fabius Quintilianus (aprox. 35-100 d.C.):

> Não é suficiente ter lido os poetas, apenas; cada tipo de escritor deve ser estudado cuidadosamente, não apenas em relação ao tema, mas também quanto ao vocabulário; pois as palavras frequentemente adquirem autoridade por causa de seu uso por um autor particular. E esse treino não pode ser considerado completo se terminar antes do conhecimento da música, pois o professor de literatura tem que falar sobre

métrica e ritmo; e se, além disso, ele ignorar a astronomia, não poderá compreender os poetas; pois eles (para mencionar apenas um aspecto) frequentemente dão suas indicações sobre o tempo usando como referência o nascimento e o ocaso das estrelas. (Quintilianus, *Institutio oratoria*, I.4.4)

AGRADECIMENTOS

O autor é grato pelo apoio recebido do Conselho Nacional de Desenvolvimento Científico e Tecnológico (CNPq), sem o qual teria sido impossível realizar a presente pesquisa.

REFERÊNCIAS BIBLIOGRÁFICAS

CAPELLA, Martianus. *Martianus Capella and the seven liberal arts. Vol. II: The marriage of Philology and Mercury*. Trad. William Harris Stahl, Richard Johnson, E. L. Burge. New York: Columbia University Press, 1977.

CATÃO [Marcus Porcius Cato]. *On agriculture*. VARRO, Marcus Terentius. *On agriculture*. Trad. William Davis Hooper. Cambridge, MA: Harvard University Press, 1936.

CHAVES, Hieronymo de. *Tractado de la sphera que compvso el doctor Ioannes de Sacrobvsto com muchas additiones. Agora nueuamente traduzido de Latin em lengua Castellana por el bachiller Hieronymo de Chaves: el qual añidío muchas figuras tablas, y claras demonstrationes: junctamente cõ vnos breues scholios, necessarios á mayor illucidation, ornato y perfectiõ del dicho tractado*. Sevilla: Juan de Leon, 1545.

DALY, John R. Sacrobosco, Johannes de. Vol. 12, pp. 60-63 *in*: GILLIESPIE, Charles Coulston (ed.). *Dictionary of Scientific Biography*. 16 vols. New York: Charles Scribner's Sons, 1970.

DUHEM, Pierre Maurice Marie. *Le système du monde. Histoire des doctrines cosmologiques de Platon à Copernic*. 10 vol. Paris: A. Hermann, 1913-1959.

GEE, Emma. Cicero's astronomy. *Classical Quaterly* **51** (2): 520-536, 2001.

GINGERICH, Owen. Sacrobosco as a textbook. *Journal for the History of Astronomy* **19**: 269-273, 1988.

GUILLAUME DE CONCHES. *A dialogue on natural philosophy* [*Dragmaticon philosophiæ*]. Trad. Italo Ronca e Matthew Curr. Notre Dame: University of Notre Dame, 1997.

HESÍODO. *The Homeric hymns and Homerica*. Tradução de Hugh G. Evelyn-White. Cambridge, MA: Harvard University Press, 1982.

HESÍODO. *Théogonie. Les travaux et les jours. Le bouclier.* Edição e tradução por Paul Mazon. 5ª edição. Paris: Belles Lettres, 1996.

LEFF, Gordon. The trivium and the three philosophies. Vol. 1, pp. 307-336, *in*: RÜEGG, Walter (ed.). *A history of the university in Europe*. Cambridge: Cambridge University Press, 1992.

LUCANO [Marcus Annaeus Lucanus]. *The civil war (Pharsalia)*. Edição e tradução de J. D. Duff. Cambridge, MA: Harvard University Press, 1988.

MACROBIUS [Macrobius Anbrosius Theodosius]. *Commentary on the Dream of Scipio*. Trad. e notas William Harris Stahl. New York: Columbia University Press, 1952.

MARTINS, Roberto de Andrade. Las fuentes literarias del Tratado de la Esfera de Sacrobosco. Vol. 9, pp. 307-314, *in*: RODRÍGUEZ, Victor & SALVATICO, Luis (eds.). *Epistemología e Historia de la Ciencia. Selección de Trabajos de las XIII Jornadas*. Córdoba: Universidad Nacional de Córdoba, 2003.

MARTINS, Roberto de Andrade. The cultural relevance of astronomy in classical Antiquity. Pp. 125-173, *in*: *Studies in History and Philosophy of Science II*. Extrema: Quamcumque Editum, 2021.

NORTH, John. The quadrivium. Vol. 1, pp. 337-359, *in*: RÜEGG, Walter (ed.). *A history of the university in Europe*. Cambridge: Cambridge University Press, 1992.

OVÍDIO [Publius Ovidius Naso]. *Les Fastes*. Tradução e notas de Henri le Bonniec. Paris: Belles Lettres, 1990.

OVÍDIO. *Fasti*. Tradução de Sir James George Frazer. Cambridge, MA: Harvard University Press, 1989.

OVÍDIO. *Les Métamorphoses*. Edição e tradução de Gedorges Lafaye. Paris: Belles Lettres, 1994.

OVÍDIO. *Metamorphoses*. Tradução de Frank Justus Miller. Cambridge, MA: Harvard University Press, 1984. 2 vols.

OVÍDIO. *Pontiques*. Edição e tradução de Jacques André. Paris: Belles Lettres, 1993.

OVÍDIO. *Tristia. Ex Ponto*. Tradução de Arthur Leslie Wheeler. Cambridge, MA: Harvard University Press, 1988.

OVÍDIO. *Tristium*. Tradução de Augusto Velloso. Rio de Janeiro: Organização Simões, 1952.

QUINTILIANO. *The Institutio Oratoria of Quintilian*. Trad. Harold Edgeworth Butler. 4 vols. London: Heinemann, 1920-1921.

SACROBOSCO, Johannes de. *Libellus de sphaera*. Wittenberg: Peter Seitz, 1543.

SACROBOSCO, Johannes de. *Sphaera emendata Eliae Vineti Santonis scholia*. Paris: Gulielmum Cauellat, 1550.

SACROBOSCO, Johannes de. *Tractatus de sphæra / Tratado da esfera* [1478]. Editado e traduzido por Roberto de Andrade Martins. Campinas: Universidade Estadual de Campinas, 2006.

SHANK, Michael H. Peuerbach, Georg. Pp. 392-393, in: GLICK, Thomas F.; LIVESEY, Steven; WALLIS, Faith (eds.). *Medieval science, technology, and medicine: an encyclopedia*. New York: Routledge, 2014.

THORNDIKE, Lynn. *The Sphere of Sacrobosco and its commentators*. Chicago: University of Chicago Press, 1949.

VIRGÍLIO [Publius Vergilius Maro]. *Georgics*. Edição e comentários por R. A. B. Mynors. Oxford: Clarendon Press, 1990.

VIRGÍLIO. *Eclogues. Georgics. Aeneid*. Tradução de H. Rushton Fairclough. Cambridge, MA: Harvard University Press, 1986.

VIRGÍLIO. *Géorgiques*. Edição e tradução por E. de Saint-Denis. Paris: Belles Lettres, 1995.

VIRGÍLIO. *Les Géorgiques*. Edição e tradução por Henri Goelzer. Paris: Belles Lettres, 1926.

VIRGÍLIO. *The poems of Virgil*. Trad. James Rhoades. Chicago: Encyclopaedia Britannica, 1952.

COMO ELABORAR UMA DISSERTAÇÃO SOBRE HISTÓRIA DA CIÊNCIA

Roberto de Andrade Martins

Resumo: Este trabalho não é um estudo histórico e sim uma apresentação de sugestões referentes ao trabalho de elaboração de uma Dissertação de Mestrado sobre temas de História da Ciência. As indicações aqui apresentadas podem também ser úteis para outras pessoas que estejam iniciando o desenvolvimento de pesquisas sobre história da ciência. Este documento não pretende ser um manual exaustivo, mas aborda um grande número de aspectos importantes das diversas fases de produção de uma Dissertação de Mestrado (ou outros trabalhos) nesta área.
Palavras-chave: história da ciência; metodologia; pesquisa em história da ciência

1   INTRODUÇÃO

No ano de 2001, elaborei um guia para uso de meus estudantes, com o objetivo de dar orientações básicas a respeito da elaboração de uma dissertação de Mestrado em história da ciência. Esse antigo texto circulou amplamente, foi disponibilizado na Internet e muitas pessoas tiveram acesso ao mesmo. Esse guia teve algumas modificações e acréscimos em 2004 e essa segunda versão circulou de forma mais restrita. Está agora sendo publicado pela primeira vez.

Não se trata de uma compilação de regras ou sugestões encontradas em outras publicações, por isto não serão encontradas

MARTINS, Roberto de Andrade. *Ensaios sobre História e Filosofia das Ciências II*. Extrema: Quamcumque Editum, 2022.

referências bibliográficas neste trabalho. São indicações práticas, baseadas em minha experiência como orientador,[1] tendo por isso um viés específico. De fato, existem muitos estilos diferentes de pesquisa em história da ciência; as indicações que serão apresentadas aqui foram pensadas originalmente para auxiliar o trabalho de pessoas que estavam desenvolvendo estudos sob minha orientação e, portanto, as sugestões aqui contidas são coerentes com o estilo de pesquisa que eu próprio realizo. As indicações aqui expostas podem não ser úteis para pessoas que desenvolvam trabalhos de um estilo completamente diferente.

Este texto, destinado a estudantes, procura dar uma ideia geral sobre as etapas de desenvolvimento de uma dissertação de Mestrado em história da ciência.[2] Não é um manual sobre como fazer uma pesquisa, e sim um esclarecimento básico sobre o que o estudante irá encontrar ao longo de seu percurso. O desenvolvimento da dissertação está descrito como uma sequência de fases. Nem sempre (ou talvez nunca) o trabalho segue exatamente tais etapas, mas essa divisão didática permite ter uma ideia mais clara sobre os vários tipos de atividades desenvolvidas ao longo do trabalho de mestrado.

Este trabalho está dividido em duas partes. A primeira delas é o "Roteiro de viagem", que descreve as principais etapas de elaboração de uma dissertação de Mestrado em história da ciência. A segunda parte é o "Apoio para o viajante", um conjunto de comentários que elaboram de forma mais detalhada alguns pontos do "Roteiro" e acrescentam várias sugestões e alertas.

---

[1] Agradeço as sugestões recebidas nessa época, por parte de Lilian Al-Chueyr Pereira Martins, Cibelle Celestino Silva e Juliana Mesquita Hidalgo Ferreira. No entanto, assumo a responsabilidade pelo texto aqui apresentado.

[2] Muitas das indicações colocadas aqui servem também para teses de doutorado, mas supõe-se que um aluno que vai fazer doutoramento em história da ciência já passou pelo mestrado na mesma área e, portanto, já tem uma certa experiência e maturidade. Além disso, o trabalho de doutoramento é mais ambicioso do que o de mestrado – deve procurar dar uma contribuição significativa ao conhecimento histórico do tema estudado.

Primeira parte:
Roteiro de viagem

2 PRIMEIRA FASE – CONTATO GERAL

2.1 *Ars longa, vita brevis*

Convença-se, inicialmente, de que você tem uma ampla ignorância e que vai demorar muito tempo até se tornar um bom historiador da ciência.

Não há fórmulas mágicas que transformem uma pessoa em pesquisador competente, seja em que área for, da noite para o dia. No caso da história da ciência, as dificuldades são ainda maiores do que em outros casos. O campo da história da ciência tem se mostrado uma das áreas de estudo e pesquisa mais difíceis, pois nenhum curso de graduação proporciona um preparo adequado para ela. Pensemos, por exemplo, em uma pessoa que pretende se tornar um matemático ou químico. Além de toda a base inicial, adquirida durante o ensino de segundo grau, essa pessoa terá, durante o seu curso de graduação, mais de 2.000 horas de aula sobre matemática ou química; isso lhe dará uma ótima base inicial para realizar sua pós-graduação. Pensemos, por outro lado, em um matemático que resolva fazer pós-graduação e pesquisa sobre biologia, ou vice-versa. Para poder fazer um bom trabalho, ele precisará suprir lacunas de sua formação básica, e terá muito mais dificuldade para atingir o mesmo nível de familiaridade com a sua nova área de trabalho do que outras pessoas que tenham feito graduação e pós-graduação na mesma área.

Ao contrário dessa situação que encontramos nas disciplinas científicas tradicionais, no mundo todo, nenhum curso de graduação prepara adequadamente uma pessoa para uma pós-graduação ou para o início de pesquisa em história da ciência. Um biólogo ou um historiador (*tout court*) não estarão preparados para realizar pesquisa sobre história da biologia, pois as técnicas de trabalho em história da ciência são diferentes das utilizadas em biologia ou em pesquisas históricas de outro tipo. Qualquer que seja a formação de nível superior (ou mesmo de pós-graduação) adquirida por uma pessoa, ela precisará de uma longa preparação para se tornar um historiador da ciência competente.

Agora, tratando do problema mais imediato: você vai precisar fazer uma dissertação de mestrado, em um tempo finito. E deve tentar fazer um bom trabalho. Muitos alunos ficam completamente perdidos e vão "empurrando tudo com a barriga" (não por preguiça ou descaso, mas às vezes por falta de tempo e por inexperiência) até um ponto em que já não dá mais para realizar um trabalho sério. Assim, é conveniente que você se conscientize muito cedo a respeito do trabalho que será necessário para desenvolver uma boa dissertação.

2.2 Assunto

O ponto de partida é a escolha de um assunto amplo, dentro do qual a sua dissertação vai ser desenvolvida. Por exemplo: história da astronomia, história da genética, história da geometria analítica. Pode-se tomar também como ponto de partida um autor (Aristóteles, Lavoisier, Buffon) ou um assunto mais restrito (como, por exemplo, a teoria atômica no início do século XIX).

O assunto deve ser preferivelmente algo com que a pessoa esteja familiarizada, e de que goste. Muitas vezes se despreza aquilo que já é bem conhecido: as pessoas podem se sentir atraídas por aquilo que é desconhecido. Um estudante com ótimo conhecimento de botânica pode sentir curiosidade em estudar a história da astronomia, por uma simpatia romântica em relação àquilo que desconhece. Isso é muito comum, mas pode levar a desastres. Você não pode saber se gosta de uma coisa que não conhece! *Daquilo que você conhece*, o que lhe interessa mais? Se a resposta for: "nada", então, é provável que você esteja em um processo de fuga, e a história da ciência pode não ser um bom esconderijo. Cuidado!

O assunto amplo dentro do qual você vai trabalhar pode ser escolhido a partir de leituras, de cursos, etc. Evidentemente, no nosso caso, o assunto tem que ser alguma coisa de *história da ciência*. Um trabalho histórico não tem por objetivo descobrir a "verdade científica", se é que isso existe. Por exemplo, um historiador não procura estabelecer se a teoria de Darwin está correta ou não. Uma pesquisa histórica procura esclarecer algum aspecto do desenvolvimento da ciência, dentro de seu contexto histórico, independentemente de aceitarmos ou não, hoje em dia, aquilo que se acreditava naquela época.

Para escolher um assunto, você deve se perguntar:

- Quais assuntos me interessam, pessoalmente?

    (não é conveniente estudar um assunto que a pessoa detesta, ou que não a atraia)

- Possuo realmente (ou posso adquirir em prazo curto) um bom domínio sobre esse assunto?

    (evite dedicar-se a alguma coisa totalmente desconhecida ou muito distante de seu treino prévio)

É necessário também se perguntar: Onde é que estou me metendo? Será que eu realmente quero fazer uma dissertação de história da ciência? Não seria melhor fazer alguma outra coisa, em vez de história da ciência? Depois de ler todo este artigo e se conscientizar do desafio representado por uma pesquisa sobre história da ciência, pode ser conveniente repensar sua escolha.

2.3 Leituras iniciais

Escolhido o assunto geral, é necessário começar a ler sobre ele. As leituras iniciais não precisam utilizar uma bibliografia profunda: podem ser livros gerais sobre história da ciência. Nesta fase preliminar, até consultar a Internet ou a Enciclopédia Britânica pode ser um passo válido. No entanto, é necessário saber que essas fontes gerais contêm muitos erros, e que servem apenas para um *primeiro contato*. Artigos publicados em jornais ou revistas populares (Super Interessante, Ciência Hoje, Galileu, etc.) também não podem ser considerados como fontes confiáveis. Assim, faça suas primeiras leituras sabendo que talvez precise corrigir, depois, aquilo que está aprendendo através delas.

A partir dessas leituras iniciais a pessoa poderá verificar se o assunto realmente lhe interessa, bem como adquirir uma noção preliminar sobre a cronologia do assunto, sobre os autores e conceitos mais importantes, sobre algumas obras fundamentais, etc.

Desde essa fase, é necessário começar a fazer anotações sobre tudo o que você lê, e nunca se esquecer de registrar as *referências bibliográficas*. Você pode fazer suas anotações em arquivos de computador; ou mesmo utilizando um caderno – mas nunca folhas soltas, que se perdem com facilidade.

Pode-se considerar que, após ler alguns livros e artigos (entre 5 e 10), a pessoa adquiriu uma noção básica sobre o assunto e consegue saber se aquilo lhe interessa realmente ou não.

Após essas leituras iniciais, se não for confirmado o interesse pelo assunto, deve-se escolher outro assunto, e recomeçar. É melhor fazer isso na fase inicial, do que posteriormente.

Se o assunto realmente interessa, a pessoa deve ter adquirido nesta fase inicial a capacidade de descrever em linhas gerais a história daquilo que pretende estudar.

2.4 Escolha de livros

Durante uma primeira fase, o estudante irá trabalhar basicamente com *livros*. Há livros sobre história da ciência que são escritos por especialistas que fizeram uma pesquisa aprofundada, e outros que são obras de divulgação, que não se baseiam em uma pesquisa aprofundada – às vezes, escritos por pessoas que possuem um conhecimento superficial de história da ciência. É importante fazer uma triagem das obras. Você pode utilizar alguns critérios básicos, como:

- Verificar a época em que a obra foi escrita (livros antigos de história da ciência podem não ser de boa qualidade). Verifique *a edição original*, e não a data de publicação ou tradução.
- Olhe a bibliografia do livro. Um bom historiador da ciência utiliza livros de outros historiadores, artigos publicados em revistas especializadas em história da ciência, e obras

originais dos cientistas antigos. Um livro baseado apenas em obras secundárias não é confiável

- Informe-se sobre quem é o autor: veja se é um professor de história da ciência em uma universidade e se é um historiador da ciência que tenha feito pesquisas aprofundadas sobre o assunto do livro – ou se é um jornalista ou um simples curioso sobre o assunto.

- Observe se a obra é sobre um tema específico, em uma época determinada, ou sobre muitos assuntos, cobrindo um enorme período. Nenhum historiador sabe tudo sobre tudo. Obras mais específicas (por exemplo, a respeito do conceito de força no século XVII) são mais confiáveis do que um livro que tente descrever a história de todas as ciências, de Adão e Eva até o século XXI.

2.5 Orientador

Em algum momento, na primeira ou na segunda fase, você precisa começar a contar com um orientador, que ajudará indicando leituras, discutindo o material que você já leu, sugerindo e discutindo temas específicos e questões, etc.

A escolha de um orientador é uma decisão tão crucial quanto um casamento. Você vai precisar conviver com seu orientador durante anos. É necessário que haja um bom relacionamento pessoal. É necessário que o orientador seja competente no assunto que você quer estudar. É necessário que ele tenha tempo e disposição para ajudá-lo A FAPESP (Fundação de Amparo à Pesquisa do Estado de São Paulo), por exemplo, ao analisar pedidos de bolsa de pós-graduação, utiliza o seguinte critério:[3]

> "O Orientador deve ter a competência e a produtividade em pesquisa na área do projeto apresentado, avaliadas por sua súmula curricular, bem como disponibilidade, dados seu regime de trabalho e número atual de orientandos."

---

[3] Essas diretrizes são de 2001 e podem ter sofrido alguma mudança, desde então.

É necessário que você *utilize realmente* a ajuda de seu orientador. Um orientador não é um nome conhecido para você pendurar em seu currículo. Se vocês não trabalharem efetivamente juntos, seu orientador será como um belo dicionário que enfeita sua sala e que você nunca usou. Você poderá se arrepender muito disso, no futuro – e ele também.

2.6 *Duração da primeira fase*

Esta fase inicial pode durar apenas algumas semanas, ou meses (ou anos...). Não tem muito sentido prolongar demais essa fase, que é apenas introdutória ao trabalho mais pesado que vem depois. De um modo geral, ela pode ser vencida com um mês de leituras.

3   SEGUNDA FASE – DELIMITAÇÃO

Agora, vai ser preciso restringir o tema de sua pesquisa, escolhendo o *assunto específico* a ser tratado e as *questões* a serem abordadas. Isso é feito através de novas leituras, de uma análise da literatura secundária e de conversas com seu orientador.

Você não irá revolucionar a área de história da ciência com seu trabalho de mestrado. Deixe isso para um outro momento. Você também não deve pretender escrever uma coisa qualquer para se livrar de uma obrigação escolar (ou profissional) e "tirar o título" de mestre. Espera-se que você aprenda muita coisa, leia muito, escreva um bom trabalho. Uma dissertação de mestrado não precisa ser uma contribuição nova, original, revolucionária – ela pode seguir as linhas dos trabalhos já existentes sobre o assunto – mas deve mostrar que o estudante tem um bom domínio do assunto e que realizou um trabalho pessoal de investigação, procurando responder a algumas questões significativas.

3.1 *Levantamento bibliográfico*

Agora é necessário fazer um levantamento bibliográfico sistemático, verificando aquilo que os historiadores já escreveram sobre o assunto (bibliografia secundária) e as fontes primárias relevantes para a pesquisa (trabalhos da própria época estudada). Através dessa busca, e pela leitura de alguns trabalhos específicos, você vai poder fazer uma delimitação da sua pesquisa.

Evidentemente você precisará aprender as técnicas para fazer esses dois tipos de levantamentos bibliográficos, através de cursos ou de instruções do seu orientador. Para localizar bibliografia secundária, você poderá utilizar a bibliografia da revista *Isis* (*Current Bibliography*), ou instrumentos equivalentes (como a base de dados da *History of Science Society*). Para localizar bibliografia primária, pode ser necessário utilizar catálogos de bibliotecas antigas, ou instrumentos como o *Catalogue of Scientific Papers* desenvolvido pela *Royal Society*, que é um catálogo bastante completo de artigos científicos publicados em periódicos do mundo todo, durante o século XIX.

É importante saber anotar as referências bibliográficas de modo adequado (seguindo as normas da Associação Brasileira de Normas Técnicas (ABNT), ou qualquer outro sistema acadêmico coerente). Você vai precisar aprender a fazer isso. Precisará começar a elaborar uma lista bibliográfica sistemática, bem organizada; e a anotar onde estão as obras que você consultou ou vai precisar consultar, no caso de material encontrado em bibliotecas.

3.2 Escolha do assunto específico

Nesta segunda fase, é necessário *restringir o assunto*, escolhendo um tema mais específico por exemplo: os trabalhos de Avogadro sobre a teoria atômica, os estudos de Joseph Priestley sobre a composição do ar, ou os experimentos sobre o movimento absoluto da Terra no século XIX. A demarcação do assunto irá determinar de forma mais clara quais as obras e autores principais que deverão ser estudados durante a pesquisa.

Para escolher e delimitar um bom assunto, é conveniente fazer a si próprio perguntas do tipo:

- O assunto é excessivamente vasto, ou excessivamente restrito?

(fique em um meio termo entre estudar a história da física de Aristóteles até Feynman, e estudar o segundo artigo de Eddington sobre a estabilidade das estrelas)

- Existem recursos documentais para estudar esse assunto, aos quais eu tenha acesso?

(sem documentos, não se faz uma pesquisa histórica)

- Você tem condições de ler e compreender o material primário relevante?

(pense sobre pré-requisitos, em relação ao idioma e ao conhecimento científico)

- O assunto já foi estudado pelos historiadores?

(se já foi estudado excessivamente, isso pode ser um problema – excesso de material secundário; se foi pouco estudado, isso pode também ser um problema – falta de material secundário)

O assunto de pesquisa tem que ser limitado. Ninguém pode fazer uma *pesquisa* sobre a história da Matemática como um todo. Não confunda fazer uma pesquisa com preparar um curso. Quanto mais restrito for o assunto, mais fácil será dominá-lo. No entanto, se o assunto for restrito demais, corre-se o perigo de desenvolver uma pesquisa pouco relevante e que não vai suscitar muito interesse por parte dos leitores.

A delimitação do assunto pode levar em conta o a área científica (uma teoria ou campo específico da biologia, da geologia, etc.), o período pesquisado (é inviável fazer um bom trabalho de pesquisa abrangendo 2.000 anos, então faça um recorte cronológico), o universo de pessoas investigadas (é mais fácil estudar um pensador ou um pequeno número de cientistas do que uma grande comunidade), regiões geográficas (pode-se estudar o desenvolvimento de uma área científica em um país ou mesmo em uma instituição determinada), etc.

Além da extensão do assunto, deve-se considerar a sua importância. Quanto mais um assunto é conhecido e considerado importante, mais provável é que ele já tenha sido bastante explorado pelos historiadores, e isso torna difícil dar uma nova contribuição ao estudo do assunto. Nenhum historiador iniciante deve começar sua carreira fazendo pesquisas sobre a teoria da evolução de Darwin, ou sobre a mecânica de Newton, pois já foram escritos centenas de trabalhos historiográficos sobre esses assuntos. Estudar os trabalhos sobre evolução de Ernst Haeckel, ou a mecânica de Lagrange, por exemplo, é muito mais adequado, nesse sentido. É preciso pensar um pouco antes de cair no extremo oposto, e dedicar-se ao estudo de um joão-ninguém, ou pesquisar o desenvolvimento do pensamento atomista nas Ilhas da Madeira no século XVIII. Existe, é verdade, uma chance de que mesmo um assunto aparentemente estéril revele informações interessantíssimas e relevantes, mas pode-se também cair em um exercício intelectual vazio. Pode nem existir documentação disponível que possibilite fazer uma boa pesquisa sobre o assunto.

Não procure temas esquisitos. Discutir a relação entre a maçã de Newton e a maçã de Adão e Eva pode ser até um assunto interessante para uma conversa no bar, depois de beber um pouco. Mas não é um bom tema para uma dissertação de mestrado em história da ciência.

Pense muito bem antes de escolher o assunto específico. Pode não ser possível voltar atrás, depois dessa decisão.

3.3 *Estilo de pesquisa*

Há vários tipos distintos de *enfoque* em história da ciência. A abordagem a ser utilizada depende, em primeiro lugar, do assunto estudado. A pesquisa em história da matemática, por exemplo, tem aspectos bastante diferentes da pesquisa em história da psicologia. Uma investigação sobre a argumentação utilizada pelos astrônomos árabes medievais utilizará uma metodologia diferente de uma pesquisa sobre a organização social da *Royal Society* no século XVII.

Há pesquisas que focalizam principalmente o conteúdo científico de certa disciplina, em uma época, e suas mudanças. Este é o tipo que pode ser chamado de "histórica conceitual da ciência". Outras pesquisas focalizam principalmente os fatores sociais que estão associados a certos episódios científicos. Trata-se de enfoques diferentes, que exigem métodos diferentes de trabalho.

Dependendo do tipo de pesquisa a ser realizada, é necessário ter total domínio sobre a ciência cuja história vai ser estudada. Ninguém deve se arriscar a estudar o desenvolvimento histórico dos conceitos da mecânica quântica sem ter um domínio técnico da própria mecânica quântica. Bem, isso parece óbvio e aceitável. Mas e se alguém quiser estudar algum aspecto social (por exemplo, as lutas pelo poder) do desenvolvimento da mecânica quântica? Nesse caso, poderia parecer desnecessário qualquer conhecimento da própria mecânica quântica. Mas isso é ilusório; pois são coisas completamente diferentes explicar a situação de um grupo de pesquisa que se torna influente e poderoso *apesar de ser cientificamente incompetente*, e explicar a situação de um grupo de pesquisa *cientificamente competente* e que também se tornou influente e poderoso. E para saber se o grupo era competente ou não, é necessário poder avaliar sua contribuição científica. Ignorar esse aspecto seria dar uma visão distorcida das forças que atuam na comunidade científica.

3.4 Escolha das questões a serem investigadas

Toda pesquisa investiga um *problema* ou uma *questão* a respeito de um certo *assunto*. Por exemplo: O que levou Dalton a supor que a molécula de água é constituída por um átomo de hidrogênio e um de oxigênio? Nesse exemplo, o *assunto* é a teoria atômica de Dalton e a *questão* é a pergunta colocada acima.

A *questão* a ser investigada depende em grande parte do tipo de enfoque adotado. Dentro de um assunto qualquer, pode-se formular uma infinidade de questões diferentes, que serão relevantes ou não dependendo da linha de trabalho adotada. Há, no entanto, algumas regras gerais, bastante evidentes. Em uma pesquisa, não faz sentido repetir coisas que já foram feitas, ou chegar a conclusões já aceitas por todos. A pesquisa deve ter a intenção de trazer novos conhecimentos históricos, ou de criticar e corrigir conhecimentos antigos. Normalmente, a questão é guiada por uma hipótese de trabalho, ou uma conjetura inicial –

por exemplo, a suposição de que certas descrições históricas anteriores estão erradas, ou de que há uma conexão que nunca foi sugerida entre dois acontecimentos históricos. Antes de se conhecer um assunto e estudar os trabalhos historiográficos a respeito dele, é praticamente impossível escolher uma boa questão.

Suponhamos um pesquisador que tem interesse em estudar a lei da conservação da energia. Esse é um assunto bastante amplo, e ele poderia restringir sua investigação a algo mais restrito como, por exemplo, os estudos de Joule sobre a conservação da energia. Esse poderia ser um bom objeto de estudo; mas e a questão? Uma pergunta relevante só pode surgir após a leitura de um bom número de trabalhos de Joule e de estudos historiográficos sobre a conservação da energia.

Para escolher uma boa questão, é conveniente fazer a si próprio perguntas do tipo:

- O que isso pode trazer de novo?

  (toda pesquisa deve ser uma contribuição ao conhecimento, na área)

- Sei como responder a esse tipo de questão?

  (cada tipo de pergunta exige técnicas específicas de trabalho)

- Tenho condições de fazer esse tipo de pesquisa?

  (pense sobre questões práticas, como a obtenção das fontes, e pré-requisitos, em relação à sua formação, aos idiomas, ao conhecimento científico e ao domínio de outras coisas, como filosofia da ciência ou sociologia da ciência)

Há vários tipos de competências necessárias, para se fazer pesquisa sobre determinado assunto. Pode ser necessário conhecer muito bem certo *período*, certo *país*, ou certo *contexto cultural e social*. Pode ser necessário dominar certos *idiomas*, para poder estudar os documentos relevantes. Poucas pessoas, no mundo ocidental, estão qualificadas para estudar o desenvolvimento da astronomia medieval indiana, pois é necessário conhecer o idioma em que os documentos relevantes foram escritos (geralmente, sânscrito) e todo o contexto cultural da Índia nessa época, para se compreender a própria terminologia utilizada.

Se você nunca estudou astronomia, não escolha um assunto de história da astronomia para pesquisar. Se você não sabe chinês, não escolha a história da medicina chinesa como tema de sua pesquisa. Se você não sabe nada sobre o Japão do século XIX, é melhor não tentar investigar a introdução da teoria microbiana na medicina japonesa. Você pode até ter como meta pessoal de longo prazo (10 ou 20 anos) estudar coisas desse tipo. Mas deve existir algo que você possa fazer *agora*, tomando como ponto de partida aquilo que você já sabe. Pense nisso, e não se lance em uma aventura arriscada da qual você pode sair totalmente derrotado.

Os trabalhos historiográficos mais interessantes costumam apresentar algo de inesperado: derrubam versões históricas antigas (por exemplo: Galileo nunca fez o famoso experimento da Torre de Pisa), estabelecem correlações inesperadas (como as relações entre a física de Newton e seus estudos sobre religião ou alquimia), discutem um novo tipo de interpretação de episódios históricos (o surgimento da Revolução Científica do século XVII foi devido, em parte, à Reforma protestante), etc.

Escolha com cuidado as suas questões. Elas vão orientar o seu trabalho, a partir de agora. Pode ser necessário depois, é claro, rever suas questões; mas se precisar mudar totalmente suas perguntas, isso atrasará sua pesquisa.

3.5 Conhecimento de idiomas

O assunto escolhido pode exigir o conhecimento de certos idiomas. Não é possível fazer uma boa pesquisa sobre a astronomia medieval europeia sem conhecer latim, por exemplo.

Talvez você só saiba português, e quer saber se pode fazer um mestrado em História da Ciência sem saber ler outros idiomas. Poder pode, mas não deve. Mesmo se você for se dedicar a uma pesquisa sobre um tema específico da história da ciência no Brasil ou Portugal, precisará estudar obras estrangeiras sobre história da ciência − não apenas para aprender história da ciência, mas também para poder analisar o desenvolvimento da história da ciência em Brasil e Portugal dentro do contexto mundial da época.

Todos os cursos de pós-graduação no Brasil *exigem* que o estudante domine um idioma (normalmente, o inglês), e isso *não é mera formalidade*. Você vai precisar ler muitos textos em inglês (talvez em outros idiomas), e não basta ter uma "vaga ideia" sobre o que está lendo – precisa ter um bom domínio do idioma.

Se você entende bem o inglês, poderá lidar com a maior parte da literatura secundária existente. Se souber, além de inglês, outros idiomas – como francês, alemão ou italiano – isso também ajuda, pois há trabalhos historiográficos importantes nesses idiomas.

Além da literatura secundária, você vai precisar trabalhar com textos primários – publicações (ou mesmo manuscritos) da própria época estudada, no idioma original. Não dá para fazer uma boa pesquisa sobre a química de Lavoisier sem ter domínio do francês. Não é possível fazer uma boa dissertação sobre a matemática de Gauss sem ter domínio do alemão e do latim.

Suponhamos que você lê inglês sem dificuldades, mas não lê uma frase em francês, e gostaria de fazer uma pesquisa sobre Lavoisier. Não poderia se basear apenas na tradução do tratado de química de Lavoisier para o inglês? Não, isso seria muito arriscado. Você não sabe se a tradução é totalmente correta. E se, em uma parte essencial da sua pesquisa, a tradução estiver errada?

Dependendo do assunto, pode ser necessário utilizar textos em vários idiomas. O que fazer? Bem, ninguém consegue aprender vários idiomas em dois anos. Escolha um assunto que não exija o conhecimento de idiomas que você não domina.

Suponhamos que você sabe inglês muito bem, e resolveu estudar os trabalhos de Faraday sobre eletromagnetismo. Então, você descobre que é essencial estudar também o primeiro trabalho de Ørsted, que foi escrito em latim. E agora? Bem, o trabalho de Ørsted, nesse caso, não é o ponto central de sua pesquisa. Você pode utilizar uma tradução desse trabalho, em vez de lê-lo em seu idioma original. Preferivelmente, utilize *duas ou mais traduções*, comparando-as.

Este é o momento adequado para pensar sobre esse tipo de questões. Não escolha um tema de pesquisa que exija o conhecimento de idiomas que você não domina. O resultado pode ser desastroso.

3.6 O orientador e a escolha de assunto específico e questões

Para uma pessoa que está começando suas atividades em história da ciência, é muito difícil conseguir fazer sozinha uma delimitação de assunto específico e escolher questões a serem investigadas. Nesse ponto, é importante contar com a experiência do orientador. A FAPESP, por exemplo, indica que um projeto de mestrado é principalmente de responsabilidade do orientador:

> "A responsabilidade pelo projeto cabe principalmente ao orientador, mas o candidato deve participar intensamente de sua elaboração e estar capacitado para discuti-lo e analisar os seus resultados."

Um orientador experiente poderá escolher, com certa facilidade, assuntos específicos interessantes, que não sejam excessivamente explorados, sobre os quais exista uma bibliografia acessível, e compatível com os pré-requisitos do estudante. Pode também localizar com certa facilidade algumas questões interessantes a serem estudadas. Um estudante só consegue fazer isso depois de ler uma enorme quantidade de material bibliográfico – e, mesmo assim, pode ter grandes dificuldades.

Essas escolhas devem ser feitas partindo dos interesses, capacidades e do trabalho prévio do estudante, mas é importante contar com a ajuda de um orientador.

3.7 Duração da segunda fase e resultados esperados

Esta fase pode durar várias semanas ou alguns meses (ou anos...). Para uma pessoa que tenha bastante tempo disponível para dedicar à pesquisa, um tempo em torno de 2 meses deve ser suficiente. Essa fase é decisiva para tudo o que será feito depois. Uma má escolha de temas e de problemas será muito difícil de corrigir, daqui para a frente.

Ao final desta fase, você deve ser capaz de redigir um texto (projeto), descrevendo:

- o assunto geral a ser estudado
- o assunto mais específico que será investigado
- as questões a serem estudadas
- a bibliografia principal a ser utilizada

Será necessário aprender a fazer buscas bibliográficas, estruturar um projeto, redigir um texto colocando referências bibliográficas, notas de rodapé, etc.

É interessante apresentar e discutir seu projeto com outras pessoas da área, além de discuti-lo com seu orientador.

4   TERCEIRA FASE – ESTUDO E ACÚMULO DE INFORMAÇÕES

De posse de um assunto específico, um conjunto de questões e um primeiro levantamento bibliográfico (de bibliografia primária e secundária), você precisará "colocar as mãos na massa". Isso significa:

- ir obtendo o material bibliográfico necessário
- ir lendo o material obtido, e anotando tudo
- localizar novas referências bibliográficas, a partir do material que você vai lendo (processo de "bola de neve")
- ir pensando sobre as suas questões, formular novas, fazer as alterações necessárias da trajetória de trabalho prevista no seu projeto
- obter as habilidades adicionais que possam ser importantes para sua pesquisa

4.1 Obtenção de material

No caso do Brasil, conseguir ter acesso ao material bibliográfico necessário pode ser um pesadelo. Nossas bibliotecas universitárias são péssimas, comparadas à do exterior. Até o final do século XX, antes da revolução trazida pelas bibliotecas virtuais, era necessário obter livros e artigos existentes em bibliotecas físicas. Muitas vezes era necessário fazer viagens, comprar livros do exterior, fazer pedidos de fotocópias de artigos através de serviços como o COMUT e a British Library. Dependendo do caso, era necessário obter microfilmes de obras antigas e, preferivelmente, digitalizar e imprimir esses microfilmes, para conseguir trabalhar mais facilmente com eles.

No final do século XIX e início do século XX foram surgindo bibliotecas digitais, como a Gallica, o Internet Archive, o Google Books e outros repositórios importantes. As melhores universidades adquiriram acesso eletrônico a coleções de jornais e de livros. Muitas vezes, é possível ter acesso a quase todo o material de pesquisa necessário sem sair de sua casa.

É preciso trabalhar tanto com livros quanto com artigos especializados. Um artigo especializado de história da ciência é um trabalho que foi publicado em uma revista acadêmica da área – por exemplo, *British Journal for the History of Science, Centaurus, Isis, History of Science, Archive for the History of Exact Sciences, Journal for the History of Biology*, etc. Em princípio, um artigo publicado em uma boa revista acadêmica é um bom trabalho, mas você não deve nunca supor que ele é *perfeito*. Mesmo os melhores trabalhos podem conter erros.

Além de ler a bibliografia primária e secundária diretamente ligadas ao seu tema, você vai precisar também ler obras sobre história da ciência em geral, sobre o contexto do tema sobre o qual você está estudando, sobre metodologia da pesquisa, etc.

4.2 Quanto material é necessário ler?

Talvez você localize um volume enorme de livros e artigos sobre o assunto. Não entre em pânico. É comum se deparar com uma grande quantidade de referências bibliográficas relevantes para sua pesquisa, e será necessário fazer uma escolha sobre o que ler.

Você deverá ler algumas dezenas de livros e artigos, nessa fase. Não é possível ler tudo o que existe, por isso você deve tentar descobrir que obras são mais fundamentais, quais os autores mais importantes, etc. No entanto, deve também tentar encontrar materiais pouco citados (ou que não são citados por ninguém), mas que sejam relevantes, pois isso vai diferenciar o seu trabalho.

A ideia básica de um trabalho de mestrado é que você deve obter um sólido conhecimento sobre aquilo que você está estudando, e isso exige ter se familiarizado bem com os trabalhos recentes sobre o assunto. Imagine que você terminou seu trabalho, vai defender sua dissertação, e um membro da banca diz: "Você fez um trabalho sobre Lamarck, mas não utilizou o principal estudo histórico recente sobre ele, que é o livro de Pietro Corsi, *The age of Lamarck*". Ou então: "Essa análise que você fez sobre a discussão entre Galvani e Volta está em conflito com o que Marcelo Pera, a maior autoridade sobre o assunto, escreveu no seu livro *The ambiguous frog*". Bem, se acontecer uma coisa dessas, você está perdido!

Você provavelmente é uma pessoa adulta, e está querendo fazer um bom trabalho de pós-graduação. Faça seu trabalho seriamente. Procure obter e ler os trabalhos importantes.

É claro que podem surgir problemas. Pode ser que o melhor estudo histórico recente sobre um certo assunto tenha sido publicado em alemão (ou dinamarquês, ou japonês, ou russo), e você não é capaz de ler sequer uma frase nesse idioma. Felizmente, esses casos são raros. Em história da ciência, a maior parte das obras (livros e revistas) é publicada em inglês. Se você dominar esse idioma, provavelmente não terá dificuldades intransponíveis com a bibliografia secundária.

4.3 Leitura

Esta é a fase mais longa da pesquisa, em que você vai ler um enorme volume de material, digerir essas leituras, e acumular um grande número de anotações.

Essas anotações não vão ter a forma de um texto, não são destinadas a serem lidas por outras pessoas – são para você. À medida que você vai lendo, anote (em um caderno, ou diretamente em arquivos no computador) os trechos mais importantes (indicando sempre a fonte e as páginas), as ideias que lhe ocorram, as dúvidas, as novas referências que vai encontrando, etc.

Jamais faça anotações em folhas soltas de papel, porque o risco de perder ou misturar esse material é enorme. Cadernos de anotações são ótimos para se levar para bibliotecas, para ficar carregando de um lado para outro, etc. Mas você deve ir passando suas anotações para arquivos do computador, também. Não deixe acumular muita coisa. E faça sempre várias cópias dos seus arquivos, além de imprimi-los em papel. É melhor exagerar nas precauções do que lamentar a perda de um arquivo, posteriormente.

NÃO é suficiente ir lendo e *marcando* o texto no livro ou em fotocópias. Você precisa *escrever* sobre o que você está lendo.

Você não vai entender tudo o que lê. Não se preocupe com isso, no início. Às vezes, as dificuldades que você encontra ao ler um certo trabalho se esclarecem quando lê o trabalho seguinte. Nas primeiras leituras, é importante abranger um *volume* grande de livros e artigos, para ficar com uma visão mais ampla. Se você quiser entender todos os detalhes de cada trabalho, não vai conseguir caminhar muito. No entanto, em certos momentos da pesquisa, talvez você tenha que retornar a esses trabalhos, e esforçar-se para compreender realmente cada detalhe.

Vá marcando na sua bibliografia, com algum símbolo especial ou com cores, os trabalhos que você já estudou, e os que você ainda não estudou, mas que parecem mais importantes.

4.4 Técnicas de leitura

Nesta fase 3, você precisa *aprender a ler*.

Existem técnicas especiais de leitura de textos científicos antigos, e outras técnicas diferentes para a leitura de livros / artigos de história da ciência. Essas técnicas são adquiridas aproveitando a experiência de historiadores experientes, que podem ser de dois tipos: vivos (de carne e osso) ou mortos (em papel).

4.4.1 Aprendendo com pesquisadores vivos

Talvez exista algum curso ou disciplina de análise de textos de história da ciência que você possa fazer. Se não existir nenhum curso disponível, é importante trabalhar com seu orientador, discutindo *em detalhe* alguns textos primários e secundários, para aprender a ler esse material com os olhos de um historiador.

4.4.2 Aprendendo com pesquisadores mortos

Um artigo contendo uma pesquisa sobre história da ciência sempre contém análises de textos primários e secundários. Procure ler alguns artigos de bons historiadores, concentrando-se nos *comentários* que o historiador faz sobre os textos primários e secundários que ele utilizou. Dessa forma, um historiador já falecido (como Koyré) poderá lhe ensinar muito sobre o modo como se deve ler um texto.[4]

4.5 Discussões e mudanças de rumo

No decorrer dessa etapa, você deve conversar com frequência com seu orientador, descrevendo o que está lendo, discutindo dúvidas e ideias que lhe ocorram. É extremamente útil, também, reunir-se de vez em quando com outros estudantes de história da ciência, para discutirem seus trabalhos. Seminários de exposição de leituras são ótimos, pois levam a pessoa a organizar suas ideias, apresentá-las e discuti-las. Claro que isso não pode ser uma mera obrigação formal: as pessoas devem participar desse tipo de atividade com a intenção de se aperfeiçoar e colaborar com o trabalho uns dos outros. Não fique querendo receber apenas elogios. É importante criticar e receber críticas, pois é esse tipo de processo que permite um aperfeiçoamento gradual da pesquisa.

Poderão ocorrer alterações no direcionamento da pesquisa, porque algumas vezes se descobre que o objetivo inicial não é tão interessante assim, ou não pode ser atingido em um tempo

---

[4] É claro que isso vale também para artigos de historiadores vivos, mas com os quais você não tem contato direto.

razoável; algumas vezes, aparecem no decorrer da pesquisa outras direções novas, que não haviam sido percebidas antes, e que podem levar a resultados muito melhores do que os previstos anteriormente.

4.6 Técnicas de trabalho

Durante essa fase, você pode precisar adquirir habilidades adicionais necessárias para sua pesquisa, tais como localizar documentos em arquivos, ler e transcrever manuscritos, digitalizar obras em microfilme, melhorar seu conhecimento de idiomas, lidar de forma adequada com editores de texto e com programas de banco de dados, digitalizar e editar imagens, analisar textos (sob o ponto de vista metodológico, retórico, etc.), fazer entrevistas (história oral), e muitas outras técnicas. Não estou dizendo que todas as dissertações exigem tudo isso, mas cada uma pode ter certas exigências especiais.

4.7 Duração da terceira fase

A duração dessa etapa vai depender principalmente:
- da rapidez de obtenção do material bibliográfico
- do tempo de que você dispõe para a pesquisa
- de sua velocidade de leitura, compreensão e assimilação

No caso de um aluno de mestrado que se dedique integralmente à sua pós-graduação, deve ser possível vencer essa etapa em um tempo entre um semestre e um ano de trabalho.

Cada pessoa tem seu ritmo e, além disso, muitas pessoas não podem se dedicar apenas à pós-graduação, porque possuem um emprego, encargos familiares ou outras atividades. Há um outro ponto: além de fazer uma dissertação, você estará cursando disciplinas, que também exigem tempo de estudo. Às vezes é necessário escolher entre estudar para as disciplinas e fazer sua pesquisa.

Em alguns casos, é possível conciliar o trabalho das disciplinas com a dissertação. Quando você estiver fazendo uma disciplina geral de história da ciência, deverá ser possível escolher temas para seus trabalhos que tenham relação com o seu trabalho de pesquisa. Assim, você não desviará sua atenção da dissertação, e poderá aproveitar melhor o seu tempo.

5 QUARTA FASE – REDIGIR A PRIMEIRA VERSÃO

Ao final da terceira fase, a pessoa dispõe de um enorme número de anotações, leu muitas coisas, trabalhou bastante, mas ainda não dispõe de um texto apresentável. Deve, agora, refletir sobre o projeto inicial, planejar a sequência de capítulos que vão constituir a dissertação, e começar a escrever uma primeira versão.

5.1 Estrutura da dissertação

Toda dissertação de mestrado tem algumas folhas introdutórias (folha de rosto, dedicatória, agradecimentos, resumo, *abstract*, sumário, etc.), depois um capítulo introdutório, em seguida o corpo principal da dissertação e, por fim, a conclusão e a bibliografia. As folhas introdutórias, a introdução e a conclusão costumam ser feitas depois do corpo principal da dissertação. A bibliografia deve estar sendo elaborada desde o início do trabalho, ou seja, você *sempre* deve ter uma versão atualizada da bibliografia de sua pesquisa.

Elabore uma sequência para os capítulos do corpo da dissertação, e discuta essa sequência com seu orientador.

5.2 Escrevendo o corpo da dissertação

Comece a escrever os capítulos. Eles não precisam ser escritos na ordem em que vão aparecer. Comece pelo que parecer mais fácil de fazer. Quando surgirem barreiras, não fique batendo com a cabeça contra a parede. Passe para outro capítulo ou para outra seção do capítulo, retornando ao ponto problemático depois de algum tempo.

Você vai aproveitar agora suas anotações, mas vai também descobrir que precisa de novas informações, novas fontes, ou então precisa reler algum material que já estudou para esclarecer algum ponto. Portanto, você continuará a estudar, enquanto escreve.

Você deve procurar escrever algo que faça sentido, que tenha uma sequência, que seja bem escrito, mas nesta fase não precisa se preocupar em fazer uma grande obra literária. Você está fazendo um rascunho, que depois vai precisar ser refeito. Algumas partes vão ser jogadas fora mais tarde, outras vão ser trocadas de lugar, vai ser necessário acrescentar novas partes, etc.

Mesmo se você gosta de escrever e tem prática de redação de textos científicos, certamente você não tem prática em *escrever história da ciência*. Portanto, nesta fase (e nas próximas) você vai ter que *aprender a escrever*.

Para escrever um bom trabalho de história da ciência, você deve se basear na estrutura e estilo dos bons pesquisadores de história da ciência. Releia um excelente trabalho (peça sugestões a seu orientador), e procure não se concentrar nos *resultados* apresentados pelo historiador, e sim no modo como ele escreve e apresenta suas ideias (veja a seção seguinte, para mais detalhes). Faça isso com vários trabalhos.

Olhe o seu projeto inicial, reveja as questões que você colocou e procure responder a elas (ou a outras questões que surgiram durante a pesquisa). Procure não fazer um trabalho puramente descritivo, e sim fazer comentários, comparações, discutir interpretações, etc.

5.3 Utilizando "modelos" (trabalhos exemplares)

Diferentes pessoas manifestam diferentes reações ou comportamentos diante de um mesmo objeto.

Quando alguém está procurando uma nova moradia e visita uma casa ou um apartamento, ela examina esse imóvel pensando sobre seu preço, seu estado de conservação, sua distância ou proximidade de outros pontos da cidade, segurança do prédio e da região, tamanho dos cômodos, etc. O imóvel está lá, pronto, e a pessoa pensa sobre como poderia utilizá-lo da melhor forma possível.

Um engenheiro, arquiteto ou construtor, ao olhar para o mesmo imóvel, terá outras reações. Quando um construtor vê um trabalho realizado por outro construtor, ele normalmente tem diversas reações profissionais, que incluem:

- analisar como aquele trabalho foi feito,
- quais seus possíveis defeitos, e
- como ele próprio poderia fazer algo semelhante, ou melhor.

Em todas as áreas profissionais, é importante aprender com bons exemplos. O bom construtor não é aquele que coleciona bons imóveis: é aquele que estudou o processo de planejamento e construção de bons imóveis, tendo aprendido a reproduzir e aperfeiçoar os melhores aspectos desses imóveis que estudou.

Quando um *estudante* lê um livro ou artigo de história da ciência, ele pode ter a atitude de quem quer compreender e aprender o conteúdo daquele trabalho. A pesquisa já está pronta (feita pelo autor do livro ou artigo), e o estudante quer utilizar os resultados dessa pesquisa, da melhor forma possível.

No entanto, quando um *pesquisador* da área lê um artigo ou livro de história da ciência escrito por outro profissional, sua atitude é muito diferente. Ele terá geralmente certas reações profissionais como a de analisar como aquele trabalho foi feito, quais seus possíveis defeitos, e como ele próprio poderia fazer algo semelhante, ou melhor.

Um bom pesquisador em história da ciência não é formado simplesmente armazenando grandes quantidades de informações em sua mente (embora isso também seja necessário). Ele deve estudar bons trabalhos realizados por historiadores da ciência, mas deve estudá-los com a atitude do profissional que quer aprender uma *técnica de trabalho*, e não como um leigo que quer utilizar os resultados do trabalho de outra pessoa.

Essa é uma diferença importante entre um *professor* de história da ciência e um *pesquisador* de história da ciência. Um professor pode preparar um curso baseando-se unicamente nas pesquisas de outras pessoas, sem precisar fazer uma pesquisa original sobre o assunto que vai tratar. Nesse caso, ele vai precisar se concentrar nos *resultados* apresentados nas obras que estuda. Um pesquisador, pelo contrário, precisa *produzir algo novo*. Não lhe adianta apenas repetir os resultados de outros historiadores. Ele precisa aprender a fazer pesquisa, aprender as técnicas que levaram aqueles historiadores aos seus resultados.

Por isso, há certas perguntas-chave que o historiador iniciante deve se habituar a fazer, quando estudar trabalhos de sua área:

- Como isso foi feito? (Como o pesquisador escolheu seu tema? Como ele encontrou o material que estudou? Como ele construiu seus argumentos? Como ele redigiu o trabalho?)
- Há defeitos ou coisas faltando nesse trabalho, que eu consiga perceber?
- Como eu poderia fazer algo semelhante ou melhor?

5.4 Resultado esperado

Esta quarta fase estará concluída quando você tiver produzido um "rascunhão" de todos os capítulos do corpo da dissertação (mas sem introdução nem conclusão), com início, meio e fim. Essa primeira versão da dissertação pode ter lacunas, saltos, repetições; podem estar faltando coisas importantes, no meio; pode ter material em excesso. Não se preocupe com isso. O importante é que você consiga produzir um texto a partir do qual seja possível depois trabalhar, fazendo correções, acrescentando e tirando coisas, melhorando a argumentação, etc.

É *muito difícil* completar essa primeira versão da dissertação. Muitas pessoas entram em desespero quando vão começar a escrever esse texto. Podem sentir bloqueios (inibição diante do computador ou do papel), podem começar a ocupar o tempo com outras atividades para não ter tempo de escrever (por exemplo, fazer disciplinas desnecessárias), podem fugir da redação voltando a ler indefinidamente outros trabalhos, etc. Essas barreiras são comuns. Você não precisa se sentir a pior pessoa do mundo por ter essas dificuldades. Mas deve enfrentar com coragem a procrastinação e essas barreiras, e ir escrevendo o corpo de sua dissertação.

Ao completar esse primeiro rascunho, você pode ficar tão contente que passa para a atitude oposta à inicial, e pensa que fez um trabalho excelente, que já terminou tudo. Não se engane. Isso é apenas um *primeiro rascunho*. Ainda falta muito trabalho pela frente. Mas, terminada a primeira versão, a barreira *psicológica* mais importante terá sido vencida.

5.5 Papel do orientador

Pode parecer estranho, mas durante essa fase o orientador não pode ajudar muito. *Você* precisa escrever. O orientador não pode ficar discutindo e corrigindo cada parte do seu trabalho, nessa fase, pois isso poderá criar um bloqueio e atrasar o processo. Ele pode fazer pouco: conversar, estimular, ajudá-lo a superar os problemas emocionais dessa fase.

É claro que você pode pedir ajuda em pontos específicos: onde encontrar informações que estão faltando, esclarecer o que certo autor está querendo dizer em certo ponto, etc. Mas não peça a opinião do seu orientador sobre o que você está escrevendo, nesse momento.

5.6 Duração da quarta fase

O tempo utilizado nessa etapa vai depender principalmente:
- da sua facilidade pessoal em escrever
- do trabalho realizado na terceira fase (se ele foi muito incompleto, você vai sentir uma enorme dificuldade agora)
- do tempo de que você dispõe para a pesquisa

Essa fase costuma ser muito instável: há períodos de produtividade e outros períodos em que a redação não caminha.

No caso de um aluno de mestrado que se dedique integralmente à sua pós-graduação, deve ser possível vencer essa etapa em um tempo de dois ou três meses (ou um semestre, no máximo).

A partir da fase 4 ou da fase 5, é importante que você disponha de tempo para se dedicar de forma *muito intensa* à sua dissertação. Se você tem um emprego ou encargos familiares e não pode se dedicar integralmente ao mestrado, procure pelo menos reservar alguns meses livres para as últimas fases. Você está entrando na "fase terminal", e nada deve atrapalhar o seu trabalho.

6   QUINTA FASE – CRÍTICAS E SEGUNDA VERSÃO

Agora, você vai submeter a sua "obra prima" a críticas. Por um lado, seu orientador vai ler e discutir bastante esta primeira versão com você. Por outro lado, este é o momento mais adequado para fazer seu exame de qualificação, e ouvir críticas de outros professores.

Parta do pressuposto de que o seu orientador e os outros professores não são seus adversários ou inimigos – eles querem ajudá-lo a fazer um ótimo trabalho. Ao receber críticas, não fique se defendendo. Você precisa ouvir críticas e sugestões, entendê-las, anotá-las e refletir sobre elas. Vai também ouvir elogios, e deve prestar atenção a eles, pois isso vai indicar onde você "acertou": quais os pontos fortes do trabalho que você realizou até agora.

Dependendo de como o seu trabalho se desenvolveu, a sua primeira versão já pode estar bastante boa, necessitando apenas de ajustes de redação, de adequação às normas, etc. No entanto, se a terceira e a quarta etapas não foram desenvolvidas de forma adequada (por exemplo, se você não leu o que precisava ter lido), a quinta fase pode ser bastante trabalhosa (exigindo novas leituras, por exemplo). Em alguns casos, a primeira versão é uma catástrofe, mostrando falhas graves de formação do estudante. Ele pode não ter aprendido a ler nem a escrever (história da ciência).

Mas vamos supor que não ocorreu uma catástrofe. Após entender o que precisa ser melhorado no seu trabalho, mãos à obra! Você precisa completar, corrigir e aperfeiçoar o seu texto.

Agora, você vai trabalhar para produzir a segunda versão da sua dissertação. Dependendo de você mesmo e de seu orientador, pode ser mais conveniente refazer uma parte de cada vez e discuti-la com seu orientador. Mas pode ser conveniente refazer tudo, antes de apresentar o resultado ao seu orientador.

Normalmente, essa fase é muito mais agradável do que a anterior, pois a pessoa já vê a luz no fim do túnel.

Dependendo do caso, podem bastar poucas semanas para produzir a segunda versão da dissertação. Em outros casos, podem ser necessários alguns meses.

Esta segunda versão já deve conter, além do corpo principal da dissertação, a introdução e a conclusão. É conveniente, também, fazer o resumo e o *abstract* da dissertação, nesse momento.

7 SEXTA FASE – CORREÇÕES E PENÚLTIMA VERSÃO

A segunda versão vai ser apresentada ao orientador, que vai indicar se está adequada, ou se ainda precisa de mudanças significativas. Se a primeira versão estava uma catástrofe, podem ser necessárias várias versões adicionais.

Se tudo correu bem, a segunda versão já está bastante boa. O orientador irá então indicar o que precisa ser feito para o acabamento final da dissertação. Você vai seguir essas instruções, e elaborar a penúltima versão da dissertação.

Nesse momento, é necessário dar muita atenção às normas formais de apresentação da dissertação, tamanho das margens, normas de elaboração de notas de rodapé e bibliografia, correção do português, etc. Pode ser necessário pagar um revisor para corrigir os erros de português do texto.

Agora, em pouco tempo (algumas semanas), deve ser possível produzir uma versão "quase" final do seu trabalho. Essa versão deve ter todas as figuras, as folhas iniciais, sumário, etc.

8 SÉTIMA FASE – REVISÃO FINAL, ÚLTIMA VERSÃO, DEFESA

A penúltima versão vai ser apresentada ao orientador, que vai olhar uma última vez o seu trabalho. Podem ainda ser detectados pequenos detalhes a serem corrigidos. Agora, você vai fazer os últimos ajustes. Se tudo correu bem, esses detalhes podem ser corrigidos em poucos dias.

Será necessário então imprimir a versão final da dissertação, fazer as cópias e encadernar, para poder entregá-la na secretaria do curso de pós-graduação. Isso costuma demorar uma semana.

Será feita uma escolha dos membros da banca e da data da defesa. Haverá alguns formulários que precisam ser preparados, e será necessário que o orientador os assine.

O seu trabalho está praticamente concluído. Agora, você deve se preparar para a defesa, relendo a sua dissertação e revendo também alguns trabalhos fundamentais que foram utilizados na sua pesquisa. Deve, além disso, preparar a apresentação que você vai fazer no momento da defesa (exceto nos casos em que não é necessário fazer uma exposição antes da arguição).

Normalmente, a defesa será um mês (ou um mês e meio) após a entrega da versão final da dissertação. Em casos especiais, o prazo pode ser menor ou maior do que isso.

Pronto. Agora você vai passar pela defesa, que é basicamente uma formalidade de coroamento do trabalho realizado. Se você fez um trabalho sério e foi bem orientado, não precisa se preocupar. Esperamos que a banca goste de sua dissertação e de suas respostas às perguntas, e que você possa não apenas obter um título, mas também se orgulhar de ter feito um excelente trabalho.

9 CRONOGRAMA

Para uma pessoa que possa se dedicar integralmente ao mestrado, poderíamos (para dar uma ideia básica) indicar um cronograma "ideal":
- Primeira fase – contato preliminar – 1 mês
- Segunda Fase – delimitação – 2 meses
- Terceira fase – estudo e acúmulo de informações – 6 meses
- Quarta fase – redigir a primeira versão – 4 meses
- Quinta fase – críticas e segunda versão – 2 meses
- Sexta fase – correções e penúltima versão – 1 mês
- Sétima fase – revisão final, última versão, defesa – 2 meses
    Total: 18 meses, do início até a defesa

Na prática, surgem muitos problemas de percurso, e a duração costuma ser maior (às vezes, *muito* maior).

A partir dessas indicações gerais, procure elaborar um cronograma de trabalho. Pense de forma realista no tempo de que você dispõe.

Com o passar do tempo, vá sempre revendo o seu cronograma de trabalho, principalmente se o prazo máximo para terminar sua dissertação estiver se esgotando. Acima de tudo, esteja ciente de que as últimas fases *não são instantâneas* e dificilmente poderão ser cumpridas em um tempo inferior ao que está indicado no exemplo "ideal" acima.

Enquanto você não tiver concluído a quarta fase, será muito difícil fazer uma boa previsão do momento em que você vai terminar a dissertação. Terminada a quarta fase, deve ser possível ter uma ideia bem concreta sobre a data do "fim do túnel".

Segunda parte:
A bagagem do viajante

A primeira parte deste trabalho apresentou algumas sugestões gerais a respeito do modo como deve ser conduzida a elaboração de uma dissertação de mestrado em História da Ciência. Esta segunda parte complementa a anterior, apresentando alguns comentários a respeito de pontos específicos. Esses comentários poderiam ter sido intercalados ao longo da primeira parte, mas ela ficaria muito mais longa e perderia seu caráter esquemático, de "Roteiro de viagem". Por isso, considerei preferível destacar esses pontos nesta segunda parte do documento.

As reflexões aqui apresentadas abordam principalmente *problemas* que podem ocorrer durante a elaboração de uma dissertação de mestrado. Baseiam-se, infelizmente, em experiências negativas ocorridas durante processos de orientação, pelo presente autor.

10 CONHEÇA-SE A SI PRÓPRIO

Quando um estudante vai iniciar um trabalho de pesquisa, ele precisa saber se possui a competência e os pré-requisitos necessários. Suponhamos que você quer estudar a astronomia europeia do período medieval. Você vai precisar estudar um material primário (textos astronômicos da época) em latim, que utilizam uma abordagem matemática (geométrica) diferente da que aprendemos hoje em dia. Você tem condições de ler e compreender as fontes primárias relevantes? Os pré-requisitos principais, para a leitura das fontes primárias, é conhecer o *idioma original* dos textos e compreender a ciência *daquela época*.

Portanto, desde o início, você deve se perguntar: quais os idiomas necessários para estudar o tema histórico que me interessa? Em geral, não basta um idioma. Se você quiser estudar Galileo, deve ser capaz de ler textos em italiano, já que várias de suas obras foram escritas nesse idioma; mas ele também escreveu em latim; e outros autores da época, que você também vai precisar ler para comparar com Galileo, escreveram principalmente em latim.

Ocorre que, algumas vezes, um estudante *pensa que sabe* ler certos idiomas, e não sabe; ou *pensa que não é necessário saber*, e simplesmente mente para seu orientador, dizendo que é capaz de ler textos naquele idioma; ou pensa que, embora não domine aquele idioma, *é capaz de "se virar"*. Nesses casos, ele cai em uma armadilha criada por si próprio, e mais cedo ou mais tarde terá problemas impossíveis de serem solucionados.

Um mestrado dura, normalmente, dois anos. Você pode aprender um outro idioma nesse tempo? Não, porque um aprendizado *sólido* de um idioma dura mais de um ano, e você precisaria não apenas aprender, mas também utilizar esse conhecimento para estudar os textos.

Se você já estudou francês, mas não tem um domínio ótimo dessa língua, talvez seja possível se empenhar e melhorar seu conhecimento ao ponto de poder ler textos em francês, em um ano. Mas você vai correr um risco, se sua pesquisa *depender essencialmente* disso. Você não pode ficar tentando "adivinhar" o que está escrito nas obras que precisa estudar.

Muitas pessoas pensam que o conhecimento de idiomas é dispensável, porque é possível utilizar as ferramentas de tradução eletrônica de textos. Porém, os programas de tradução não são confiáveis, cometem grande número de erros. Você não pode ficar dependendo deles para compreender as obras que necessita estudar.[5]

Portanto, conheça seus próprios limites e não escolha um tema de pesquisa que exija o conhecimento de idiomas que você não domina. O resultado pode ser desastroso.

O outro aspecto importante, para o estudo dos textos científicos originais, é ter competência em relação ao assunto. Não escolha um tema de pesquisa que envolva um tema científico que você não domina. Você quer estudar a história da genética? Precisa ter um bom domínio sobre genética e temas correlatos. Quer estudar a história da mecânica quântica e você não sabe nada sobre mecânica quântica? Você é um tolo, precisa se conscientizar de suas limitações e dedicar-se a alguma coisa que você realmente possa fazer *bem*.

A competência científica é um ponto delicado, quando se trata de estudar fontes primárias antigas. Uma pessoa que tenha feito graduação e pós-graduação em física tem condições de compreender os *Principia* de Isaac Newton? De um modo geral, NÃO. Porque toda a linguagem matemática e o modo de pensar utilizados por Newton são diferentes daquilo que se estuda hoje em dia, em um curso de física. Os conceitos utilizados em cada época são diferentes dos atuais, mesmo quando os seus *nomes* são iguais. Você não deve ler um texto de química do século XVIII e ficar pensando sobre os conceitos *atuais* de ácido e base, que são completamente diferentes dos antigos.

O bom estudo de textos científicos antigos deve ser *diacrônico*, ou seja, deve utilizar as ideias e métodos daquela época (e

---

5 É claro que me refiro aqui ao momento atual (ano de 2004, quando este texto foi escrito), quando as ferramentas de tradução automática de idiomas produzem ainda resultados inferiores aos de um ser humano que tenha um conhecimento *médio* do idioma em questão. Futuramente, espera-se que a qualidade dos tradutores melhore muito.

não os atuais). Por isso, não basta ter um bom conhecimento sobre a ciência *atual* relacionada com o seu tema histórico: você precisará adquirir um conhecimento sobre *a ciência daquela época*.

11 DIFERENÇAS ENTRE O TRABALHO DE ENSINO E O TRABALHO DE PESQUISA

Muitas pessoas que vão fazer uma pós-graduação em história da ciência têm experiência em ensino, e algumas *já deram aulas sobre história da ciência*. É preciso esclarecer alguns pontos importantes, e que não são óbvios.

Normalmente, um professor está ensinando alguma coisa que é considerada "correta", "aceita", "estabelecida". Alguma coisa sobre a qual não existem grandes dúvidas. E o desafio do professor é aprender direito o assunto e, depois, transmiti-lo de modo compreensível.

Um professor pode imaginar que o processo de ensino e o processo de elaboração de uma pesquisa são semelhantes. "Vou fazer uma dissertação sobre Galileo. Devo estudar sobre Galileo, como se fosse dar uma aula a respeito desse assunto. Depois, devo expor as coisas do modo mais claro possível".

Infelizmente, não é isso o que deve ser feito. É uma coisa bem mais difícil.

Você escolhe um tema. Começa a procurar material e a estudar o assunto. No início, é possível que não haja surpresas, mas logo você começará a encontrar coisas inesperadas: há aspectos confusos; há coisas que alguns historiadores escrevem que são contrárias a tudo o que você mesmo pensava, e ao que aparece nos livros-texto; há problemas de interpretação, e os diversos autores estudados não concordam sobre vários pontos; e, ao comparar os textos secundários com as obras primárias, você percebe que há coisas que nenhum historiador disse, ou que são contrárias ao que eles disseram. Agora, sim, você começou a entrar em uma pesquisa histórica.

Como você vê, é uma coisa muito diferente de preparar uma boa aula. A boa aula é um processo pelo qual aquilo que está em um ou dois livros-texto é apresentado aos alunos. O livro-texto não é colocado em questão (ou, no máximo, se questiona se o modo pelo qual ele apresenta as informações é o melhor modo, o modo mais didático). No caso de uma pesquisa histórica, *não existe* o livro-texto contendo a "verdade" a ser exposta por você. Há problemas, há dúvidas, e você precisa escrever *a sua versão, honesta, bem documentada e bem argumentada*, a respeito do que você estudou.

Podemos acreditar, por exemplo, que Galileo realmente existiu, viveu, escreveu certos livros e morreu. Houve, no passado, um conjunto de fatos históricos envolvendo o pensamento de Galileo e o de outras pessoas da mesma época. Mas não temos acesso direto ao *pensamento* de ninguém do passado, nem podemos ver diretamente as *causas*, as *influências* que agiram sobre cada pessoa ou grupo, ou as conexões entre os diversos fatos. Temos diante de nós apenas alguns fragmentos do passado, sob a forma de documentos (e, às vezes, objetos), e precisamos tentar *reconstruir* o passado, ou melhor, *construir uma narrativa*, que sempre contém alguma coisa que nós próprios adicionamos, além daquilo que captamos através dos documentos. É claro que não devemos construir uma narrativa *apesar dos documentos*, ou *sem documentos*, porque isso não seria um trabalho histórico – seria uma obra de ficção. Mas a narrativa histórica é algo que vai além dos próprios documentos.

Repetindo:

- Você vai escrever *a sua versão* da história. Ela pode ser influenciada por suas leituras (é claro que você vai concordar com coisas que leu), mas não deve nem pode ser uma cópia das versões escritas por outros historiadores. Quase sempre, há discordâncias entre os historiadores. É preciso pesar essas visões, procurar novos documentos, analisar os argumentos apresentados, e chegar às suas conclusões.

- O seu trabalho deve ser *honesto*. Suponhamos que você prefere a interpretação X, no entanto leu a obra Y que apresenta informações e argumentos que mostram que X está errado, ou que tem problemas. Você não pode fingir que não leu Y, nem ocultar dos seus leitores os problemas existentes. A honestidade intelectual exige que você procure se informar bem, e informar aos seus leitores, sobre tudo o que existe *a favor e contra* a sua interpretação.

- O seu trabalho deve ser *bem documentado*, levando em conta um grande volume de material bibliográfico primário e secundário. Você não pode ignorar os trabalhos historiográficos importantes sobre o assunto. Você não pode deixar de examinar com seus próprios olhos a documentação primária relevante. E você deve citar de forma cuidadosa as suas fontes.

- A dissertação deve estar *bem argumentada*. Haverá pontos em que você estará simplesmente descrevendo ideias expostas em documentos, mas em outros pontos você estará comparando, interpretando e discutindo aquilo que estudou. Isso não é fácil, exige treino. Você precisa *aprender* a fazer isso direito.

Tendo feito tudo isso, não quer dizer que o seu trabalho esteja correto e seja inatacável e eterno. Significa que você fez um trabalho adequado, sério, que pode conter erros e ser criticado e corrigido, como os de todas as outras pessoas. Mas o fato de que tudo pode conter erros e ser corrigido não quer dizer que você pode fazer um trabalho *fraco e ridículo*. A sua pesquisa deve ser bastante sólida, cuidadosa e bem fundamentada.

12 LER E COMPREENDER

Suponhamos que você lê uma página de um livro ou artigo, depois escreve sobre aquilo que leu. Há alguma coisa mais simples do que isso?

Cuidado! Isso é mais difícil do que parece.

Primeiro: você leu *em que idioma*? Suponhamos que sua língua materna é o português, e que você está lendo um texto em francês, ou italiano, ou qualquer outro idioma. Você tem certeza de que entende *perfeitamente* esse outro idioma?

Raramente você estará lendo em português e, quando estiver lendo em português, provavelmente estará lendo uma *tradução*.

Se você estiver lendo uma tradução de um livro de Koyré ou de Aristóteles, você está realmente lendo o que Koyré ou Aristóteles escreveu? Não, você estará lendo *aquilo que o tradutor entendeu*. E, infelizmente, é muito comum que os tradutores *se equivoquem*.

Além disso, mesmo se o que você está lendo está em português (e não houve erro de tradução), você pode *não entender o que leu*. "Que ridículo, você acha que eu não entendo o que eu leio!?" Ridículo? Não, infelizmente isso acontece *muito*.

Vamos considerar, por exemplo, a primeira frase do livro "Sobre os céus", de Aristóteles:

> A ciência que trata da natureza evidentemente se preocupa principalmente com corpos e grandezas e com suas propriedades e movimentos, mas também com os princípios desse tipo de substância, sejam eles quantos forem.

Suponhamos que essa tradução esteja correta. O que Aristóteles queria dizer com isso? Quase todas as pessoas que leem essa frase pela primeira vez vão interpretar algumas das suas palavras-chave da seguinte forma:

- "corpos" = objetos materiais
- "grandezas" = propriedades das coisas, como massa, velocidade, volume, etc.
- "princípios" = leis que regem o comportamento dos objetos
- "substância" = natureza química do objeto

No entanto, essas quatro palavras possuem significados bem diferentes, nesse texto de Aristóteles. No caso, basta ler com atenção as frases seguintes da mesma obra de Aristóteles, para ver que as duas primeiras palavras são tomadas em outro sentido:

> Uma grandeza divisível de um modo é uma linha, de dois modos uma superfície, de três, um corpo. Além dessas não existem outras grandezas, pois as três dimensões são tudo o que existe, e aquilo que é divisível em três direções é divisível em todas.

De acordo com essa citação, vemos que massa, velocidade e volume não são "grandezas", para Aristóteles, pois para ele existem três e apenas três tipos de grandezas, que são a linha, a superfície e o corpo. E "corpo" não é um objeto material, mas uma forma tridimensional.

Para entender um texto antigo (e, algumas vezes, também para textos mais recentes) não basta conhecer o idioma. Há palavras que possuem significados diferentes em cada época, e às vezes cada autor a utiliza de um modo especial, que só pode ser entendido comparando o modo como ela aparece em vários lugares. Para entender bem um texto é preciso conhecer bem o autor, o assunto, e o contexto histórico em que foi escrito.

O problema é mais grave no caso de autores mais antigos, mas pode ocorrer mesmo no caso de autores recentes, e também no caso de obras secundárias. Qualquer autor escreve supondo, implicitamente, que seus leitores conhecem algumas coisas e que entendem certas expressões e alusões, que nem precisam ser explicadas. E um leitor ingênuo entra na leitura de um texto pensando que o autor tem as *suas* [do leitor] ideias, vocabulário, etc. O autor pode estar dizendo *A* e o leitor pode estar lendo *B*, sem perceber isso.

Esse tipo de equívoco ocorre o tempo todo, mesmo em conversas do dia-a-dia ou em outras atividades. Se um professor dá uma aula e depois examina as anotações de um estudante, encontrará certamente coisas que foram anotadas *erradas*, porque o estudante não entendeu o que o professor queria dizer. Todos os dias, pessoas que se conhecem há vários anos interpretam de modo errado o que a outra pessoa disse.

Alguns estudantes pensam que, para evitar incorrer em erros de interpretação, podem simplesmente *copiar os textos que estudaram*, e fazer de sua dissertação uma simples colagem. Isso não é aceitável; e não resolve o problema.

Talvez você pense que é tudo muito fácil. Você pode fazer como os trabalhos que os estudantes em nível de segundo grau fazem: basta copiar umas coisas daqui, outras coisas dali, colar tudo em um arquivo e – *abracadabra*! – a dissertação está pronta!

Não, não é bem assim.

Você vai escrever *e assinar* uma dissertação; ela vai ser considerada como uma coisa *de sua autoria*. É inaceitável plagiar o trabalho de outras pessoas.

Mas você pode pensar: "Eu não vou plagiar, eu sei que preciso indicar as fontes de onde tirei cada coisa. Preciso fazer uma colagem de textos *indicando a referência bibliográfica de cada parte*."

Não, não é bem assim.

A sua dissertação pode conter citações, com referências correspondentes, mas essas citações só podem ser *uma pequena parte* do trabalho. Você precisa *escrever* a sua dissertação.

Agora, talvez você pense: "Ah, então é melhor do que eu achava. Basta sentar e ir escrevendo sobre o que eu me lembro e sobre o que eu penso..."

Não, não é bem assim...

Isso pode parecer uma caricatura, mas não é. Já encontrei, ao vivo e em cores, estudantes que pensavam que fazer uma dissertação de história da ciência era uma coisa desse tipo.

Existem muitos pontos delicados do uso de citações. Ao transcrever um texto, é preciso primeiramente ter certeza de que a transcrição é exata – mas, se for o caso de uma *tradução*, existe evidentemente um problema. Por outro lado, a menos que você transcreva *a obra inteira de um autor*, a sua transcrição será uma *seleção*, que pode não esclarecer o significado dos termos e das ideias que aparecem, e pode até mesmo distorcê-las, se a citação estiver fora do seu contexto.

Por outro lado, uma dissertação não é uma colcha de retalhos, feita com um conjunto de pedaços tirados de outros trabalhos. Ela precisa ser um texto redigido pelo autor da dissertação, podendo conter certa quantidade de citações, mas em que a parte central do trabalho é uma narrativa original, contendo a interpretação do autor da dissertação. Essa narrativa deve ser coerente, deve ser bem estruturada, deve conter argumentação bem construída, e outros aspectos de uma boa composição acadêmica, que não podem ser explicados no âmbito deste trabalho.

13 VÍCIOS E VIRTUDES

Compreender textos antigos é difícil. O que se pode fazer, então?

Não há nada que *garanta* que você está entendendo direito um texto. Você não pode ter *certeza* de que entendeu o que o autor queria dizer. Mas pode tomar certos cuidados, e procurar adquirir um treino de tal forma a não cair nos erros mais estúpidos dos iniciantes.

Um dos piores erros é fingir que está entendendo um texto, sem ter a menor ideia sobre o que este está dizendo. Vamos supor que você encontra a seguinte frase: "A dimensão do enário oblíquo é incomensurável com o expoente da tétrade". Acabei de inventar essa frase, e eu que a escrevi não tenho a menor ideia sobre o que ela significa. Mas minha experiência mostra que, se eu a mostrar a certas pessoas, elas vão dizer que a entendem[6]. E se eu lhes pedir que me expliquem a frase, eles podem se sair com uma coisa assim: "Olhe, o texto está falando sobre os enários oblíquos. O enário oblíquo tem uma dimensão, certo? Pois é, essa dimensão e o expoente da tétrade são incomensuráveis."

No caso das pessoas que "entendem" a frase acima, não há muito o que fazer, a não ser ficar longe delas.

Se você quer saber se uma certa frase faz de fato sentido para você, procure descrever seu conteúdo utilizando um vocabulário completamente diferente (sinônimos); tente explicar cada palavra-chave que aparece nela; procure dar exemplos; compare com outras ideias. Por exemplo, se uma pessoa entende a frase "A dimensão do enário oblíquo é incomensurável com o expoente da tétrade", ela deve ser capaz de "traduzir" essa frase utilizando sinônimos, deve ser capaz de explicar o que é um enário oblíquo e de dar um exemplo, mostrar como se acha a dimensão

---

[6] Façam vocês mesmos o teste, com esta frase ou com outras semelhantes.

de um enário oblíquo, dar um exemplo de uma tétrade, mostrar como se acha o expoente da tétrade, etc.

O segundo pior erro é entrar sem cerimônias em um texto, carregando consigo toda suas carga de ideias, conceitos e valores, sem ser capaz de ver que está errado *mesmo quando o texto diz explicitamente o contrário do que você pensa*. É mais ou menos como as pessoas grosseiras que entram na casa de uma outra pessoa e "ficam à vontade", comportam-se como em sua própria casa, tiram o sapato, tomam conta da geladeira e da televisão, e não percebem os sinais que os donos da casa dão de que eles estão agindo de forma inadequada.

De um modo geral, uma mesma ideia ou termo vai aparecer em diversos lugares em um texto, e comparando esses diferentes usos é possível perceber que certas interpretações são inaceitáveis, porque entram em conflito com o que o autor diz. Mas para perceber isso é necessário ter uma *atitude adequada*, como a pessoa que vai visitar uma outra e toma o cuidado de observar como o anfitrião se comporta, bem como as reações que ele apresenta ao seu próprio comportamento, e tenta se adequar ao ambiente.

Um terceiro problema grave é ter uma ideia preconcebida (por exemplo: uma hipótese que quer defender), e só conseguir encontrar nos textos que lê exatamente aquilo que quer encontrar neles. Em alguns casos, a ideia fixa do leitor realmente o torna cego a todos os indícios contrários à sua hipótese. Em outros casos, ele percebe que há coisas contrárias à sua hipótese, mas as deixa de lado como se não existissem, ou produz uma interpretação forçada das mesmas, de tal modo a concordarem com sua ideia prévia.

Um quarto problema ocorre quando o leitor não quer admitir sua própria ignorância a respeito do contexto daquilo que está lendo, e finge que conhece o assunto tratado. Suponhamos, por exemplo, que você encontra esta citação: "Os atomistas medievais negavam a unidade do vazio." Não há nenhuma palavra estranha, você sabe o que são os atomistas, sabe o que é a Idade Média, sabe o que é unidade, sabe o que é vazio. Isso quer dizer que você entende a frase? Não. Afinal de contas, você conhece quem (de que país, de que época, de que linha filosófica) são os atomistas medievais aos quais o texto está se referindo? Você já estudou esses autores? Sabe de fato o que eles discutiam, e em que sentido e através de quais argumentos eles negavam a unidade do vazio?

Há *atitudes* que você deve ter ao entrar em qualquer texto, e as principais são: honestidade, humildade, seriedade, neutralidade, delicadeza, atenção para com os detalhes do texto, receptividade, flexibilidade, curiosidade.

- Honestidade: "Eu gostaria que o texto dissesse X, mas ele diz Y. Não posso negar nem ocultar isso."
- Humildade: "Não entendo o que o texto está dizendo. Preciso me informar melhor sobre isso."
- Seriedade: "Quero fazer um trabalho bem feito. Não posso passar por cima dos problemas ou fingir que não existem."
- Neutralidade: "Minha expectativa era que o texto dissesse X, mas estou indiferente com relação a qualquer coisa que possa aparecer."
- Delicadeza: "Há um texto diante de mim que é um mistério a ser desvelado, que deve ser respeitado, e ao qual devo dedicar esforço e atenção."
- Atenção para com os detalhes: "Além dos pontos gerais que entendi, talvez existam nuances ou aspectos secundários que não entendi, e que vão distorcer minha interpretação. Preciso tentar entender todos os detalhes."
- Receptividade: "Talvez este autor tenha ideias completamente diferentes das minhas, ou diferentes daquilo que eu esperava encontrar. Mas quero saber o que ele realmente diz, seja lá o que for."
- Flexibilidade: "Até pouco tempo atrás eu entendia esse texto ou esse autor de uma maneira, mas pode ser que minha interpretação mude, e estou preparado a aceitar novas interpretações."
- Curiosidade: "Eu quero saber mais a respeito disso, quero me aprofundar, compreender isso tão bem quanto uma

pessoa que pudesse dialogar com o autor sobre esse assunto. Se necessário, vou procurar mais informações."

O estudante pode também aprender *técnicas específicas* para lidar com textos. Existem recursos especiais para a análise sistemática de fontes primárias, e também para análise fontes secundárias. Porém, essas técnicas são bastante complexas e não podem ser descritas neste documento.[7]

14 LIDANDO COM MATERIAL BIBLIOGRÁFICO

Há técnicas básicas de trabalho que o historiador da ciência precisa aprender. São coisas simples, e você pode achar que elas não são dignas da sua atenção. Mas elas são importantes, e se você não perder algum tempo para dominá-las, vai encontrar problemas, no futuro.

14.1 Estudar material bibliográfico relevante

Um bom historiador da ciência é ávido por material bibliográfico. Para muitos estudantes, a leitura do material bibliográfico é apenas um fardo, representando um trabalho pouco agradável. Em vez de procurar informações, você pode querer *fugir* delas. Esse é um erro grave. Se você não tem curiosidade, não quer aprender e não gosta de ler, talvez seja melhor procurar outro tipo de pesquisa.

Um historiador da ciência, ao estudar um assunto, precisa localizar material primário e secundário. A nomenclatura "fonte primária" e "fonte secundária" pode ter mais de um significado, porém, em história da ciência, costuma-se chamar de "fonte primária" aquilo que foi produzido na própria época que está sendo estudada. Se você estiver estudando Lavoisier, então as obras de

---

[7] Este é um tema que me interessa há muito tempo. Abordei explicitamente as técnicas de análise de textos em uma disciplina sobre "Metodologia da Pesquisa em História da Ciência" no programa de pós-graduação em Filosofia da Ciência da Unicamp (1989) e em duas disciplinas do Curso de Especialização em História da Ciência da Unicamp, uma delas voltada para a análise de textos primários (1990) e a outra para a análise de textos meta-científicos (1991).

Lavoisier e de outros autores da mesma época são fontes primárias; manuscritos da época também são; notícias escritas e publicadas na época também são fontes primárias. Já as "fontes secundárias" são materiais de uma época posterior, que se referem àquele período – por exemplo, biografias escritas depois da morte do pesquisador que você está estudando, livros e artigos sobre história da ciência que abordem a época que você estuda, etc.

Um artigo *científico* pode ter pouquíssimas referências bibliográficas; um artigo de *história da ciência*, pelo contrário, costuma ter dezenas de referências. O *volume* de material consultado pelo historiador da ciência enriquece o seu trabalho.

O historiador da ciência não pode fingir que é a primeira pessoa a estudar certo tema histórico, se sabe que ele já foi pesquisado antes. Ele precisa conhecer e citar o que outras pessoas já escreveram sobre o assunto. Idealmente, ele precisaria ler *tudo* o que já se escreveu sobre o assunto, para não cometer erros nem injustiças. Na prática, precisa ler *grande volume de material*, para fazer uma boa pesquisa.

Vamos supor que você quer escrever uma dissertação sobre o trabalho de Sadi Carnot a respeito de máquinas térmicas. Você já tem uma cópia do único livro que Carnot escreveu em sua vida (uma obra primária, em francês), e tem um livro a respeito da vida e da obra de Sadi Carnot (uma obra secundária). Você pode fazer sua dissertação apenas com esse material? *Não*! Isso seria ridículo!

Mesmo se você está estudando um autor que só escreveu uma única obra, você pode e deve estudar outras obras primárias – no exemplo apresentado, outras obras sobre o mesmo assunto, da época, para comparar com o livro de Carnot. E deve procurar grande quantidade de obras secundárias, tanto sobre Carnot como sobre o tema geral dentro do qual a obra de Carnot se insere (máquinas térmicas, no início do século XIX) e também sobre outros pesquisadores da época de Carnot que trabalhavam sobre assuntos relacionados. Para fazer uma boa dissertação, você deve ler muitos livros, artigos de revistas especializadas, capítulos de livros, trabalhos apresentados em congressos, etc.

Se você pretende escrever uma dissertação de mestrado – que, normalmente, tem entre 100 e 200 páginas[8] – você deve ler *pelo menos* umas dez vezes mais do que isso (entre 1.000 e 2.000 páginas) de material diretamente relevante para sua pesquisa. Isso corresponde a pelo menos uma meia dúzia de livros inteiros, mais uns 30 artigos e capítulos de livros[9].

Um pacote com 500 folhas de papel sulfite tem uma grossura de aproximadamente 5 centímetros. Se você juntar todo o material bibliográfico de que dispõe e tiver uma pilha com menos de 10 cm de altura, pode saber que há alguma coisa de errado – é muito pouco material. Por outro lado, se a sua pilha tiver mais de 50 cm de altura, também há alguma coisa de errado – você tem um volume de material tão grande que dificilmente poderá estudá-lo de forma adequada e profunda.

Você provavelmente é uma pessoa adulta (ou deveria sê-lo), e está fazendo um trabalho de pós-graduação. Faça seu trabalho de forma honesta e séria. Procure obter e ler os trabalhos importantes.

14.2 *Procurar material bibliográfico relevante*

Como você descobre referências bibliográficas importantes para a sua pesquisa? O ponto de partida para sua pesquisa bibliográfica é a consulta a livros e artigos sobre história do tema que você escolheu. É claro que você pode também procurar informações em sites da Internet, mas há grandes riscos de encontrar sites de má qualidade. Uma fonte muito utilizada pelos

---

[8] O tamanho de uma dissertação de mestrado em história da ciência vai depender da instituição em que você está, do seu orientador, e de sua própria capacidade, evidentemente. No entanto, minha opinião pessoal é que uma dissertação de mestrado com menos de 100 páginas (folhas em tamanho A4, margens normais, espaço simples entre as linhas, texto em *Times New Roman* corpo 12) é insuficiente.

[9] No caso de um trabalho de doutoramento, esses números podem ser multiplicados por 2 ou 3.

estudantes é a Wikipedia. A versão em português dessa enciclopédia digital é bastante fraca, mas a versão em inglês é aceitável.[10] Cada verbete da Wikipedia em inglês tem uma bibliografia sobre o assunto, e esse pode ser um ponto de partida para sua
busca.

Se você já tem alguns livros e artigos históricos que falam
sobre o tema que lhe interessa, vá atrás das referências desses
livros e artigos, e assim por diante. Esse é o método chamado
"bola de neve".

Até o final do século XIX, quando a Internet estava pouco
desenvolvida, os melhores meios para busca de material bibliográfico sobre história da ciência eram as bibliografias publicadas por revistas especializadas. Uma das mais importantes é a
bibliografia publicada anualmente pela revista *Isis*, listando livros e artigos recentes sobre todos os ramos da história da ciência. Consultando-se, por exemplo, os últimos dez anos da "Current bibliography" da revista *Isis*, pode-se encontrar a maior
parte dos artigos e livros relevantes escritos pelos historiadores
da ciência, na última década, sobre qualquer assunto. Muitas bibliotecas no Brasil possuem coleções desse periódico, e podem
ser consultadas para isso.

Para alguns assuntos específicos, há outras fontes melhores.
A revista *Technology and Culture* publica também anualmente
uma bibliografia sobre história da tecnologia, que complementa
a bibliografia anual da *Isis* para esses temas. Existe também uma
publicação anual específica sobre história da medicina, *Bibliography of the History of Medicine*. Bibliografias como essas, e
bases de dados do mesmo tipo, são considerados como "fontes
terciárias" de pesquisa.

A tendência atual é que todas essas obras de referência bibliográfica sejam tornadas acessíveis pela Internet. Os sócios da
History of Science Society já dispõem da possibilidade de utilizar gratuitamente uma base informatizada com os dados dos

---

[10] Esses comentários foram escritos em 2004. A qualidade dos verbetes da
Wikipedia em português tem melhorado, com o tempo.

últimos anos das bibliografias da *Isis*, da *Technology and Culture* e da *Bibliography of the History of Medicine*.[11]

Existem, atualmente, instrumentos bibliográficos de acesso gratuito na Internet, que são úteis. Um deles é o Google Scholar. Ao contrário da máquina de busca Google, que procura todo tipo de material existente na Internet a partir das palavras-chave que você fornecer, o Google Scholar procura apenas artigos, livros e teses sobre as mesmas palavras-chave. Suponhamos que você está querendo estudar a obra de Lamarck. Você pode fazer uma busca no Google Scholar usando essa palavra-chave. Porém, nem tudo o que vai aparecer é relevante para uma pesquisa histórica. Se, além do nome de Lamarck, você acrescentar na busca o título de um dos seus livros, como "Philosophie Zoologique", a chance de obter resultados mais relevantes aumenta. Você pode também localizar pelo Google Scholar algum artigo que você *sabe* que é importante para sua pesquisa, e verificar através desse sistema quais os *outros trabalhos* que citam esse artigo, ou que são semelhantes a ele (que têm uma bibliografia semelhante). Enfim, há vários mecanismos úteis de busca, como esse.

O Google Scholar fornece *referências bibliográficas* e, apenas em alguns casos, fornece links pelos quais é possível obter arquivos contendo o próprio material.

Para procurar *livros antigos* relevantes para sua pesquisa, podem ser utilizadas várias bibliotecas digitais, como o *Internet Archive* e o *Google Books*.[12] Estas e outras bibliotecas digitais geralmente não disponibilizam obras que ainda têm direitos autorais válidos, mas costumam colocar à disposição do público, para *download*, materiais mais antigos (por exemplo, publicados

---

[11] Nota adicionada em 2022: a *History of Science Society* está disponibilizando agora a todo o público interessado uma parte de sua base de dados, no endereço: https://data.isiscb.org

[12] Em 2007, divulguei informações a respeito desses recursos: MARTINS, Roberto de Andrade. Bibliotecas virtuais. algumas informações sobre Internet Archive e Google Books. *Boletim de História e Filosofia da Biologia*, **1** (2): 10-17, Dez. 2007, que está disponível nesta URL: https://www.abfhib.org/Boletim/Boletim-HFB-01-n2-Dez-2007.pdf

no início do século XX ou antes disso). Assim, para um historiador da ciência, essas bibliotecas são uma excelente fonte de material bibliográfico.

14.3 Anotar referências bibliográficas daquilo que você estuda

Um estudante "normal", de graduação ou pós-graduação, quando assiste uma aula ou estuda os textos de uma disciplina, costuma estar mais preocupado com o *conteúdo* do que com a *fonte de informação*. Se a pessoa levar essa mesma atitude para o trabalho de pesquisa, ela terá problemas. Porque em um trabalho de pesquisa, *saber de onde saem as informações* é essencial. Assim, sempre que você for ler algum texto e fazer anotações, não deixe de registrar qual é a referência bibliográfica que você está utilizando – livro, artigo, etc.

De vez em quando, um estudante descobre que possui uma fotocópia de uma parte de um livro, ou de um artigo, *e que não sabe de onde saiu aquilo*. Ou então, não possui as informações bibliográficas completas, e não pode fazer a referência correta do livro ou artigo. É preciso, desde o início, adquirir a *capacidade* e o *hábito* de anotar as referências bibliográficas completas.

Sim, eu sei que em muitas universidades os estudantes passam por uma disciplina de "Metodologia científica" que ensina isso. Mas sei também que os estudantes detestam colocar em prática essas medidas de registro bibliográfico; portanto, nunca é demais repetir essas coisas.

Suponhamos que você vai até uma biblioteca, encontra um livro que tem uma parte que lhe interessa, e faz uma fotocópia de um capítulo. Anote, na fotocópia, a referência bibliográfica do livro. Ou então, se você estiver consultando o livro e fazendo anotações, também registre a referência bibliográfica completa do livro. Não deixe isso para depois. Os dados fundamentais a serem anotados, sobre um livro, são:

- Nome do autor ou autores (nome completo, preferivelmente)

- Título completo do livro (e sub-título, se houver)
- Nome do tradutor (se for uma obra traduzida)
- Número da edição (se não for a primeira edição, ou a única edição)
- Cidade de publicação
- Editora
- Ano de publicação

É muito comum que, nas referências bibliográficas, as pessoas apenas coloquem o sobrenome e as iniciais do autor (por exemplo: Moraes, A. T.). Eu recomendo nomes completos, por vários motivos. Primeiramente, para evitar confundir autores que possuem o mesmo sobrenome. Em segundo lugar, porque as pessoas realmente têm nome e sobrenome, e merecem uma indicação completa de autoria. Em terceiro lugar, porque quando se anotam apenas as iniciais, fica impossível saber o *gênero* do autor (ou da autora) e, ao escrever depois sobre a pessoa que escreveu o texto estudado, você não saberá se deve se referir a "ela" ou a "ele".

Se você anotar os dados indicados acima, poderá fazer uma referência bibliográfica correta da obra. O modo exato de apresentar a referência dependerá das *normas adotadas*; mas qualquer que seja a norma utilizada no seu curso de pós-graduação (ou por alguma revista ou congresso onde você vá publicar um trabalho), você *precisa* ter essas informações. Se você não tiver todos esses dados, *vai ter problemas*.

Da mesma forma, se você utilizou um artigo de uma revista, precisa anotar os dados fundamentais do artigo, que são:

- Nome do autor ou autores (nome completo, preferivelmente)
- Título completo do artigo
- Título completo da revista ou periódico onde está o artigo
- Volume (e fascículo) onde está o artigo
- Páginas inicial e final do artigo
- Ano (e mês) de publicação

Os pesquisadores que não se dedicam à história das ciências geralmente anotam apenas uma parte dessas informações. Eles quase nunca registram a página final de um artigo; anotam de forma abreviada o título do periódico; e, muitas vezes, nem mesmo copiam os títulos dos artigos. Porém, para uma pesquisa em história das ciências, *é necessário* ter todos esses dados. Eles são *exigidos* em uma publicação nesta área.

Se você obteve uma fotocópia do artigo (ou um arquivo em PDF do mesmo), ela provavelmente contém o nome do autor e o título do artigo; ela pode ter (ou não) o nome do periódico, o volume, o ano e as páginas. É *essencial* anotar o número do fascículo em alguns casos (quando a numeração das páginas recomeça em cada fascículo, em vez de continuar). É *útil* anotar o mês (e até o dia) de publicação, em certos casos, especialmente quando se trata de literatura primária (as obras originais, antigas, com as quais você vai trabalhar). E é melhor fazer isso imediatamente ao estudar ou obter uma cópia do trabalho, para não ficar depois desesperado sem dispor dessas informações.

Se você consultou um livro ou um periódico em uma biblioteca, anote também qual a biblioteca em que esse material está disponível, porque você pode precisar voltar lá (por exemplo, se descobrir que está faltando uma página na fotocópia que você conseguiu).

Se você obteve na Internet um PDF de um livro ou artigo, também é útil registrar o endereço do site onde esse material foi obtido.

14.4 Construir bibliografias

Bibliografias não são apenas coisas chatas que o estudante tem a obrigação de colocar no final da dissertação ou tese. São *instrumentos de trabalho*, sem os quais um pesquisador não consegue trabalhar direito. São úteis *em todas as etapas da pesquisa*.

A pessoa que realiza uma pesquisa em história da ciência trabalha o tempo todo com *documentos*, sejam eles primários (as obras do período estudado) ou secundárias (artigos escritos por historiadores da ciência a respeito do assunto estudado, por exemplo). Você precisa manter uma listagem de todo o material que você já obteve e leu, e de outras obras que ainda não leu mas que podem ser importantes para a sua pesquisa.

É importante saber anotar as referências bibliográficas de modo adequado (seguindo as normas da Associação Brasileira de Normas Técnicas – ABNT, ou qualquer outro sistema acadêmico coerente). Você vai precisar aprender a fazer isso. Porém, *o mais importante* é que você tenha anotado *todas as informações relevantes*, conforme as indicadas na seção anterior. O conteúdo (os dados bibliográficos) é mais importante do que a forma (a norma bibliográfica). Por exemplo: uma referência completa sobre um livro pode estar sob esta forma:

- SCHÜTZ, Edgar. **Reengenharia mental: reeducação de hábitos e programação de metas**. Florianópolis: Insular, 1997.

    Porém, você pode ter anotado:

- Edgar Schütz, *Reengenharia mental: reeducação de hábitos e programação de metas*, Insular, Florianópolis,1997.

As *informações* contidas nos dois casos *são exatamente as mesmas*. Apenas a pontuação, a ordem de colocação dos dados e detalhes de formatação (itálico ou negrito; maiúscula ou minúscula) são diferentes. Se você possui a referência *em qualquer um desses dois modelos*, pode facilmente passar para o outro modo. Mas se você não tiver todos os dados, vai ter problemas.

O mais prático é você começar a utilizar, desde o início, as normas seguidas no seu programa de pós-graduação, ou então adotar as normas seguidas por seu orientador. Eu próprio sempre anoto minhas referências bibliográficas da seguinte forma:

14.4.1   Livros

SOBRENOME, [vírgula] Nomes [ponto]. *Título do livro em itálico*. [ponto] Tradutor. [ponto] Edição. [ponto] Cidade: [dois pontos] Editora, [vírgula] Ano. [ponto]

Exemplos:

ACOT, Pascal. *História da ecologia*. Trad. Carlota Gomes. 2. ed. Rio de Janeiro: Campus, 1990.

CLAGETT, Marshall. *Greek science in antiquity*. London: Abelard-Schuman, 1957.

14.4.2 Artigos

SOBRENOME, [vírgula] Nomes [ponto]. Título do artigo sem aspas e sem itálico. [ponto] *Título da revista, completo, em itálico*, [vírgula] **volume em negrito, com algarismos arábicos**: [dois pontos] página inicial-página final, [vírgula] Ano. [ponto]

Em alguns casos, é necessário adicionar *depois do volume* o número do fascículo (entre parênteses) e, *antes do ano*, o mês de publicação.

Exemplos:

JAUNCEY, George Eric Macdonnell. The early years of radioactivity. *American Journal of Physics*, **14**: 226-241, 1946.

LANGMUIR, Irving. Pathological science. *Physics Today* **42** (10): 36-48, Oct. 1989.

14.4.3 Capítulos de livros, verbetes de enciclopédias, trabalhos em anais de congressos e coisas semelhantes

SOBRENOME, [vírgula] Nomes [ponto]. Título do capítulo ou parte, sem aspas e sem itálico. [ponto] Indicação do volume (se for o caso) e páginas inicial e final do trabalho, *in*: [em itálico, com dois pontos], Nome do editor da obra ou volume, seguido por (ed.). [ponto] *Título do livro em itálico*. [ponto] Cidade: [dois pontos] Editora, [vírgula] Ano. [ponto].

Exemplos:

YOUNG, Robert M. Marxism and the history of science. Pp. 77-86, *in*: OLBY, Robert C.; CANTOR, Geoffrey N.; CHRISTIE, John R. R.; HODGE, M. Jonathon S. (eds.). *Companion to the history of modern science*. London: Routledge, 1990.

FERNANDES, Abílio. História da botânica em Portugal até finais do século XIX. Vol. 2, pp. 851-916, *in*: *História e desenvolvimento da ciência em Portugal*. Lisboa: Academia das Ciências, 1986. 2 vols.

PHILLIPS, Melba. Electromagnetic radiation. Macropaedia, vol. 6, pp. 644-665, *in*: *Encyclopaedia Britannica*. 15. ed. Chicago: Encyclopaedia Britannica, 1980. 36 vols.

WEILL, Adrienne. Curie, Marie (Maria Sklodowska). Vol. 3, pp. 497-503, *in*: GILLIESPIE, Charles Coulston (ed.). *Dictionary of scientific biography*. New York: Charles Scribner's Sons, 1970. 16 vols.

Para mais informações, ou descrição de outros tipos de referências bibliográficas, você deve consultar as normas bibliográficas seguidas por seu programa de pós-graduação.

Desde o início, você precisará começar a elaborar uma lista bibliográfica sistemática, bem organizada; e a anotar onde estão as obras que você consultou ou vai precisar consultar. Crie um arquivo de computador dedicado exclusivamente à sua bibliografia. Vá colocando as informações tanto sobre aquilo que você já leu, como sobre aquilo que você já obteve mas não leu (por exemplo, os livros e fotocópias de artigos que já conseguiu), e também as referências de trabalhos que você precisa ler ou que talvez sejam relevantes mas ainda não obteve. Pessoalmente, sempre faço essas listagens bibliográficas colocando tudo em ordem alfabética, e indicando através de um asterisco (ou outro sinal semelhante) quais os trabalhos dos quais já tenho cópia, ou que não obtive mas que são importantes (indico com o sinal +), etc. Veja um exemplo abaixo.

* SARTON, George. The discovery of X-rays. *Isis* **26**: 349-69, 1937.
* SHAPERE, Dudley. The concept of observation in science and philosophy. *Philosophy of Science* **49**: 485-525, 1982.
TERROUX, F. R. The Rutherford collection of apparatus at McGill University. *Transactions of the Royal Society of Canada* **32**: 9-16, 1938.

* THOMSON, George Paget. *J. J. Thomson and the Cavendish laboratory in his day*. London: Nelson, 1964; New York: Doubleday, 1965.

THOMSON, George Paget. *J. J. Thomson, discoverer of the electron*. Garden City, NY: Doubleday, 1966.

+ THOMSON, Joseph John (org.). *A history of the Cambridge laboratory, 1871-1910*. London: Longman's, Green and Co., 1910.

* THOMSON, Joseph John. *Recollections and reflections*. London: G. Bell and Sons, 1936.

THORNE, Alice D. *The story of Madame Curie*. New York: Grosset, 1959.

* TOPPER, David. Commitment to mechanism: J. J. Thomson, the early years. *Archive for History of Exact Science* **7**: 393-410, 1971.

Nas bibliografias em que há mais de um trabalho do mesmo autor, é comum utilizar uma barra longa (————) em vez de repetir o nome. Por exemplo:

THOMSON, George Paget. *J. J. Thomson and the Cavendish laboratory in his day*. London: Nelson, 1964; New York: Doubleday, 1965.

————. *J. J. Thomson, discoverer of the electron*. Garden City, NY: Doubleday, 1966.

No entanto, inicialmente, é mais conveniente repetir sempre o nome do autor; caso contrário, você pode ter problemas ao tentar colocar as referências em ordem alfabética automaticamente, ou mesmo quando copiar uma única referência da lista para outro arquivo. Apenas na versão final de sua bibliografia é conveniente utilizar essas barras longas.

14.5 *Elaboração e uso de cronologias*

Há diversos tipos de instrumentos de trabalho úteis, durante o desenvolvimento de uma pesquisa histórica. Um deles é a

elaboração de uma cronologia, ou seja, uma listagem de acontecimentos significativos do assunto que você está estudando,
com a indicação da data em que cada um deles aconteceu. Normalmente, a cronologia não será publicada, não fará parte do seu
trabalho final; mas é um recurso extremamente útil, durante a
elaboração de uma dissertação ou qualquer outro trabalho sobre
história da ciência, pois nos permite ver com mais clareza aquilo
que veio antes e o que veio depois, o que pode ter sido causa e
o que pode ter sido consequência.

Vejamos um exemplo de cronologia relacionada com o eletromagnetismo:

- 1820 – Hans Christian Ørsted descobriu que uma corrente
  elétrica produz efeitos magnéticos
- 1820 – André-Marie Ampère publicou seu estudo sobre forças entre correntes elétricas
- 1821 – Thomas Johann Seebeck descobriu a termoeletrici-
  dade.
- 1825 – William Sturgeon desenvolveu o primeiro eletroímã.
- 1831 – Michael Faraday publicou a lei da indução eletro-
  magnética.

Este é apenas um esboço de cronologia, é claro. Dependendo
da pesquisa que você estiver fazendo, a cronologia será muito
mais extensa, cobrindo décadas; ou poderá ser curta, sob o ponto
de vista do período de tempo coberto, mas talvez precise espe-
cificar não apenas o ano, mas também o mês ou até o dia em que
cada evento histórico aconteceu.

O próprio estudo das fontes primárias deve ser orientado por
uma cronologia. É claro que, inicialmente, você não vai dispor
de tudo o que precisa ler; porém, quando já tiver uma boa quantidade de material, é conveniente organizar as fontes primárias
cronologicamente e lê-las nessa ordem, das mais antigas para as
mais recentes (obedecendo, é claro, a datação original de cada
uma delas, mesmo se estiver utilizando uma reedição ou tradução posterior). Ler os trabalhos publicados em ordem cronológica ajuda muito a perceber se um autor se baseou ou foi influenciado por um outro, se está criticando um outro, etc. Ler as

fontes primárias de um modo caótico, sem seguir uma sequência cronológica, pode levar a uma compreensão errônea das relações históricas entre os autores e os trabalhos.

Embora não seja tão crucial quanto no caso das fontes primárias, é também útil estudar as fontes secundárias em sua ordem cronológica. Quando não se faz isso, pode-se ficar com uma impressão totalmente equivocada a respeito de quem propôs uma certa interpretação, quem identificou pela primeira vez um documento, etc. Infelizmente, historiadores da ciência iniciantes cometem muitos erros por não levar em conta a cronologia da literatura secundária.

É claro que a leitura das fontes primárias ou secundárias adotando sua sequência cronológica é muito difícil de ser realizada na prática pois, como já foi comentado, o pesquisador vai obtendo aos poucos o material bibliográfico que precisa estudar. Então, na prática, isso pode ser inviável. Porém, deve-se no mínimo tomar o cuidado de sempre registrar em suas anotações de estudo a data de produção de cada material primário (ou secundário) estudado. Pode ser conveniente construir duas listagens bibliográficas em ordem cronológica (uma para fontes primárias, outra para as secundárias), para ter ainda mais clareza sobre a sequência dos trabalhos. E pode ser muito útil, ao redigir a primeira versão de sua dissertação (ou algum outro trabalho) prestar atenção a essas cronologias, de modo a corrigir equívocos que tenha cometido.

15 ORGANIZANDO O SEU TEMPO

Muitos estudantes vão adiando o trabalho de elaboração da tese, até que percebem que faltam poucos meses de prazo e precisam fazer ainda quase tudo. Infelizmente, *não é possível fazer uma boa dissertação em poucos meses.*

Para escrever uma boa dissertação de mestrado, de tamanho razoável (entre 100 e 200 páginas), você precisará gastar aproximadamente 1.000 horas de trabalho intelectual[13]. Pode parecer que 5 a 10 horas por páginas é um exagero, mas pense sobre tudo o que está envolvido na redação da dissertação. Você precisa procurar e localizar material bibliográfico, precisa ler o material (mais de uma vez), precisa fazer anotações, precisa esclarecer dúvidas procurando mais material bibliográfico, precisa fazer comparações entre o que vários autores dizem sobre o assunto, precisa redigir rascunhos e versões preliminares, precisa discutir o que você leu e escreveu, precisa rever tudo o que escreveu e anotou, redigir uma versão da dissertação e depois revê-la, completá-la, corrigi-la. Espero que, agora, você entenda que 5 a 10 horas por página não é um exagero. Na verdade, esse é o tempo esperado *se você tem uma boa capacidade de trabalho e adquiriu as técnicas de pesquisa necessárias*, durante sua formação de pós-graduação. Se você não tem o *know how* necessário (ou seja, se não aprendeu as técnicas de pesquisa importantes) e se tem dificuldades pessoais acima da média, poderá precisar de umas 2.000 horas de trabalho para desenvolver sua dissertação.

Bem, você pode pensar que, afinal de contas, 1.000 horas não é tanto assim. Se cada dia tem 24 horas, 1.000 horas são menos de 42 dias. Trabalhando 16 horas por dia, todos os dias (incluindo finais de semana e feriados), sem sair de casa, sem fazer mais nada, deve ser possível escrever a dissertação em dois meses de trabalho.

Se você acredita em Papai Noel e em coelho da Páscoa, vá em frente, e deixe o trabalho de escrever sua dissertação para os dois últimos meses de prazo.

Pense em um outro exemplo, para comparação. Uma pessoa "normal", com razoável aptidão para música, pode aprender a tocar piano bem em dez anos, treinando 5 horas por semana. Isso significa que a mesma pessoa pode aprender a tocar piano bem em um ano, treinando 50 horas por semana? Ou seja: você nunca

---

[13] No caso de um trabalho de doutoramento, esses números podem ser multiplicados por 2 ou 3.

tocou piano, mas já pode marcar seu primeiro recital para daqui a um ano? Não, isso não dá certo. As coisas demoram um certo tempo para amadurecerem e se fixarem.

Eu poderia dizer que *eu próprio* poderia escrever a dissertação de mestrado de um de meus alunos em dois meses de trabalho *intenso*, desde que todo o material bibliográfico já estivesse disponível. Acontece, porém, que possuo algumas décadas de experiência em pesquisa em história da ciência. Se você acha que tem a mesma experiência e capacidade de leitura, análise e redação que eu próprio possuo, você também pode escrever sua dissertação em dois meses. Sem essa experiência e preparo prévio, é preciso multiplicar esse tempo por *n* vezes.

Vamos fazer umas contas. Uma pessoa "normal" trabalha 40 horas por semana. É possível desenvolver um trabalho intelectual intenso de mais de 40 horas por semana, mas podemos considerar que esse é um limite razoável, para o rendimento de uma pessoa. Se você dividir 1.000 horas por 40 horas/semana, vai obter 25 semanas, ou seja, *um semestre de trabalho em período integral*. Ou um ano, trabalhando 20 horas por semana. Ou dois anos, trabalhando 10 horas por semana.

Na prática, a experiência mostra que não dá certo nem tentar fazer uma dissertação trabalhando 10 horas por semana durante dois anos, nem 20 horas durante um ano, nem 40 horas durante um semestre. A coisa é mais complicada.

Se você está desenvolvendo *pela primeira vez* uma pesquisa em história da ciência, você estará ao mesmo tempo fazendo seu trabalho e *adquirindo o know how necessário*. Essas duas coisas ocorrem gradualmente, e você precisa ir absorvendo as coisas gradualmente. As primeiras leituras não rendem, você não entende o que lê, nem sabe direito o que deve fazer com o que está lendo. Você perde muito tempo, além de se cansar muito mais do que deveria, porque *é uma coisa nova*. As primeiras etapas do desenvolvimento de sua dissertação vão ser *lentas, muito lentas*. Provavelmente você não terá rendimento se dedicar mais do que 10 horas por semana à pesquisa, no início. Isso se aplica às três primeiras fases do desenvolvimento da dissertação: contato preliminar com o tema (primeiras leituras), delimitação do tema e de problemas, estudo e acúmulo de informações. Isso pode durar mais do que um semestre.

Depois, a coisa começa a caminhar melhor, *e só então vale a pena dedicar mais tempo à pesquisa*. Isso ocorre quando você percebe que já dispõe de uma visão geral, já dispõe do material bibliográfico necessário (pelo menos o essencial), já leu tudo e pode começar a redigir uma primeira versão da dissertação. Nessa fase, é conveniente acelerar, e trabalhar umas 20 horas por semana. Isso pode demorar mais ou menos um semestre.

Depois que você completou o primeiro "rascunhão", com todos os capítulos da dissertação, é hora de acelerar. Se você ainda tem 6 meses para completar a dissertação, dá para terminar sem se matar. Se você tem 4 meses, terá que trabalhar *muito*. Se você só tem 2 meses, provavelmente não vai dar para completar um bom trabalho.

De qualquer forma, os últimos meses constituem uma arrancada final, em que é preciso estar programado para deixar todas as outras atividades e interesses de lado, isolar-se do mundo e trabalhar intensamente. Você vê a luz no fim do túnel, mas em compensação está em "estado terminal", e toda sua energia deve ser concentrada no objetivo de completar, rever e terminar sua dissertação. Esteja preparado para ficar uns 3 meses sem nenhuma distração, sem atividades sociais, sem fazer nada a não ser trabalhar na sua dissertação. Mas isso, repito, é apenas o final de um longo processo. Você não vai *fazer a sua dissertação* em três meses. Você vai apenas *completá-la*, depois de já ter feito 2/3 do trabalho – ou seja, depois de muito esforço e trabalho.

Agora, suponhamos que você não fez nada disso. Faltam 2 meses para o prazo final de entrega da sua dissertação, e você nem mesmo chegou ao final do primeiro "rascunhão". O que você pode fazer? Eu diria que você pode se sentar e chorar. Sinto muito, mas você se deu mal, apesar de todos os avisos. Você merece ficar sem o seu título de pós-graduação. Meus pêsames.

16 VÍCIOS DE PERSONALIDADE

Na história da ciência, como em qualquer outra área, encontramos estudantes que apresentam dificuldades especiais para realizar sua pesquisa e elaborar uma boa dissertação de mestrado por causa de *vícios de personalidade*. Não se trata de problemas de falta de inteligência, ou de falta de conhecimento de idiomas, ou não ter aprendido alguma técnica, mas coisas muito mais gerais, que podem impedir o desenvolvimento de um bom trabalho.

Em uma época mais antiga, poderíamos chamar esses vícios de "pecados", dar-lhes uma conotação moral / religiosa e tentar associá-los aos "sete pecados capitais" da tradição cristã.[14] Alguns dos vícios descritos abaixo estão associados, sem dúvidas, a questões éticas. Mas parece que o centro de todos eles é a existência de desvios de personalidade, associados a irregularidades emocionais. Trata-se de problemas que caberia a um psicólogo tratar, ou seja, não estão no âmbito de competência de um religioso ou de um filósofo. Nem podem ser resolvidos por um professor ou orientador de tese. Poderiam, talvez, ter sido atenuados na infância, por professores e familiares; mas, no caso de um adulto que está fazendo pós-graduação, influências educacionais dificilmente mudarão padrões de comportamento e personalidade.

Existem (infelizmente) estudantes de pós-graduação que estão gravemente infectados por um vício difícil de ser corrigido, e que pode ser descrito pelo termo grego υβρις, geralmente transliterado como "hubris" ou "hybris" e que significa uma vaidade ou orgulho excessivo. As principais manifestações de *hybris* são:

- Considerar-se acima das regras – "As regras são para os outros, não para pessoas especiais como eu."

---

[14] Os "sete pecados capitais" foram listados pela primeira vez pelo papa Gregório I (c. 540-604). Uma das discussões mais famosas sobre os mesmos pode ser encontrada na *Summa theologica* de Tomás de Aquino (Parte 1 – "Tratado sobre os hábitos" – da segunda divisão, questão 84).

- Não aceitar críticas – "Quem são essas pessoas, para me criticar?"
- Não aceitar sugestões – "Quem são os outros, para me orientar e me dar sugestões?"
- Não aceitar ordens – "Eu não me sujeito a ninguém."

As pessoas que manifestam esse tipo de atitude podem ser de dois tipos: ou claramente rebeldes e contestadoras, ou dissimuladas. Os tipos rebeldes mostram sua *hybris* de forma clara, explícita, reclamando, negando-se a fazer o que lhe pedem, reagindo agressivamente a qualquer tentativa de crítica, de orientação ou de normas. Os tipos dissimulados *fingem* que aceitam regras, críticas, ordens e sugestões, mas não seguem as regras, não cumprem as ordens, não seguem as orientações. As críticas entram por um ouvido e saem pelo outro, por assim dizer; fingem que concordam em fazer mudanças, mas não mudam; não levam a sério nenhum argumento contrário ao que pensam ou ao que querem fazer.

A palavra "hybris" é muito utilizada na literatura grega antiga – especialmente na mitologia e no teatro. *Hybris* significa um orgulho excessivo, autoconfiança exagerada, insolência, afronta, comparar-se aos deuses, considerar-se superior a tudo. Por exemplo: no mito das quatro idades da humanidade (idades do ouro, da prata, do bronze e do ferro), conta-se que os homens da idade da prata irritaram os deuses e foram exterminados por eles por causa de sua *hybris*: eles não cultuavam os deuses e não faziam sacrifícios, pois se consideravam iguais aos próprios deuses. Além disso, afrontavam uns aos outros. É uma atitude do tipo "eu sou o bom, o resto é lixo".

No caso da mitologia e do teatro gregos, os personagens dominados pela *hybris* são destruídos pelo seu próprio erro. Os heróis que não respeitam e desafiam os deuses são punidos com a morte, ou com alguma coisa pior do que a morte – como Prometeu, que foi acorrentado em uma montanha, tendo seu fígado bicado por um abutre todos os dias de sua vida.

No caso de uma pós-graduação, o sistema costuma eliminar os tipos rebeldes, mas os dissimulados podem se manter no sistema, sem que sua *hybris* seja notada durante algum tempo.

Em casos excepcionais, essa pessoa pode *realmente* ser muito boa, e conseguir fazer um bom trabalho de pós-graduação apesar de não seguir nenhuma norma, nenhuma sugestão, nenhuma crítica. Mas o caso mais comum é outro. É o de pessoas que estão infladas como balões de gás, mas são vazias. Não aceitando as normas, nem sugestões, nem orientações, nem críticas, desenvolvem um trabalho péssimo, e apesar disso acham que são ótimos, melhores do que os outros, e não consideram sequer a possibilidade de que não podem obter o título ao qual almejam. Certamente haverá conflitos, no final – e o estudante nunca admitirá que está errado, atribuirá todos os erros a outras pessoas – incluindo o orientador.

Outro tipo problemático que costuma ser encontrado por aí é o estudante "parasita". Este sabe que não tem grande capacidade para realizar seus estudos e pesquisas, e por isso utiliza inúmeros truques para sobreviver e para chegar aos seus objetivos. Ele copia trabalhos e listas de exercícios dos colegas, cola nas provas, bajula os professores, aproveita-se do trabalho dos colegas, consegue fazer com que outras pessoas façam a maior parte de suas obrigações, faz alguns favores, mas depois cobra uma retribuição em dobro, manipula colegas e professores através de sentimentos, chantagens, presentes e outras estratégias. Os parasitas percebem as fraquezas das outras pessoas, e aproveitam-se delas.

Durante a elaboração de uma tese ou dissertação, esse tipo de pessoa procura se aproveitar do trabalho de colegas, e também procura manipular o orientador, de tal modo que ele o ajude de forma extraordinária, por algum motivo – seja porque o estudante manipula sua vaidade, seja porque ele o bajula com presentes e coisas semelhantes, ou porque o estudante lhe presta serviços úteis (resolver problemas de informática, ou fazer serviços bancários, por exemplo), ou porque ele sente pena do estudante (que sempre alega ter inúmeros problemas de saúde, familiares, etc.).

Essas pessoas se prestam a copiar ideias, dados e textos de colegas; cometem plágio copiando trabalhos já existentes; escondem dificuldades e distorcem informações; e aproveitam-se de todas as brechas do sistema para diminuir o próprio trabalho e burlar controles de qualidade, de tal modo a chegar ao final com o mínimo de esforço.

Pessoas desse tipo podem conseguir não apenas concluir a pós-graduação, mas até mesmo tornar-se profissionais reconhecidos – até certo ponto. Eles só podem progredir se houver alguém que faça o trabalho deles. Se estiverem sozinhos, não conseguirão fazer nada.

O que pode ser feito, nesses casos? Não sei. Trata-se de problemas de personalidade, problemas emocionais, e o orientador não é a melhor pessoa para tratar desses problemas. O melhor, nesses casos, seria dispor de um auxílio psicológico externo, para lidar com tais pessoas. Portanto, eles foram elencados aqui apenas para fins de identificação, e não para indicar como podem ser resolvidos ou contornados.

17 COMENTÁRIOS FINAIS

Este documento não pretende abranger exaustivamente todos os aspectos de elaboração de uma boa dissertação de Mestrado em História da Ciência. Como foi indicado logo no início, tudo o que foi apresentado aqui tem um viés pessoal, associado ao estilo de pesquisa que eu próprio realizo.

Além disso, mesmo levando em conta que só procurei esclarecer aspectos relevantes dentro desse enfoque específico, é evidentemente impossível apresentar e explicar tudo aquilo que pode ajudar (ou atrapalhar) o desenvolvimento de uma boa pesquisa nessa área.

Apesar dessas limitações, espero que as indicações aqui contidas possam ser úteis para jovens que estão iniciando uma carreira de pesquisa em História da Ciência.

AGRADECIMENTO

O autor agradece o apoio recebido do Conselho Nacional de Desenvolvimento Científico e Tecnológico, cujo apoio contínuo, durante décadas, estimulou e facilitou o desenvolvimento deste e de outros trabalhos.

OS PRIMÓRDIOS DA ÓPTICA GEOMÉTRICA NA ANTIGUIDADE E A VISÃO NA *OPTIKA* DE EUCLIDES

Roberto de Andrade Martins

Resumo: A mais antiga obra sobre Óptica Geométrica que chegou até nós é atribuída a Euclides (aproximadamente 300 a.C.). Nesse tratado, Euclides utiliza a hipótese de raios visuais emitidos pelos olhos e analisa principalmente a aparência visual de objetos, estudando seus tamanhos aparentes (ângulos visuais) e posições. Este artigo apresenta primeiramente uma visão geral sobre a natureza da Óptica Geométrica na Antiguidade grega, sem abordar os fenômenos de reflexão e refração, estudando várias aplicações do princípio de propagação retilínea da luz ou da visão. Depois, o artigo aborda a *Optika* de Euclides, apresentando sua transmissão histórica, as várias versões existentes, as discussões sobre autoria da obra e outros aspectos historiográficos. Por fim, o artigo apresenta uma análise de todo o conteúdo da *Optika*.

Palavras-chave: Euclides; óptica geométrica; história da óptica; óptica na Antiguidade

1. INTRODUÇÃO

Chamamos de Óptica Geométrica, atualmente, o estudo dos fenômenos luminosos que podem ser tratados como se a luz fosse constituída por raios que se movem em linhas retas, exceto quando atingem um obstáculo. Considerando os raios luminosos como retas, torna-se possível analisar esses fenômenos luminosos utilizando os recursos da geometria. A Óptica Geométrica

MARTINS, Roberto de Andrade. *Ensaios sobre História e Filosofia das Ciências II*. Extrema: Quamcumque Editum, 2022.

abrange o estudo de fenômenos como a reflexão e os espelhos, a refração e as lentes, etc. Embora os livros didáticos atuais sobre Óptica não abranjam o estudo da visão direta, das sombras ou da perspectiva, estes também se baseiam no movimento retilíneo da luz e devem ser incluídos na Óptica Geométrica.

Os primórdios da Óptica Geométrica podem ser encontrados na tradição grega e helenística, embora o estudo da refração e dos fenômenos associados às lentes só tenham avançado muitos séculos depois. Aristóteles já se referia à relação entre Óptica e Geometria:

> [...] os ramos mais naturais da matemática, como óptica, harmônica e astronomia; de certo modo, são o inverso da geometria. Enquanto a geometria investiga linhas naturais, mas não enquanto naturais, a óptica investiga linhas matemáticas, mas enquanto naturais, não enquanto matemáticas. (Aristóteles, *Physica*, livro II, cap. 2, 194a7-12; Aristotle, 1995, vol. 1, p. 333)

A relação entre Óptica e Geometria é abordada também por Aristóteles em outras passagens (*Analytica posteriora*, livro I, cap. 7, 75b15-17; livro I, cap. 13, 78b35-79a16), o que transmite a impressão de que se tratava de um estudo tão desenvolvido quanto a teoria musical (harmônica) e a astronomia. Mas como era a Óptica geométrica na época de Aristóteles? Não o sabemos, pois não chegou até nós nenhuma obra dessa época sobre o assunto.

O tratado mais antigo que chegou até nós e que trata de fenômenos que podemos incluir na Óptica Geométrica é atribuído a Euclides (Εὐκλείδης ou Eukleides), o famoso geômetra que viveu em Alexandria e produziu seus trabalhos em torno de 300 a.C. Essa obra é denominada Ὀπτικά (*Optika*), que significa "sobre a visão". Seu tema principal é o estudo da perspectiva, no sentido de abordar a aparência visual. Para distinguir a abordagem utilizada por Euclides de nossa Óptica moderna, vamos nos referir sempre ao seu trabalho como *Optika*, mantendo assim um distanciamento e estranhamento em relação ao termo com o qual estamos acostumados.

Proklos Didadochos (Πроκλος Διαδοχος, 411-485 d.C.), em seu comentário a respeito dos *Elementos* de Euclides, referiu-se à relação entre Geometria e Óptica e descreveu suas principais divisões:

> A ciência da óptica faz uso de linhas como raios visuais e utiliza também os ângulos formados por essas linhas. As divisões da óptica são: (a) o estudo que é chamado propriamente de óptica e que explica as ilusões na percepção dos objetos distantes como, por exemplo, a convergência aparente de linhas paralelas ou a aparência de objetos quadrados à distância, que parecem circulares; (b) catóptrica, um assunto que trata de todos os tipos de reflexão da luz e inclui a teoria das imagens; (c) aquilo que é chamado de cenografia, que mostra como objetos a várias distâncias e alturas podem ser representados em desenhos de modo que não pareçam desproporcionais e distorcidos em suas formas. (Proklos, *apud* Cohen & Drabkin, 1958, p. 4)

O estudo de espelhos e reflexão não será abordado aqui. Vamos tratar da "cenografia" – um tipo de estudo da perspectiva – na seção 6 deste trabalho.

Como muitos outros autores da Antiguidade, Euclides adotou a ideia de "raios visuais": a visão dos objetos não seria devida à luz que sai deles e chega até nós (como aceitamos hoje em dia); a visão era explicada como sendo produzida por raios emitidos pelos olhos, que iriam até os objetos e retornariam até o observador, trazendo informações sobre esses objetos e produzindo as imagens. Admitia-se que os raios visuais se propagavam em linha reta, exceto quando surgisse algum obstáculo; por isso, os fenômenos visuais podiam ser analisados geometricamente, exatamente como fazemos hoje em dia analisando o movimento da luz.

Em um outro artigo, abordamos as teorias sobre o processo de visão na Antiguidade, assim como a revolução ocorrida na

Idade Média, associada principalmente ao pesquisador islâmico Ibn al-Haytham, que transformou a interpretação da visão e reinterpretou a Óptica como o estudo da luz (Martins, 2021). Portanto, esses aspectos não serão tratados aqui.

Neste trabalho vamos apresentar as ideias mais antigas sobre a propagação retilínea da luz e dos raios visuais, bem como suas aplicações no estudo das sombras e da aparência visual, dando especial atenção ao trabalho de Euclides acima indicado. A maior parte deste artigo é dedicada a uma explicação detalhada do conteúdo da *Optika* sem, no entanto, traduzir todo o seu texto.

2. A ALTURA DAS PIRÂMIDES

Vamos começar analisando um exemplo. Alguns autores antigos (Plínio, o Velho; Plutarco; e Diogenes Laërtius) atribuíram a Thales, de Mileto (aprox. 625-545 a.C.) a utilização de um método geométrico para determinar a altura de uma pirâmide, no Egito. Segundo uma das descrições, transmitida por Diogenes Laërtius (Διογένης Λαέρτιος, séc. III d.C.), "Hieronymus [de Rhodes] nos informa que ele mediu a altura das pirâmides pela sombra que produziam, fazendo a observação na hora em que nossa sombra tem o mesmo comprimento que nós" (Laërtius, 1925, vol. 1, p. 29). O método atribuído a Thales utiliza a luz do Sol, o estudo de sombras e a propriedade geométrica de semelhança de triângulos (Fig. 1). No momento em que a sombra de uma pessoa é igual à sua altura, a sombra da pirâmide também será igual à sua altura – não sendo necessário fazer nenhum cálculo para obter esse resultado. No entanto, como parte da sombra da pirâmide está oculta dentro dela, não seria elementar determinar a sua altura por esse método.

Note que, nesse procedimento, é necessário assumir o paralelismo dos raios do Sol que tocam o topo da pirâmide (PN) e o que tocam o topo da cabeça da pessoa (BC). Como o Sol está muito distante de nós, esta é uma boa aproximação.

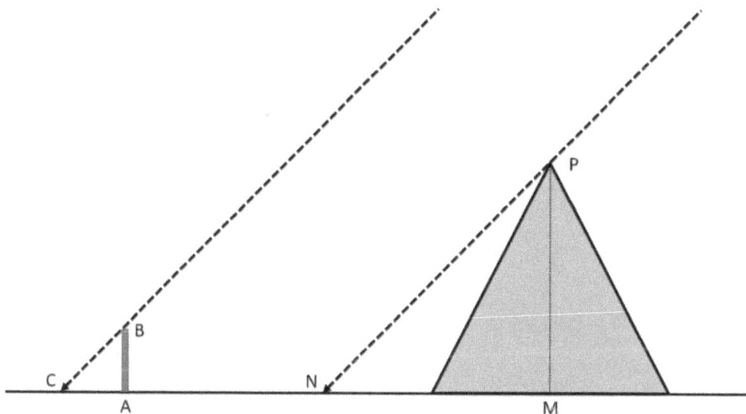

Fig. 1. No método atribuído a Thales por Diogenes Laërtius, AB representa uma pessoa e AC sua sombra. Quando esta sombra é igual à altura da pessoa, a sombra da pirâmide MN também deve ser igual à sua altura MP. É claro que haveria o problema prático de determinar a distância MN, já que o ponto M está dentro da pirâmide.

Uma descrição semelhante foi apresentada por Plínio, o Velho (Gaius Plinius Secundus, 23/24-79 d.C.): "O método de determinar a altura das pirâmides e todos os edifícios semelhantes foi descoberto por Thales, de Mileto. Ele mediu a sombra na hora do dia em que ela é igual ao comprimento do corpo que a projeta" (Plinius, *Naturalis Historia*, XXXVI.17; Pliny, 1855-1857, vol. 6, p. 337).

Segundo outro relato antigo, transmitido por Plutarco (Πλούταρχος, aprox. 46-120 d.C.) no *Banquete dos sete sábios*, Thales não teria esperado o momento em que a sombra é igual à altura da pessoa e sim utilizado qualquer outro momento e então teria empregado as propriedades de proporcionalidade entre os lados de triângulos semelhantes (Fig. 2):

No vosso caso, por exemplo, o rei vos admira muito, e em particular ele ficou imensamente contente com o vosso método de medir a pirâmide, sem a menor dificuldade e sem a necessidade de nenhum instrumento. Vós simplesmente colocastes vosso bastão verticalmente na extremidade da sombra projetada pela pirâmide e, sendo formados dois triângulos pela intersecção de um raio do Sol, vós demonstrastes que a altura da pirâmide tem a mesma razão para com a altura do bastão que uma sombra em relação à outra. (Plutarco, *Septem sapientium convivium* 2; Plutarch, 1928, vol. 2, p. 353)

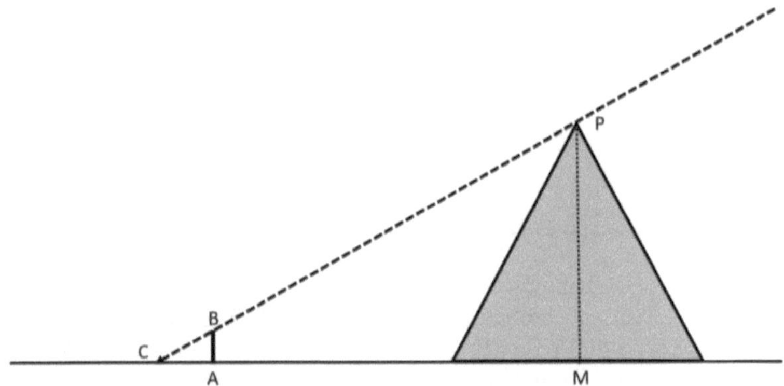

Fig. 2. No método que Plutarco atribuiu a Thales, o bastão AB é colocado verticalmente em uma posição na qual sua extremidade superior B fica na sombra da ponta da pirâmide. Nessas condições, temos PM/BA = MC/AC.

Não sabemos se Thales realmente realizou esse tipo de medição. Os vários relatos a respeito desse acontecimento (assim como de outros relatos a respeito do mesmo filósofo) são todos muito posteriores à época em que Thales viveu e podem ter sido inventados (Dicks, 1959). Porém, encontramos um método semelhante, descrito por Euclides (Fig. 3):

18. Conhecer quanto seja uma dada altura, com o Sol visível.

Seja AB a altura considerada, e queremos saber quão grande ela é. Seja D o olho, e GA um raio do Sol atingindo a extremidade da grandeza [linha AB], e prolongado até o olho. E seja DB a sombra da altura AB. E que haja uma segunda grandeza EZ encontrando o raio, mas não iluminada por ela abaixo da sua extremidade em Z. Assim, no triângulo ABD foi encaixado outro triângulo EZD. Portanto, como DE está para ZE, DB está para BA. Mas a razão de DE para EZ é conhecida. Portanto, a razão de DB para BA é conhecida. Mas

DB é conhecido; portanto, AB também é. (Euclides, 1895, pp. 27-29)[1]

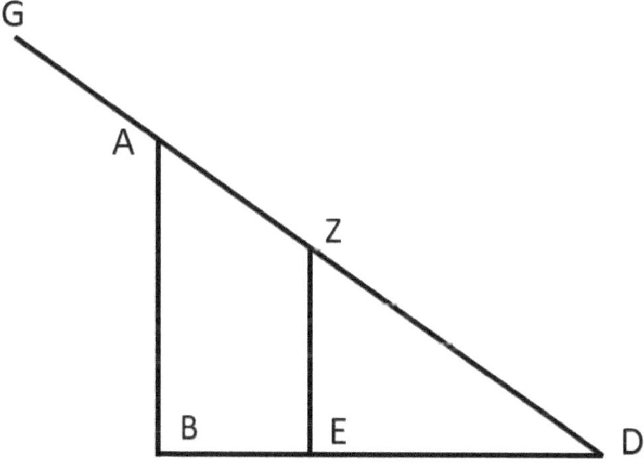

Fig. 3. No método descrito por Euclides, um raio de Sol atinge as extremidades dos objetos AB e EZ. Deseja-se saber a altura AB. Por semelhança de triângulos, AB/EZ = DB/DE. Medindo-se a altura EZ e as distâncias DB e DE, pode-se calcular AB.

A colocação do olho na posição D é totalmente irrelevante – e, evidentemente, não se deve olhar diretamente para o Sol. Trata-se de um método de sombras e de semelhança de triângulos, como aquele que foi atribuído a Thales. No caso da descrição de Euclides (e também no relato de Plutarco) é utilizado um único raio luminoso que atinge tanto o topo do objeto AB quanto o topo do objeto EZ. Assim, não é necessário assumir que os diversos raios luminosos provenientes do Sol são paralelos – e o método poderia ser adotado até mesmo utilizando uma fonte luminosa próxima. É possível que Plutarco tenha se baseado no

---

[1] As traduções dos trechos da *Óptica* de Euclides apresentadas neste artigo foram realizadas a partir da versão em latim publicada por Johan Ludvig Heiberg na sua edição das obras completas de Euclides, pois não possuo um domínio do idioma grego que permita realizar uma tradução direta desse idioma.

método de Euclides para descrever a suposta medição das pirâmides por Thales.

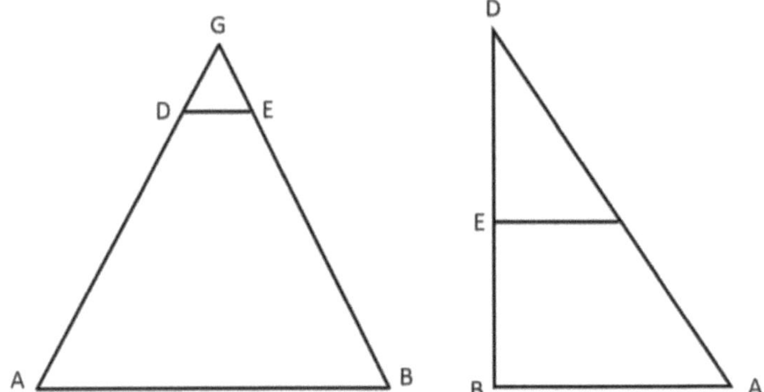

Fig. 4. Método visual descrito por Euclides para determinar o comprimento AB. Euclides indicou duas construções geométricas diferentes. Na figura da esquerda, o olho está na posição G. Na figura da direita, o olho está na posição D.

Vejamos um outro exemplo de determinação de comprimento da *Optika* de Euclides (Fig. 4):

> 21. Encontrar quão grande é um comprimento dado.
>
> Dado o comprimento AB, sendo G o olho, sejam produzidos os raios GA e GB; e perto do olho G, adicione o ponto D no raio [GA], e trace pelo ponto D a reta DE paralela à reta AB. Constituirão triângulos semelhantes.
>
> Ou assim: sobre a grandeza AB, desenhe o cateto DB até o olho, e sobre DB coloque uma perpendicular, por cuja extremidade passa a visão até a extremidade B do comprimento que se quer conhecer. Haverá então dois triângulos semelhantes, e lados proporcionais, e deve-se proceder como antes. (Euclides, 1895, p. 33)

Neste caso, Euclides não fez uso dos raios do Sol e sim de *raios visuais*, que vão do olho até as extremidades do objeto considerado. Na verdade, para análises como estas, não faz a menor diferença utilizar raios de luz (do Sol) ou raios visuais, o importante é que sejam linhas retas, para possibilitar o uso da geometria.

3. RAIOS DE LUZ E RAIOS VISUAIS

Como as pessoas sabiam, na Antiguidade, que os raios de luz eram retos? Curiosamente, as obras mais antigas que falam sobre luz ou visão não apresentam nenhum argumento. O texto mais antigo conhecido que apresenta uma argumentação sobre isso é um prólogo de uma das versões da *Optika* de Euclides:

> Para demonstrar aquilo que se refere à visão, ele acrescentou certas considerações que confirmam ainda mais que toda luz é transportada ao longo de linhas retas. Sobre isso, a mais importante evidência vem das sombras projetadas dos corpos e dos raios que atravessam as frestas das janelas. Pois essas coisas não seriam vistas como são, se os raios que procedem do Sol não fossem transportados segundo certas linhas retas. E nos fogos que estão próximos de nós, ele afirmou que os raios emitidos eram a razão pela qual, quando certos objetos são iluminados, alguns projetavam sombras iguais às dos corpos, outras maiores, outras menores do que os corpos. E eles lançam sombras iguais, quando as chamas que iluminam são iguais, e nesse caso ocorre que os raios extremos são paralelos e por isso nem convergem, tornando as sobras menores, nem se espalham, tornando-as maiores. [...] Realmente, as sombras são menores do que os corpos quando as chamas que iluminam são maiores; então os raios extremos convergem e fazem a sombra diminuir. Por outro lado, as sombras são maiores do que os corpos, quando as chamas que iluminam são menores, e então ocorre que os raios extremos se espalham e produzem uma parte mais ampla. E isso nunca aconteceria a menos que os raios lançados pelo fogo fossem levados ao longo de retas. (Euclides, 1895, p. 145)

É claro que os fenômenos associados às sombras e a observação dos raios solares passando por frestas não foram notados apenas na época de Euclides, mas não mereceram uma descrição em obras anteriores – ou essas obras foram perdidas. Há outros textos antigos que se referem ao movimento retilíneo da luz e da visão, como a obra pseudo-aristotélica sobre *Problemas Físicos* (Προβλήματα, *Problemata*), cuja data é impossível de precisar:

> Por qual motivo a visão não pode passar por objetos duros, mas a voz pode passar? Será porque o caminho da visão só pode tomar uma única direção, ou seja, uma linha reta, como é mostrado pelos raios do Sol e pelo fato de que só podemos ver o que está à nossa frente, enquanto a voz pode tomar muitas direções, pois podemos ouvir de todos os lados? Então, quando a visão é impedida de fazer seu caminho em uma linha reta, porque não existe uma passagem contínua entre o olho e o objeto, é impossível ver através da matéria intermediária. Mas o ar e a voz, como caminham para todos os lados, encontram seu caminho em todos os lugares e se tornam audíveis. (*Problemata* XI, §58, 905ª35-905ᵇ2; Aristotle, 1995, vol. 2, p. 1405)

Heron, de Alexandria (Ἥρων ὁ Ἀλεξανδρεύς, aprox. 10-80 d.C.), afirmou que a visão se dá em linha reta e apresentou alguns argumentos e comparações interessantes, sem indicar, entretanto, evidências empíricas de que seu movimento é realmente retilíneo:

> [...] Vemos que a visão segue linhas retas a partir dos olhos, o que pode ser assim considerado. Tudo aquilo que se move com velocidade contínua, move-se em linha reta, como vemos a flecha lançada pelo arco. Por causa da violência com que é impelida, ela tenta se mover em uma linha com a menor distância possível, não tendo tempo para demoras, ou seja, para percorrer uma linha com maior distância, o que não é permitido pela violência transmitida. Assim, por causa de sua velocidade, o objeto tenta se mover do modo mais curto. E a menor linha entre dois extremos é a reta.
>
> Os raios emitidos por nós se movem com uma velocidade infinita, como será mostrado. Pois, depois de fechar os olhos nós olhamos para o céu, não demoram nenhum tempo para

atingir o céu. Logo que olhamos, vemos os astros, embora a distância seja infinita, por assim dizer. E mesmo se essa distância fosse maior, aconteceria a mesma coisa, e assim é claro que os raios são emitidos com velocidade infinita. Por causa disso, eles não têm interrupção, nem desvio, nem quebra, mas se movem pelo caminho mínimo, ou seja, por uma reta. (Heron, *apud* Cohen & Drabkin, 1958, p. 264)

A dificuldade em localizar antigos argumentos sobre a propagação retilínea da luz e da visão, na Antiguidade, talvez seja devida ao caráter "evidente" dessa propriedade. O próprio vocabulário utilizado para descrever os raios solares (e também os raios visuais) já traz implícita a ideia de que esses fenômenos seguem linhas retas, como mostraremos a seguir.

A palavra grega que depois foi traduzida para o latim como *radius* e que, em português, traduzimos como "raio", é ἀκτίς (*aktís*), que aparece desde os textos gregos mais antigos, como a *Odisséia* de Homero. Essa palavra significava tanto um raio de luz (como do Sol ou da Lua), quanto os raios de uma roda, ou os raios de um círculo (Liddell & Scott, 1940, vol. 1, p. 59; Bailly, 1935, p. 70).

Em todas essas conotações está incluída a ideia de que os raios saem de um centro e se espalham para todos os lados em linha reta. Vemos esse tipo de associação, por exemplo, em um trecho da comédia *Os Pássaros* de Aristophanes (Ἀριστοφάνης, aprox. 446-386 a.C.). Nessa obra, o personagem Meton diz:

> *Meton*: Com a régua reta eu inscreverei um quadrado dentro deste círculo; em seu centro estará o local do mercado, para onde levarão todas as ruas retas, convergindo para este centro como uma estrela que, embora esférica, emite seus raios em linha reta para todos os lados. (Aristophanes, *Aves*, 1004-1009; Aristophanes, 1999, p. 29)

Exatamente o mesmo termo grego, ἀκτίς (*aktís*), era utilizado tanto para descrever raios de luz quanto os hipotéticos raios visuais que saiam dos olhos dos observadores. Podemos ver os dois usos em um único trecho da obra *Placita Philosophorum* do pseudo-Plutarco:

> Demócrito e Epicuro supõem que a visão é causada pela entrada de pequenas imagens no órgão visual, e pela entrada de certos raios [ἀκτίνων] que retornam para o olho depois de atingir o objeto.
>
> Empédocles supõe que as imagens se misturam com os raios [ἀκτῖνας] dos olhos; ele os chama de raios das imagens [ἀκτινείδωλον].
>
> Hiparco, que os raios [ἀκτῖνάς] visuais se estendem dos dois olhos até a superfície dos corpos, e proporcionam à visão a apreensão desses mesmos corpos, exatamente como a mão que toca a extremidade dos corpos dá a sensação tátil. (*Placita Philosophorum*, 4.13; Plutarch, 1871, vol. 3, p. 168).

A palavra latina *rădĭus*, que é a tradução de ἀκτίς, manteve todo esse conjunto de significados (Lewis, 1879, p. 1521). Dessa forma, o próprio uso da palavra, em grego ou em latim, implicava a ideia de propagação em linha reta, fosse essa propriedade apresentada de forma explícita ou não.

Toda a astronomia observacional antiga se baseia na ideia de que as estrelas e planetas estão nas direções em que os vemos – ou seja, que a visão ocorre segundo linhas retas. Além disso, a antiga astronomia também fazia uso da ideia de que a luz caminha em linha reta, para analisar fenômenos como os eclipses do Sol e da Lua. Aristarchos, de Samos (Ἀρίσταρχος ὁ Σάμιος, aprox. 310-230 a.C.), por exemplo, para comparar os tamanhos da Terra, da Lua e do Sol, precisou utilizar (de forma implícita) em seus argumentos geométricos a suposição de que tanto a luz (e as sombras) quanto a visão descrevem retas.[2] Os métodos antigos para determinação do tamanho da Terra, utilizando a observação de estrelas (o método de Posidonius) ou as sombras produzidas pelo Sol (método de Eratóstenes)

---

[2] Ver a tradução do tratado de Aristarchos em Heath, 1913, pp. 351-411.

precisavam igualmente admitir que a visão e a luz se propagavam em linha reta.[3]

A luz proveniente dos astros sofre um desvio, na verdade, ao penetrar na atmosfera terrestre, por causa da refração produzida pelo ar. É possível que Hypparchos já tivesse reconhecido esse fenômeno, pois descreveu um eclipse lunar no qual tanto a Lua quanto o Sol estavam visíveis ao mesmo tempo, nas direções leste e oeste, próximos ao horizonte. Cleomedes, no século I d.C., explicou esse eclipse mencionando a refração produzida pela atmosfera (ou pela umidade do ar); e Ptolomeu, no século seguinte, reconheceu a existência do fenômeno, que produzia desvios na posição aparente das estrelas. Não vamos tratar aqui, no entanto, sobre a refração atmosférica. Pode-se encontrar uma descrição da história do estudo desse fenômeno no artigo de Waldemar Lehn e Siebren van der Werf (2005).

Muito antes de Euclides, a propagação retilínea da luz e da visão já era utilizada, juntamente com raciocínios geométricos, para medidas e outras aplicações. Vamos comentar um pouco sobre dois desses usos: o indicador ou *gnomon* e o visor ou *dioptra*.

4. *GNOMON*

Uma das aplicações quantitativas mais antigas do estudo de sombras foi desenvolvida no contexto astronômico, utilizando inicialmente um instrumento extremamente simples: o *gnomon*, que era a princípio um simples bastão vertical colocado em um local plano horizontal. A palavra grega γνώμων (*gnōmōn*) significa indicador. Ela é derivada do verbo γιγνώσκω (*gignōskō*) que significa perceber, conhecer, saber. O *gnomon* é o instrumento mais simples para o estudo das sombras produzidas pelo Sol. Utilizando o *gnomon* pode-se determinar os pontos cardeais (norte, sul, leste, oeste), pode-se estudar a variação da sombra ao longo do dia (ela é mais curta ao meio-dia), pode-se

---

[3] Ver a descrição dos dois métodos, de acordo com Cleomedes, em Cohen & Drabkin, 1958, pp. 149-153.

determinar os dias dos equinócios, quando o Sol nasce e se põe em pontos opostos, qualquer que seja a posição geográfica do observador; e (aproximadamente) os dias dos solstícios, que são os dias do ano em que a sombra produzida pelo Sol ao meio-dia é máxima ou mínima. Estudando-se essas sombras é possível também determinar a longitude geográfica do ponto onde a pessoa está – principalmente pela medida das sombras ao meio-dia nos dois solstícios, ou nos dois equinócios. Os relógios solares antigos utilizavam um *gnomon* vertical – depois, foram desenvolvidos outros tipos. Em todos esses estudos utilizando-se a sombra do *gnomon*, a suposição física básica é de que os raios do Sol se propagam em linha reta.

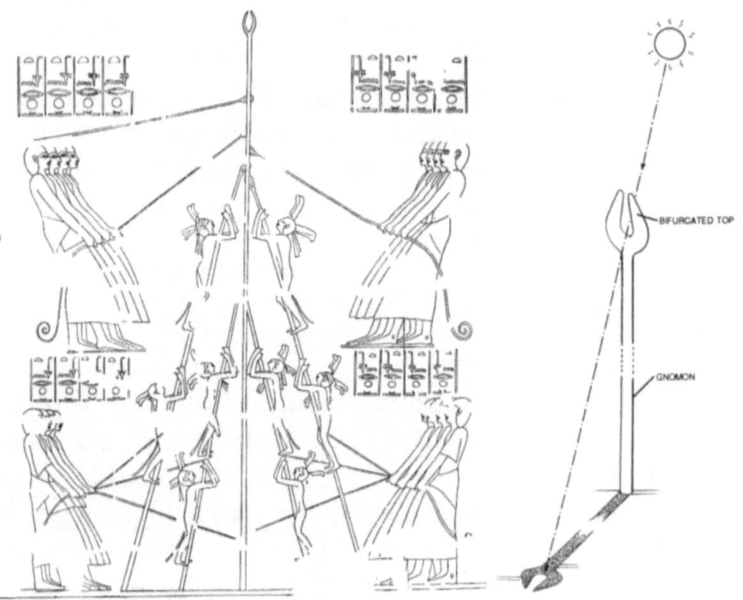

Fig. 5. À esquerda, esquema baseado em um relevo mural egípcio do século XIII a.C. que, segundo Martin Isler (1991) representaria um *gnomon* sendo erguido. À direita, a interpretação de seu uso (Isler, 1991, fig. 5, p. 159; fig. 10, p. 162). No entanto, a obra de onde Isler retirou a imagem da esquerda descreve a cena como uma competição entre várias pessoas para ver quem consegue chegar primeiro ao topo do mastro (Kuentz, 1971, p. 16).

O *gnomon* e seu uso eram conhecidos na Mesopotâmia e no Egito muitos séculos antes do início da era cristã. Esse uso é atestado desde 1.000 a.C., na Babilônia (Clarke, 1962, p. 75). Segundo Heródoto (Ἡρόδοτος ou *Hēródotos*, aprox. 484-425 a.C.), foi com eles que os gregos primeiramente estudaram o uso do *gnomon*: "Os gregos aprenderam dos babilônios o uso do *polos*, do *gnomon* e a divisão do dia em doze partes" (Heródoto, *Historiai* II.109; Herodotus, 2013, p. 139).

Fig. 6. À esquerda, obelisco de granito vermelho de Luxor, de aproximadamente 1.250 a.C. (Wilson, 1881-1884, vol. 4, p. 205); à direita, obelisco de Heliópolis não datado (por não ter hieróglifos) que atualmente se encontra no Vaticano (gravura da coleção *Speculum Romanae Magnificentiae*, séc. XVI, Metropolitan Museum of Art).

Há relatos antigos que atribuem ao filósofo Anaximandro (aprox. 610-545 a.C.) a invenção do *gnomon*: "Ele [Anaximandro] foi o primeiro inventor do *gnomon* e o usou para um relógio solar em Lacedemon, conforme afirmado por Favorinus em sua *Miscelânea Histórica*, para marcar os solstícios e os equinócios"

(Laërtius, 1925, vol. 1, p. 131). Porém, é mais provável que ele simplesmente tenha introduzido o instrumento no mundo grego (Lewis, 2001, p. 17).

No Egito, a utilização do *gnomon* é igualmente muito antiga. De acordo com Martin Isler (1991), os egípcios utilizavam uma ponta bifurcada na extremidade superior do *gnomon*, para facilitar a observação da localização exata da sua sombra (Fig. 5). Muitos dos monumentais obeliscos egípcios – alguns com mais de 20 metros de altura – podem ter sido utilizados como *gnomon*. Eles eram dedicados ao deus do Sol, Ra. Um deles, que foi transportado de Heliópolis para Roma no século I d.C. por Calígula, e que está atualmente na praça de São Pedro, no Vaticano, tinha originalmente na sua parte superior uma esfera, para facilitar a visualização da extremidade de sua sombra (Fig. 6).

Alguns tipos de *gnomon* tinham formato de L, com a parte horizontal graduada, para facilitar a medida da sombra. Por isso, o mesmo nome passou a ser atribuído à figura em L que forma a diferença entre dois quadrados (Fig. 7) e, depois, entre dois retângulos ou outras figuras com formas semelhantes.

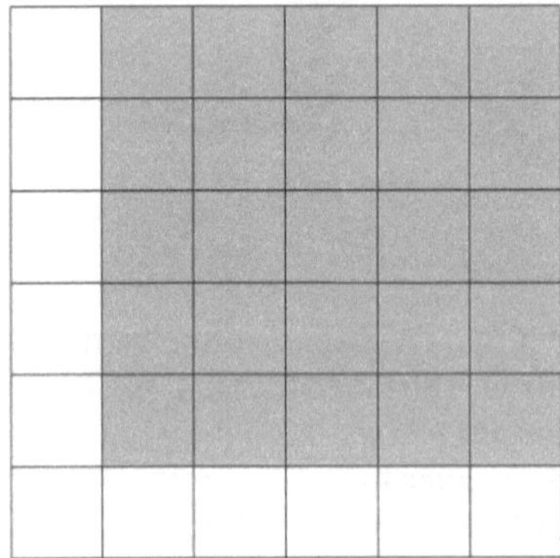

Fig. 7. A palavra *gnomon* passou a representar, na matemática grega, a figura em L que precisa ser adicionada a um quadrado para produzir outro quadrado. Por exemplo: o quadrado de lado 5 se transforma no quadrado de lado 6 pela adição de um *gnomon* com 11 unidades. Por isso, na aritmética grega, as diferenças entre quadrados sucessivos (1+3=4, 4+5=9, 9+7=16...) também receberam o nome de *gnomon*.

O *gnomon* é usado na teoria dos números associados a figuras, como a diferença entre dois números consecutivos do mesmo tipo – por exemplo, dois números triângulares, ou dois quadrados ou dois pentagonais sucessivos. A palavra indica o bastão do relógio solar ou qualquer coisa vertical que lança uma sombra. Um esquadro de carpinteiro para traçar ângulos retos também é chamado de *gnomon*; e na teoria dos números associados a figuras, essa é a forma do *gnomon* para quadrados sucessivos. (Cohen & Drabkin, 1958, p. 9)

Assumindo que a luz caminha em linha reta, os astrônomos antigos utilizaram o *gnomon* para estudar o movimento do Sol, através de sua sombra; e, posteriormente, já conhecendo o movimento do Sol, desenvolveram a sofisticada teoria dos relógios solares, com *gnomon* vertical ou horizontal, com a sombra projetada em uma superfície plana ou curva, horizontal ou vertical.[4] O autor romano Marcus Vitruvius Pollio (aprox. 80-15 a.C.), no livro IX de sua obra *De Architectura*, descreveu o método geométrico de construção das linhas percorridas pela sombra do *gnomon*, para todas as épocas do ano, em qualquer latitude terrestre (Vitruvius, 1914, pp. 270-281).

5. *DIOPTRA*

A palavra grega feminina διόπτρα (*dioptra*) significa, literalmente, qualquer coisa através da qual se olha ou vê. Podia significar uma placa de cristal, ou vidro (que já era produzido vários séculos antes da era cristã); podia indicar um tubo através do qual se olha; ou um orifício. Porém, a palavra adquiriu um significado técnico, posteriormente, na astronomia e na agrimensura da Antiguidade, passando a significar um instrumento que determina a direção em que se está olhando – uma mira, ou visor (Liddell & Scott, 1940, vol. 1, p. 434). Em sua forma mais

---

[4] Para a simples medida das horas, o uso de uma haste reta paralela ao eixo polar, com sua sombra projetada em uma superfície cilíndrica, é muito mais conveniente. Porém, nesse caso, essa haste não era denominada *gnomon* e sim *polos*.

simples, a *dioptra* podia ser um tubo ou um par alinhado de pinos, de fendas ou de orifícios, preso a uma haste. Porém, para ter utilidade técnica, a *dioptra* precisava ter sua direção estabelecida ou conhecida através de medição de ângulos.

O tipo mais antigo de *dioptra* parece ter sido um visor ou tubo, preso a uma estrutura triangular, mantido em uma posição horizontal que era estabelecida utilizando-se um fio de prumo (Fig. 8). Esse tipo mais antigo talvez tivesse um suporte ou apoio físico, ou então se segurava sua base com a mão.

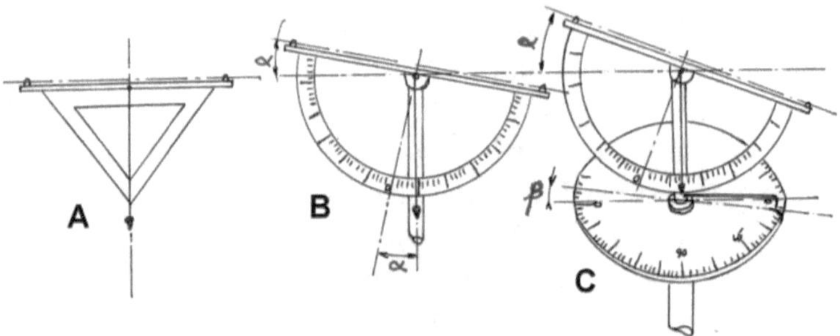

Fig. 8. Evolução hipotética da *dioptra*: (A) visor em uma base triangular, dotada de um fio de prumo que permite colocar a *dioptra* em uma posição horizontal; (B) visor que pode se mover em um plano vertical, com uma escala de ângulos que permite determinar sua inclinação α em relação à horizontal; (C) visor que pode ser inclinado no plano vertical e que pode também girar horizontalmente, com escalas graduadas que permitem determinar seus ângulos de inclinação em relação ao horizonte (α) e de rotação no plano horizontal (β). (Fonte: commons.wikimedia.org, arquivo carregado por Nerijp)

Não há fontes documentais antigas que descrevam as *dioptras* mais antigas, ou sua evolução, embora alguns autores, como Michael Lewis, tenham se esforçado para determinar sua constituição (Lewis, 2001). Ele concluiu que as *dioptras* gregas mais antigas continham um disco horizontal ou vertical não graduado, em cujo centro se fixava uma haste que podia girar, no plano do disco. Nas extremidades da haste havia visores, que podiam ser orifícios circulares ou fendas.

Os textos mais antigos simplesmente indicam que foi usada uma *dioptra*, sem dizer sua estrutura. Euclides, por exemplo, no início da sua obra sobre fenômenos astronômicos, menciona o uso desse instrumento (Fig. 9):

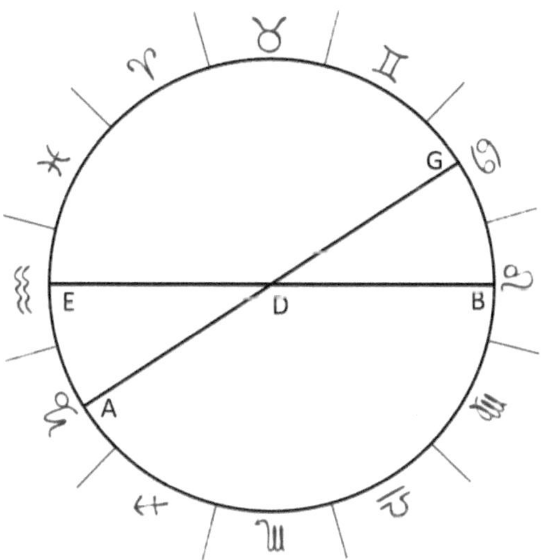

Fig. 9. Argumento de Euclides a favor da posição da Terra no centro do universo. Na figura, os símbolos das constelações foram adicionados para facilitar a compreensão, não fazem parte do desenho original (Euclid, 2006, p. 53). Pressupõe-se, nesse argumento, que todas as estrelas estão em uma esfera, representada pelo círculo da figura. Tanto a Terra quanto o observador são considerados como pontuais, em relação ao universo, e estão na posição D. A *dioptra*, não representada, está sempre na posição horizontal, primeiramente na direção AG e, depois, na direção EB em relação à esfera de estrelas.

1. A Terra está no meio do cosmos e ocupa a posição do centro em relação ao cosmos.

No cosmos, seja AG um horizonte, com a Terra no ponto D; e que G esteja no lado leste e A no oeste; e que se observe Câncer surgindo no ponto G, com uma *dioptra* colocada no ponto D. Então, com a mesma *dioptra*, Capricórnio será observado se pondo [na direção oposta] no ponto A. Como os pontos A, D, G foram observados com uma *dioptra*, há uma reta por A, D, G. Portanto, ADG é um diâmetro da esfera das [estrelas] fixas e da eclíptica, pois divide seis signos acima do horizonte. Depois de um movimento da eclíptica, seja Leão observado com a *dioptra* surgindo no ponto B; então, com a mesma *dioptra*, Aquário será observado se pondo no ponto E. Como os pontos E, D, B foram observados com uma *dioptra*, há uma reta por E, D, B, que é EDB. Portanto, EDB é um diâmetro da esfera das [estrelas] fixas e da eclíptica. Mas mostrou-se que ADG também é; portanto, o ponto D é o centro da esfera das [estrelas] fixas e está na Terra. (Euclid, 2006, pp. 52-53)

Nessa argumentação de Euclides, a *dioptra* está na horizontal e precisa ser mantida em uma posição fixa, para poder ser utilizada observando-se o céu nos dois sentidos. Ela está presa, portanto, a um suporte (não está sendo empunhada manualmente) e há um sistema de nivelamento. O instrumento é utilizado em dois momentos diferentes – por exemplo, duas horas de intervalo, em uma mesma noite. Supondo-se a Terra fixa, a esfera das estrelas girou e as constelações mudaram de posição.

A hipótese óptica central, no argumento, é de que a linha visual do observador é uma reta; ou seja, se a pessoa, utilizando a *dioptra, vê* as constelações do Câncer e do Aquário em direções opostas, é porque essas constelações *estão* em direções opostas sobre uma mesma reta.

Euclides e outros autores antigos que mencionam a *dioptra* não descrevem o instrumento. A mais antiga descrição detalhada encontrada na literatura foi apresentada por Heron, de Alexandria (Ἥρων ὁ Ἀλεξανδρεύς, aprox. 10-70 d.C.). O relato de Heron mostra que, nessa época, o aparelho já havia atingido um elevado grau de sofisticação (Fig. 10).

A possibilidade de girar e inclinar o visor da *dioptra* torna esse instrumento um precursor dos teodolitos modernos, utilizados muitos séculos depois na agrimensura e levantamentos topográficos. As duas grandes diferenças são que, nos teodolitos, o visor tem uma luneta que permite observações mais precisas; e os teodolitos são providos de medições de ângulos, enquanto a *dioptra* não tinha uma escala de ângulos.

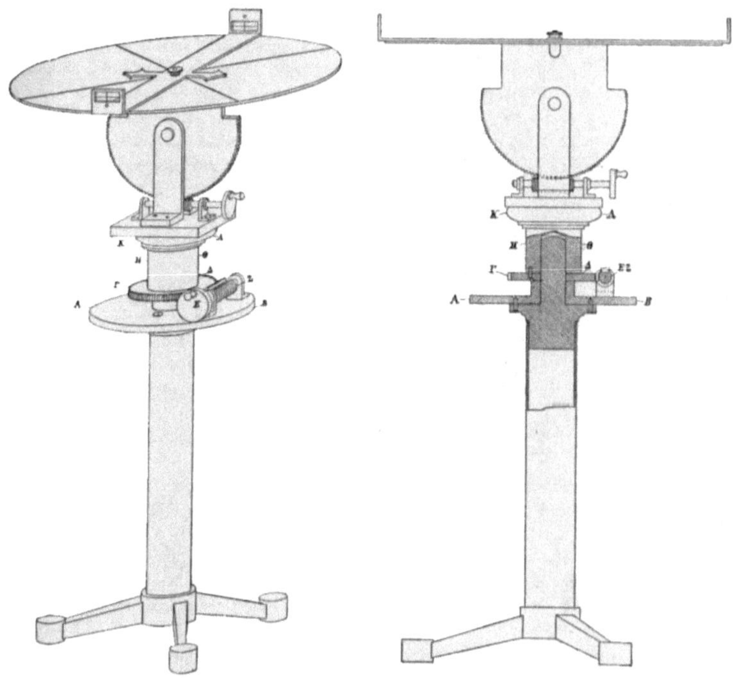

Fig. 10. *Dioptra* descrita por Heron, segundo a interpretação de Hermann Schöne (1899, p. 99). O visor propriamente dito, na parte superior do instrumento, podia ser colocado em qualquer direção, graças aos mecanismos que permitiam girar o disco superior tanto inclinando-o verticalmente, quando rodando-o em torno do eixo do aparelho, através de engrenagens movidas por parafusos. Havia também um sistema de nivelamento, que não está mostrado na figura.

No seu tratado sobre a *dioptra*, depois de descrever o instrumento, Heron apresenta inúmeras aplicações práticas, como determinar a diferença de altura entre dois pontos em um terreno acidentado, encontrar a altura de um objeto distante, descobrir a distância até um ponto inacessível, etc. Em todos esses os casos, supondo que a visão caminha em linha reta, são elaborados esquemas geométricos e realizadas algumas medidas, para calcular as incógnitas através de semelhança de triângulos ou outros raciocínios semelhantes (Figs. 11, 12).

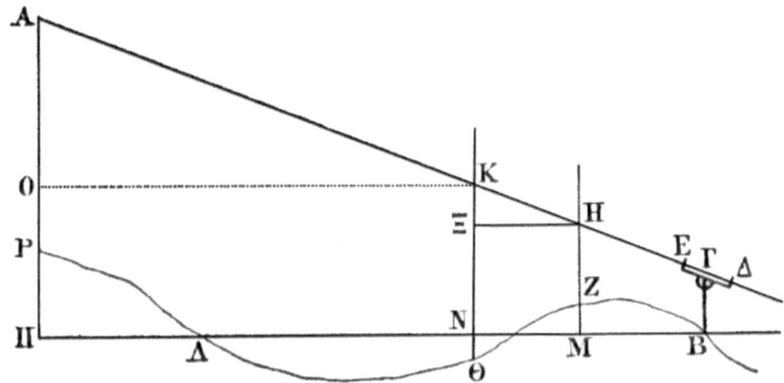

Fig. 11. Aplicação da *dioptra*, apresentada por Heron: problema 12, "Encontrar a altura vertical de um ponto visível acima do plano horizontal traçado através de nossa posição, sem se aproximar do ponto" (Heron, 1903, p. 229).

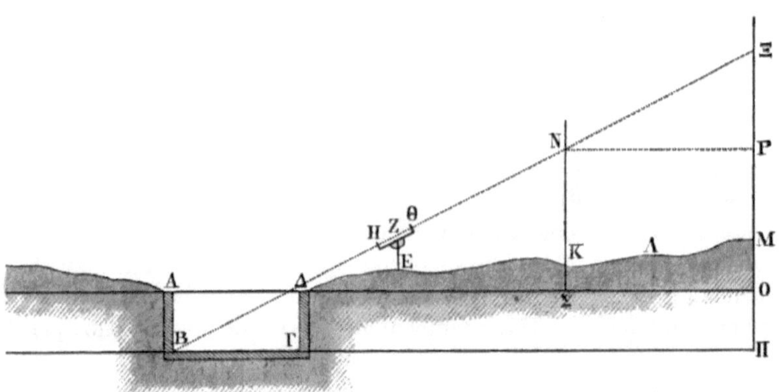

Fig. 12. Outra aplicação da *dioptra*, descrita por Heron: problema 14, "Encontrar a profundidade de uma vala, ou seja, a altura vertical de sua base até o plano horizontal que passa por nossa posição ou por qualquer outro ponto" (Heron, 1903, p. 237).

Heron descreve, inicialmente, o uso da *dioptra* para o estudo de problemas terrestres, como os representados nas Figs. 11 e 12. Somente depois ele se refere ao seu uso na astronomia e, nesse caso, indica que o disco da *dioptra* deve ser dividido em 360 graus (Heron, 1903, p. 289).

Existiram também outros instrumentos chamados *dioptra*, como o que foi desenvolvido pelo astrônomo Hipparchos, de Nicaea (Ἵππαρχος, aprox. 190-120 a.C.) para medir os tamanhos aparentes do Sol e da Lua (Fig. 13). A descrição foi conservada por Proklos Dyadochos:

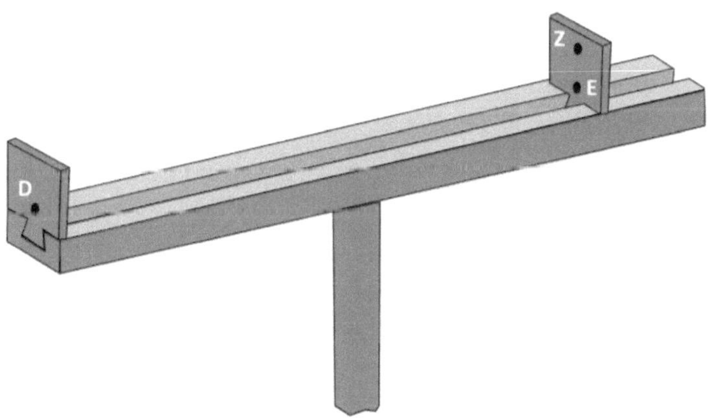

Fig. 13. A *dioptra* utilizada por Hypparchos e, depois, por Ptolomeu, para a medida do tamanho angular da Lua e do Sol. O desenho é apenas ilustrativo, não está em escala.

[...] Ptolomeu, depois de rejeitar todos esses métodos, resolveu o problema através da *dioptra* de Hypparchos. Ele produziu uma barra retangular de pelo menos quatro cúbitos de comprimento.[5] Então traçou uma linha longitudinal, no meio da barra e cortou ao longo dessa linha uma fenda em forma de cauda de pombo, na qual fixou, perpendicularmente, uma placa de tamanho adequado. Ele inseriu a base dessa placa na cavidade da fenda, de modo que podia se mover suavemente para a frente e para trás ao longo de todo o comprimento da barra, sempre permanecendo perpendicular a ela. De modo semelhante, colocou uma segunda placa na outra extremidade da barra, também perpendicular a ela. Essa segunda placa

---

[5] O antigo cúbito grego equivale a aproximadamente 44,4 cm de comprimento (Smith, 1884, p. 1025).

permanecia fixa durante o tempo todo, pois o procedimento exigia que se mirasse através dela. Então, fez um furo nessa segunda placa, a distâncias iguais dos lados da placa, em um ponto próximo à base, ou seja, perto da barra. Na primeira placa, aquele que eu disse que é móvel, ele fez duas aberturas, uma com a mesma posição que a abertura da placa fixa, a outra na parte superior da vertical que divide a placa ao meio. [...] A *dioptra* pode ser usada da seguinte maneira: Quando o Sol está nascendo ou se pondo, coloque a *dioptra* em um plano horizontal, em um local onde a visão do horizonte seja tão clara e sem obstáculos quanto possível. O observador deve ficar próximo à placa imóvel, com o Sol estando do lado da placa móvel. Esta é movida para a frente e para trás, até que seja possível ver a parte inferior do disco do Sol pelas aberturas D e E nas duas placas, e a parte superior pelas aberturas D e Z. Dessa forma, o observador obtém uma visão das duas extremidades do diâmetro aparente do Sol e pode determinar o ângulo EDZ. (Proklos, *apud* Cohen & Drabkin, 1958, pp. 141-142)

É evidente que o uso desse instrumento pressupõe que a visão se propaga em linha reta, caso contrário ele não serviria para determinar o tamanho angular do Sol e da Lua.

6. O ESTUDO DA PERSPECTIVA

A *Optika* de Euclides trata, principalmente, sobre a visão direta (sem espelhos e sem refração) dos objetos, e sobre a aparência das coisas que são vistas. Há uma grande quantidade de trabalhos que discutem se a teoria que ele apresentou é um estudo de Perspectiva, ou se fornece a base teórica para as construções da Perspectiva, no sentido moderno da palavra.

Entende-se modernamente por "Perspectiva" o processo de representar objetos, paisagens, construções etc. em uma superfície (geralmente plana), de tal modo a proporcionar a impressão de que a pessoa está vendo algo tridimensional. Dois aspectos da representação em perspectiva são a existência de "pontos de fuga" para onde convergem as linhas que são paralelas; e a representação dos objetos com tamanhos menores, quando estão mais afastados. Como a *Optika* de Euclides menciona efeitos visuais como esses, poderia ser considerada como uma obra que trata sobre Perspectiva. No entanto, vários autores negam essa interpretação.

Em primeiro lugar, é preciso deixar claro que em nenhum ponto da *Optika* Euclides indica como *desenhar ou pintar* em perspectiva. Há uma diferença entre a descrição das propriedades visuais dos objetos e a análise sobre como eles devem ser representados em um plano (ou outra superfície), como mostrado nas Figs. 14 e 15.

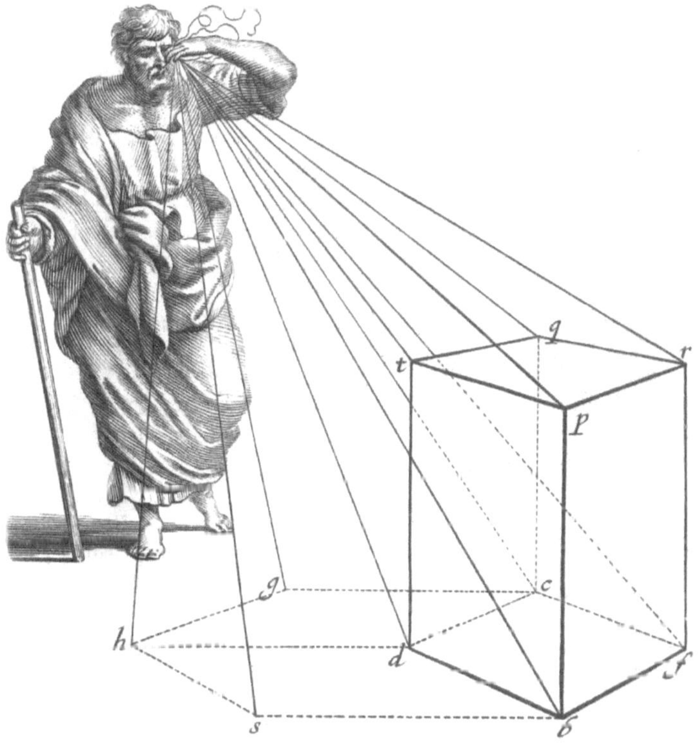

Fig. 14. Esta imagem transmite uma boa ideia sobre a abordagem de Euclides: estudar as aparências vistas por uma pessoa, levando em conta a propagação retilínea dos raios visuais e analisando as direções e ângulos dos raios. (fonte da imagem: Bosse, 1653, prancha 3)

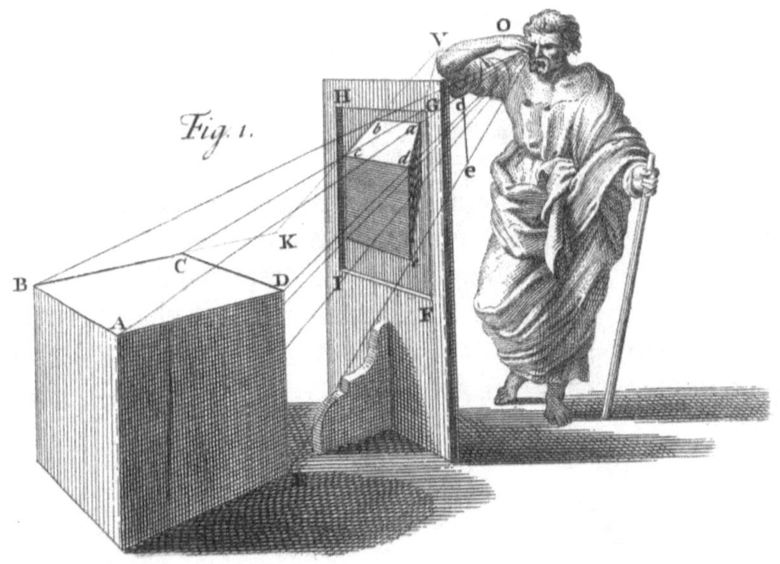

Fig. 15. Na Perspectiva, no sentido moderno, procura-se analisar como os objetos devem ser representados em uma superfície (em geral, plana), como se os raios visuais atravessassem essa superfície permitindo marcar as projeções de cada ponto do objeto. (fonte da imagem: Taylor, 1719, fig. 1, logo depois da pág. 70)

O desenvolvimento da técnica moderna da Perspectiva é atribuído a Leon Battista Alberti (1406-1472), que publicou em latim, em 1450, seu tratado *De pictura*, depois traduzido para o italiano como *Della pittura*.

Porém, o próprio Alberti admitiu que sua obra não era totalmente original: "Como devo escrever sobre pintura nestes brevíssimos comentários, para que minha fala fique mais clara, vou primeiro tomar dos Matemáticos as coisas que me parecerem adequadas para isso" (Alberti, 1568, p. 307). Que matemáticos eram esses? Alberti estava bem informado e se baseou na tradição de estudos europeus da Óptica, com Roger Bacon, John Peckham e Witelo, que por sua vez se fundamentaram no *Kitāb al-manāẓir* ou *De aspectibus* de Ibn al-Haytham e outros autores mais antigos, como al-Kindī (Raynaud, 2013). Embora nenhum desses autores anteriores tenha desenvolvido regras de

Perspectiva como as de Alberti, deve-se aceitar a existência de uma continuidade e transformação gradual, em vez de advogar uma ruptura com o passado em Alberti. Devemos inclusive assinalar que o próprio termo latino "perspectiva" significava Óptica, durante a Idade Média (Raynaud, 2001). Na verdade, para distinguir a Perspectiva no sentido original da palavra daquilo que foi desenvolvido durante o Renascimento, é conveniente utilizar para esta última o termo "perspectiva artificial".

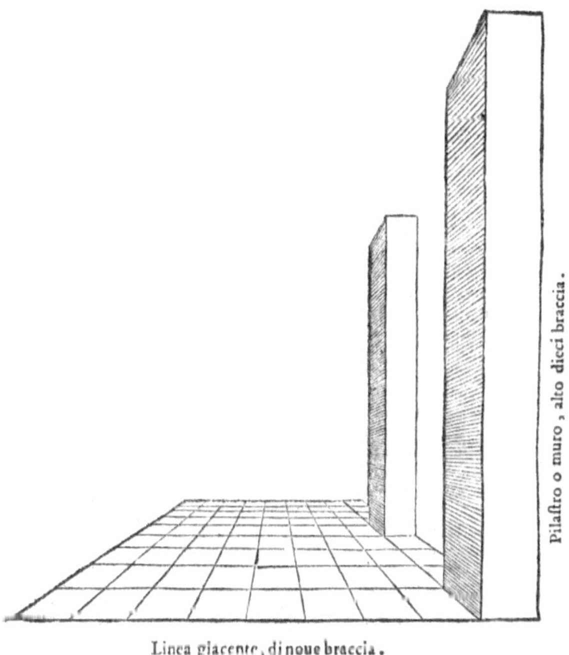

Fig. 16. Ilustração de uma tradução italiana da obra *Della pittura* (Alberti, 1568,p. 334)

Porém, no contexto do presente artigo, é importante retornar ao período mais antigo que conhecemos. Na Antiguidade grega, parece ter existido uma preocupação com a representação artística em perspectiva desde o século V a.C., para fins de construção de cenários de peças teatrais. Por isso, esse tipo de estudo era chamado "cenografia" (σκηνογρᾰφία, skēnographía).

Aristóteles se referiu à cenografia e a atribuiu a Sófocles (Σοφοκλῆς, 497/6-406/5 a.C.):

> A tragédia se desenvolveu gradualmente, à medida que as pessoas desenvolveram cada elemento que surgiu e, depois de passar por muitas mudanças, parou quando encontrou sua forma natural. Assim, foi Ésquilo que aumentou o número de atores de um para dois. Ele também reduziu o coro e deu a parte principal ao diálogo. Sófocles introduziu três atores e a cenografia. (Aristóteles, *Poetica* 4.16, 1449a15-18; Aristotle, 1927, p. 19)

Marcus Vitruvius Pollio (aprox. 80-15 a.C.), no seu tratado *De architectura*, associou o surgimento da cenografia a Ésquilo e não a Sófocles. Embora Aristóteles tenha vivido em uma época mais próxima dos acontecimentos, pode ser que Vitrivius tenha se baseado em outros relatos muito anteriores ao seu próprio tempo, pois descreve detalhes adicionais, como o nome do pintor que fez os primeiro cenários, bem como o interesse de pensadores da época em sistematizar o procedimento utilizado:

> Em primeiro lugar, Agatharcus, em Atenas, quando Aeschylus estava produzindo uma tragédia, fez um cenário, e deixou um comentário sobre ele. Informados sobre isso, Demócrito e Anaxágoras escreveram sobre o mesmo assunto, mostrando como, dado um centro em um local definido, as linhas deveriam corresponder realisticamente à visão dos olhos e à divergência dos raios visuais, de tal modo que por esta ilusão, pudesse ser apresentada uma representação fiel da aparência de construções no cenário pintado, e de modo que, embora tudo fosse desenhado em uma fachada plana vertical, algumas partes poderiam ser vistas como indo para o fundo, e outras como se destacando na frente. (Vitruvius, *De architectura* VII.11; Vitruvius, 1914, p. 198)

Contrariamente a alguns historiadores que consideram o relato de Vitruvius como anacrônico, projetando sobre um passado remoto certas inovações artísticas, Kelli Rudolph defende a fidelidade do relato e apresenta diversos comentários interessantes. A provável datação da montagem dessa peça de Ésquilo seria em torno de 450 a.C. e tal data é compatível com a influência descrita sobre Demócrito e Anaxágoras (Rudolph, 2011, p. 73). Jesper Christensen, estudando pinturas de vasos gregos, concluiu que alguns dos artistas já utilizavam recursos semelhantes aos que Vitruvius descreveu, pelo menos três séculos antes dele (Christensen, 1999, p. 165). Percy Gardner estudou as evidências existentes a respeito da estrutura e decoração dos palcos gregos e concluiu que os cenários pintados representavam construções (e não paisagens) que se prestavam ao uso da perspectiva (Gardner, 1899). Tudo isso reforça a plausibilidade do relato de Vitruvius.

Infelizmente, não há vestígios dos trabalhos atribuídos a Demócrito e Anaxágoras sobre a cenografia. Demócrito viveu aproximadamente de 460 a 370 a.C., e Euclides de 325 a 270 a.C. – ou seja, um século depois. Aceitando-se a descrição de Vitruvius, quando Euclides escreveu sua *Optika* já deveria existir uma longa tradição artística de cenografia, utilizando alguns aspectos de perspectiva.

> Euclides, no entanto, escrevendo uma geração após Demócrito, já parece ter uma noção desenvolvida de perspectiva. Na *Óptica* (definições 2 e 4) Euclides explica a conexão entre as grandezas aparentes do ângulo visual, a diminuição aparente dos objetos vistos à distância e como os dois se inter-relacionam. Ele também escreve que planos e linhas convergem para o olho (planos superiores se inclinam para baixo e aqueles inferiores para cima; linhas à esquerda inclinam-se para a direita, as da direita para a esquerda). Esses princípios parecem bastante óbvios e, como a evidência material sugere, eram bem conhecidos pelos artistas antes de seu tempo. A análise de Euclides sobre a visão pode, assim, ter utilizado noções desenvolvidas anteriormente. Ele é nossa fonte mais antiga para a teoria de um cone visual com seu ápice no olho e sua base no objeto visto, mas isso não significa que ela se origine dele. Demócrito poderia muito bem ter escrito um tratado que utilizasse algumas dessas formas nascentes de

perspectiva. Podemos então, com alguma segurança, conjecturar que o interesse de Demócrito por cones e raios estava relacionado à sua teoria perceptiva. (Rudolph, 2011, p. 74)

Embora Euclides não tenha chegado às regras da perspectiva artificial (ou perspectiva linear) do Renascimento, sua *Optika* utilizou a hipótese dos raios visuais retilíneos para justificar vários aspectos da aparência visual de objetos próximos e distantes do observador.

7. A TRANSMISSÃO DA OBRA DE EUCLIDES

A *Optika* atribuída a Euclides é conhecida em uma variedade de versões, tanto em grego quanto em latim e árabe. É claro que o original foi escrito em grego, mas não temos acesso a nenhum manuscrito de dois milênios atrás. Tudo o que chegou até o presente são versões muito posteriores, escritas mil anos depois do tempo de Euclides. Assim, as versões em grego conhecidas podem não ser mais fiéis do que as outras versões conservadas.

O próprio Euclides, na sua obra sobre os fenômenos astronômicos (*Phaenomena*), se referiu à sua obra sobre Óptica:

> Como se observa que as estrelas fixas sempre parecem nascer no mesmo lugar e se por no mesmo lugar, e as que surgem ao mesmo tempo sempre aparecem ao mesmo tempo, e as que se põem ao mesmo tempo sempre se põem ao mesmo tempo, e como as estrelas em seu deslocamento desde o nascimento até o ocaso sempre permanecem às mesmas distâncias entre si, e isso só pode acontecer com objetos que se deslocam com movimento circular, quando o olho está equidistante da circunferência em todas as direções, como é provado na Óptica, devemos assumir que as estrelas se movem circularmente e estão presas a um corpo único, e que o olho é equidistante da circunferência dos círculos. (Euclides, *Phaenomena, apud* Heath, 1932, p. 96)

A história preliminar dessa obra é conjectural. Não são conhecidas outras menções ou citações sobre o conteúdo da *Optika* anteriores ao século II d.C. Após essa época, surgem algumas poucas referências, geralmente sem indicar o nome do autor do texto mas apresentando algumas de suas ideias. Alguns dos conceitos introduzidos na *Optika* foram criticados por Ptolomeu, no século II, sem mencionar o nome de Euclides.

A mais antiga atribuição a Euclides de uma obra sobre Óptica que é conhecida aparece na segunda metade do século IV d.C. – ou seja, sete séculos depois de Euclides. Ela está presente no comentário de Theon, de Alexandria, ao *Almagesto* de Ptolomeu (Siebert, 2014, p. 96).

> Além disso, cle [Ptolomeu] diz que a Terra ocupa o meio do céu, onde ela é como um ponto, proporcionalmente ao tamanho do espaço, não porque ela não tenha grandeza nenhuma, mas comparativamente à distância quase infinita da esfera celeste, como Euclides demonstrou na sua Óptica, que os objetos que são vistos possuem uma certa distância à qual, se fossem transportados para lá, eles não seriam mais percebidos. (Theon, 1821, vol. 1, p. 15)

Como veremos adiante, essa ideia aqui atribuída a Euclides faz parte, realmente, da *Optika*. Alguns dos enunciados transmitidos pelos manuscritos gregos da *Optika* que conhecemos foram citados desde essa época, ou um pouco antes, por autores como Cleomedes (Κλεομήδης, séc. IV d.C.), Serenus, de Antinoöpolis (Σερῆνος, aprox. 300-360 d.C.) e Pappus, de Alexandria (Πάππος ὁ Ἀλεξανδρεύς, aprox. 290-350 d.C.) (Siebert, 2014, p. 96; Jones, 2000).

Acredita-se que, um pouco antes dessa época, a *Optika* havia sido incorporada em uma coleção de textos vulgarmente conhecidos como "pequena astronomia" (μικρὸς ἀςτρονομούμενος), que eram lidos como preparação para o estudo do *Almagesto* de Ptolomeu. A listagem exata das obras que faziam parte dessa coleção é discutida (Tannery, 1893, p. 35), mas provavelmente ela incluía: os *Dados*, os *Fenômenos*, a *Óptica* e a *Catóptrica* de Euclides; as *Esféricas*, o tratado *Sobre as Habitações* e o tratado *Sobre os dias e as noites* de Theodose de Tripoli; os tratados

Sobre a esfera em movimento e *Sobre o ocaso e nascimento dos astros* de Autolycos de Pitane; o tratado *Sobre as ascensões* de Hypsicles; o tratado *Sobre os tamanhos e as distâncias do Sol e da Lua* de Aristarcos de Samos; e as *Esféricas* de Menelaus (ver Eecke, *in* Pappus, 1933, vol. 1, pp. xlvi-xlvii). Com a exceção da *Óptica* e da *Catóptrica* de Euclides, todas as outras obras eram sobre astronomia.

Na sua *Coleção matemática*, Pappus fez comentários sobre passagens de algumas dessas obras. O livro VI da *Coleção* é introduzido pelo subtítulo: "Contém as soluções de questões embaraçantes apresentadas na pequena coleção astronômica" (Pappus, 1933, vol. 1, p. 369). Esse livro apresenta comentários sobre as *Esféricas*, *Sobre a esfera em movimento*, *Sobre os dias e as noites*, *Sobre os tamanhos e as distâncias do Sol e da Lua*, e os *Fenômenos*; também contém uma demonstração detalhada da Proposição 35 da *Optika* de Euclides (Le Meur, 2012, p. 166).

Por que motivo a *Optika* e a *Katoptrika* de Euclides foram incluídas em um grupo de tratados astronômicos? Talvez simplesmente porque costumavam ser encontradas em manuscritos que também continham os *Dados* e os *Fenômenos* de Euclides – dos quais o primeiro é um pequeno tratado de geometria plana, e o segundo trata sobre astronomia.

Onze dos tratados da "pequena coleção matemática" foram traduzidos para o árabe durante o século IX d.C. (Terrier, 2020). O manuscrito grego mais antigo conhecido que contém uma versão dessa coletânea é do século X: ms. Vatic. Gr. 204, da Biblioteca Vaticana. As obras que constam desse manuscrito são: (1) as *Esféricas* de Theodosius; (2) *Sobre a esfera em movimento* de Autolycos; (3) A *Óptica* e (4) os *Fenômenos* de Euclides; (5) *Sobre as habitações* e (6) *Sobre os dias e as noites*, de Theodose; (7) *Sobre os tamanhos e as distâncias do Sol e da Lua*, de Aristarco; (8) *Sobre os nascimentos e ocasos*, de Autolycos; (9) *Anaphoricos* de Hypsicles; (10) *Catóptrica* de Euclides. Após esses tratados, o manuscrito tem uma folha em branco, depois algumas obras sobre geometria: (11) comentário sobre as *Cônicas* de Apollonius de Perga, por Eutocius de Ascalon; (12) os

Dados de Euclides, com escólios; (13) um comentário sobre os *Dados* de Euclides por Marinos de Neapolis; (14) escólios anônimos sobre os *Elementos* de Euclides. Essa segunda parte do manuscrito contém composições do século VI d.C. (por Eutocius e Marinos), portanto tal coletânea não pode ter sido formada antes dessa época (Le Meur, 2012, pp. 165-166).

A *Optika* parece não ter sido objeto de estudo cuidadoso no período helenístico. Ela começou a ser estudada detalhadamente no período medieval, primeiramente pelo pensador árabe al-Kindī (Abu Yūsuf Ya'qūb ibn 'Isḥāq aṣ-Ṣabbāḥ al-Kindī, aprox. 801–873 d.C.). O título do livro de al-Kindī identifica explicitamente Euclides como autor do tratado que analisou e criticou: "Carta de Abu Yūsuf Ya'qūb ibn 'Isḥāq al-Kindī, a alguns de seus amigos, sobre a retificação do erro e das dificuldades apresentadas por Euclides no seu livro chamado *Óptica*" (Rashed, 1997, p. 10). É claro que essa indicação tardia não permite assegurar a autoria da obra. Poderia ter ocorrido uma situação semelhante à produção de obras atribuídas a Aristóteles, que circularam durante a Idade Média com seu nome, mas que são certamente espúrias.

O estudo da Óptica interessou fortemente os pensadores islâmicos, que não apenas produziram traduções para o árabe de obras como a de Euclides e de Ptolomeu, mas também começaram a se dedicar a pesquisas originais, como as de Alhazen ou Ibn al-Haytham (Abū 'Alī al-Ḥasan ibn al-Ḥasan ibn al-Haytham, aprox. 965-1040 d.C.). O interesse pela Óptica também ressurgiu no mundo europeu, através de traduções do grego para o latim e do árabe para o latim, assim como pelos estudos realizados por autores como Grosseteste, Pecham, Witelo e Roger Bacon. Durante todo esse período, a *Optika* foi estudada e circulou amplamente sob a forma de manuscritos.

8. AS EDIÇÕES MODERNAS E A POLÊMICA SOBRE A "VERSÃO GENUÍNA"

Desde o século XVI, a *Optika* atribuída a Euclides recebeu várias edições impressas e traduções (cf. Eecke, 1959, pp.

xxxvi-xlvii; Simon, 1988, pp. 58-61; ver informações bibliográficas detalhadas em Wardhaugh, Beeley & Nasifoglu, 2020). A primeira publicação foi realizada em 1505: uma tradução da *Optika* para o latim, realizada por Bartolomeo Zamberti (1473-1543), a partir de um manuscrito grego. Essa versão foi reimpressa em 1510, 1537, 1546 e 1558. Outras edições posteriores utilizaram o seu texto latino (Wardhaugh, Beeley & Nasifoglu, 2020, p. 11).

A primeira edição bilingue (grego / latim) foi publicada em Paris em 1557, por Jean Pena (1528-1558), que se baseou em um manuscrito que descreveu como "antiquíssimo" (Euclides, 1557). O seu texto em latim foi reimpresso em 1604 e utilizado em outras edições de 1570, 1571, 1599 e 1607 (Wardhaugh, Beeley & Nasifoglu, 2020, p. 202).

A partir dela, Ignazio Danti (1536-1586) publicou uma tradução para o italiano (Euclides, 1573) e Pedro Ambrosio Ondériz (falecido em 1596) fez uma tradução para o espanhol (Euclides, 1585). Houve também uma tradução do grego para o francês por Roland Fréart (1606-1676), publicada no século seguinte (Euclides, 1663). No início do século XVIII, David Gregory (1659-1708) publicou a primeira edição das obras completas de Euclides (1703), com texto em grego e tradução para o latim (Wardhaugh, Beeley & Nasifoglu, 2020, pp. 202-203). Embora tenha criticado o trabalho de Jean Pena, Gregory se baseou fortemente naquele trabalho pioneiro. A edição de Gregory, que utilizou manuscritos gregos adicionais e produziu uma nova tradução latina, foi a mais utilizada a partir de então, até a publicação do trabalho de Heiberg que será descrito a seguir.

Até o final do século XIX, apenas se conhecia o texto grego publicado por Jean Pena, com algumas variantes. Não havia sido realizada nenhuma edição crítica da obra, nem um estudo sistemático dos manuscritos existentes. Em 1879, o filólogo e historiador da matemática dinamarquês Johan Ludvig Heiberg (1854-1928) encontrou em Viena um manuscrito da *Optika*, do século XII, que não havia sido estudado. Percebeu que tinha diferenças importantes em relação ao texto anteriormente conhecido e, depois de uma análise comparativa, considerou tratar-se da versão original ou autêntica da obra de Euclides. Publicou-a inicialmente em 1882 e, depois, a partir de uma comparação com outros manuscritos, em 1895, acompanhada de uma tradução latina (Heiberg, 1895). Além do códice de Viena, empregou outras cópias encontradas na Bodleian Library de Oxford, na Biblioteca Vaticana, na de San Marco em Veneza, na Biblioteca Ambrosiana de Milão e no British Museum. Localizou também outros manuscritos, mas esses não foram utilizados na edição de 1895. Ao todo, são conhecidos 9 manuscritos dessa versão (o mais antigo deles sendo do século XII). Em contrapartida, são conhecidos 34 manuscritos da outra versão grega; o mais antigo deles é do século X (Siebert, 2014, p. 96). Seguindo um modo neutro de descrever as duas versões introduzido por Wilbur Knorr (1991, p. 194), a partir deste ponto vamos chamar de "versão A" aquela que Heiberg considerou como original ou mais antiga, e de "versão B" a que ele considerou como uma revisão posterior.

> Quando preparou a edição dessas duas versões, Heiberg já havia feito a distinção entre uma tradição manuscrita autêntica que remontava a Euclides e uma tradição muito mais ampla de revisão que datava da Antiguidade tardia. A relação entre o texto que chamou "genuíno" (Heiberg A) e a versão que Heiberg atribui a Theon de Alexandria (segunda metade do século IV) só foi questionada seriamente pela primeira vez na década de 1990, quando Wilbur Knorr e Alexander Jones levantaram dúvidas sobre ela e finalmente inverteram a cronologia. Mais recentemente, Fabio Acerbi confirmou suas conclusões proporcionando argumentos linguísticos para identificar Heiberg A como uma revisão mais recente da *Óptica* de Euclides e para distingui-la de sua edição mais antiga (Heiberg B). De acordo com Acerbi, ambas versões podem muito bem ser bastante diferentes de um texto original que circulou no período helenístico, tenha ele sido escrito por Euclides ou não, mas ambas transportam um núcleo autêntico que data daquele período inicial da óptica geométrica. (Siebert, 2014, p. 96)

Vejamos alguns dos argumentos de Heiberg e sua crítica por autores mais recentes. Para justificar sua conclusão de que a nova versão era mais antiga e era a "autêntica" obra de Euclides, Heiberg comparou as duas versões e indicou oito pontos em que, segundo sua opinião, a *versão A* era superior à *versão B*. Essa conclusão foi aceita por praticamente todos os autores posteriores, sendo questionada apenas na década de 1990.

> Após uma análise mais detalhada, tornou-se claro para mim que a organização da tradição da Óptica por Heiberg não pode ser correta. A versão **B**, contrariamente à alegação de Heiberg, geralmente transmite leituras que devem ser consideradas como superiores aos paralelos em **A**. Além disso, **B** contém fatores consistentes de autenticação de terminologia e notação que são diferentes do uso de comentadores tardios, incluindo Theon, mas que se esperaria em uma forma antiga do texto. Assim, longe de ser uma versão de Theon, como Heiberg propôs, **B** surge como a versão que mais provavelmente preserva a forma antiga do texto. Em contraste, a versão **A**, que Heiberg classificou como o texto "genuíno" de Euclides, tem todo ele as marcas de elaboração e padronização que são comumente encontradas em adaptações tardias, incluindo as de Theon. Então, o texto **B** deveria ser nossa primeira testemunha, e **A** a adaptação por Theon ou um editor comparável. (Knorr, 1991, pp. 194-195)

> A primeira conclusão de Heiberg foi que a versão **A**, embora não estivesse livre de erros e interpolações, é essencialmente a transmissão fiel do livro de Euclides, e que **B** é uma revisão de **A**. O argumento se baseia na alegação de que as provas em **A** são, em geral, mais completas e claras; e Heiberg cita oito passagens específicas onde **A** tem uma frase que está faltando ou é apresentada de modo menos preciso em **B**, e que Heiberg considera importante para o significado. Heiberg assume que esses exemplos provam que **B** é uma paráfrase descuidada de **A**; mas em todos os casos ou na maioria, poder-se-ia defender com pelo menos igual plausibilidade que o texto mais completo em **A** é uma tentativa de um editor para esclarecer ambiguidades percebidas em **B**. [...] Porém, os

mesmos argumentos, bons ou maus, que impugnam a autenticidade da versão **B**, podem ser utilizados contra **A**. Ambas versões **A** e **B** compartilham numerosas características estranhas e "ilógicas" (por exemplo, a proposição **A** 57 = B 56), mas além disso veremos a seguir que há passagens de maior importância do que qualquer uma das citadas por Heiberg onde **A** apresenta um texto com menos sentido do que **B**. (Jones, 1994, pp. 49-50)

Um dos argumentos que Alexander Jones apresentou contra Heiberg foi a análise das letras encontradas nos diagramas geométricos das versões A e B. Em alguns casos, os diagramas dos manuscritos possuem pontos indicados pelas mesmas letras; porém, em geral, na *versão A* os pontos são identificados pelas primeiras letras do alfabeto grego começando com *alpha*, ou seja, de um modo muito regular; enquanto que na *versão B* isso não acontece, sendo utilizadas letras como B Γ Z K Λ e evitando as vogais (Jones, 1994, p. 51). Seria difícil justificar que, a partir de um texto original com o uso regular das primeiras letras do alfabeto, um revisor tivesse alterado o esquema e utilizado outras letras. Então, é mais provável que a *versão B* seja mais antiga do que a *versão A*, e que esta regularizou o uso das letras nos diagramas.

Depois de concluir que a *versão B* era uma revisão mais recente do texto, Heiberg a atribuiu a Theon, de Alexandria (Θέων ὁ Ἀλεξανδρεύς, aprox. 335-405 d.C.). Apresentou dois argumentos para isso, baseado no prólogo da *Optika* que só aparece na *versão B*. Esse prólogo, segundo uma anotação do copista Angelus Vergetius, do século XVI, seria de autoria de Theon (Jones, 1994, p. 50). No entanto, nenhum outro manuscrito menciona o nome de Theon; e essa menção extremamente tardia (mais de mil anos depois de Theon) não tem grande peso. Outro ponto indicado por Heiberg foi que o filósofo cristão Nemesius, de Emesa (Νεμέσιος Ἐμέσης), que viveu em torno de 400 d.C., se referiu a ideias contidas nesse prólogo, que poderia então ser datado dessa época. Trata-se de outro argumento muito fraco, pois Nemesius não associou o texto a Theon, e o prólogo que mencionou poderia ter sido escrito alguns séculos antes (Jones, 1994, p. 50). Assim sendo, a atribuição da *versão B* a Theon de Alexandria é uma mera especulação de Heiberg. Curiosamente, essa conclusão foi aceita por todos os autores posteriores, durante quase um século.

Toda a análise de Heiberg é bastante questionável, mas dela emergiu um consenso que perdurou bastante: de que o texto "genuíno" de Euclides (*versão A*) seria de excelente qualidade e que gerou depois de alguns séculos o texto espúrio de Theon (*versão B*); e que, a partir de ambos, surgiram as versões medievais posteriores. Todos os trabalhos publicados sobre a *Optika* durante o século XX, até 1990, seguiram essa visão.

Porém, atualmente sabemos que a própria ideia de que só existiram duas tradições gregas da *Optika* é pouco aceitável. Ao fazer sua edição da obra, Heiberg utilizou apenas três manuscritos gregos para a *versão B*, desprezando os demais 31 textos conhecidos. É bem possível que a análise cuidadosa desses outros revelasse versões significativamente diferentes do texto (Siebert, 2014, p. 96). Além disso, sabe-se que ele fez ajustes bastante extremos para chegar ao texto que publicou. A *versão B* que Heiberg publicou como sendo devida a Theon, tem 57 proposições; porém, um dos três manuscritos que utilizou tinha 41 proposições, e os outros dois tinham 64 (*ibid.*, p. 97).

Depois da edição de Heiberg, surgiram vários estudos sobre as versões árabes e latinas da *Optika* atribuída a Euclides. Em sua tese de doutorado, sob a supervisão de David Lindberg, Wilfred Robert Theisen estudou a tradição medieval latina da *Optika*, mostrando a existência de uma variedade de versões, provavelmente baseadas em textos gregos que não conhecemos hoje em dia (Theisen, 1972). Apesar de dispor dessa variedade de textos, Theisen não a explorou de um modo detalhado. Acabou produzindo uma versão latina da *Optika* a partir de uma escolha dos manuscritos que mais se aproximassem do conteúdo da *versão A* de Heiberg. Assim, o resultado final de seu trabalho, que poderia ser revolucionário, acabou por ser uma simples complementação das ideias de Heiberg.

O cuidadoso estudo realizado por Roshid Rashed (1997a) a respeito do comentário de al-Kindī a respeito da *Optika* de Euclides também revelou importantes diferenças entre o texto ao qual ele teve acesso no século VIII, que não era nenhuma das versões publicadas por Heiberg. A análise de Rashed conclui que, antes do século IX, existiam pelo menos quatro tradições manuscritas da *Optika* atribuída e Euclides, e não duas (Rashed, 1997b, p. 5).

> Comparando as versões não-gregas da *Óptica* de Euclides com as versões gregas (*OGA, OGB*) [versões *A* e *B*], podemos concluir que não representam traduções de nenhum dos textos estabelecidos por Heiberg. Mais precisamente, parece não existir nenhuma correspondência unívoca em ordem, estrutura ou conteúdo entre as versões de diferentes transmissões, nem entre as versões de uma transmissão, nem entre os manuscritos de uma versão. Isso é certamente verdadeiro para a transmissão grego-árabe e parece ser também o caso para as tradições grega e latina. Todas as conclusões são, é claro, de natureza provisória até que seja conduzida uma pesquisa posterior que lance luz especialmente sobre a transmissão grega, e que se espera possa incluir os manuscritos hebreus e persas da *Óptica* de Euclides que Steinshneider assinalou muito tempo atrás. (Siebert, 2014, p. 105)

Mesmo se concentrarmos nossa atenção na edição "padrão" de Heiberg, os problemas não desaparecem, pois os manuscritos gregos disponíveis possuem importantes diferenças – inclusive no que se refere ao número de proposições apresentadas. O mais antigo manuscrito grego disponível da *versão A* de Heiberg é do século XII; e do século X ou XI, para a *versão B* de Heiberg. Trata-se, portanto, de cópias de cópias de cópias, com prováveis interpolações, omissões e alterações. Assim, qualquer tentativa de utilizar e traduzir a "autêntica" *Optika* de Euclides encontra muitos problemas intransponíveis, até este momento.

Harald Siebert (2014) realizou uma profunda análise a respeito das transformações que o texto atribuído a Euclides deve ter sofrido durante a Antiguidade e na Idade Média. Ele partiu da hipótese de que a sua *Optika* foi tratada como um texto aberto, sendo não apenas copiada, mas também transmutada gradualmente, durante a Antiguidade e a Idade Média, em função de críticas e alternativas surgidas às suas ideias fundamentais. Isso explicaria a proliferação de muitas versões dessa obra. Vejamos um exemplo da análise de Harald Siebert a respeito do manuscrito *Vat. gr.* 204, utilizado por Heiberg na sua edição da *versão B*.

> No caso das proposições 10 e 11, o texto original foi cancelado no manuscrito. As passagens são substituídas por uma versão diferente, muito próxima à demonstração em *OGA* [*versão A*]. Heiberg manteve essa nova versão, escrita por uma mão posterior (*manu recentiore*) para sua edição de *OBG* [*versão B*]. Chamando a atenção para esse fato e para as escolhas editoriais de Heiberg, Fabio Acerbi sugeriu a existência de uma terceira versão do texto grego. Além disso, a variedade de transmissões gregas também é atestada por um manuscrito do século XIII (*Monac. gr.* 361a) que apresenta ainda um outro texto para as proposições 10 e 11. Assim, no caso dessas duas proposições, temos quatro versões diferentes, em grego, de sua demonstração.
>
> A decisão original de Heiberg de publicar apenas a última versão das proposições 10 e 11, omitindo completamente a leitura original de *Vat. gr.* 204 do texto de sua edição de *OGB* [*versão B*] pode não ser diferente do modo pelo qual os copistas teriam procedido quando reproduziram o texto, na Idade Média. Isso pode explicar por que versões anteriores da *Óptica* foram perdidas, ao longo da transmissão. Se o processo de atualizar e rever o texto caminha paralelamente à sua transmissão, novas versões são criadas suplantando as antigas. (Siebert, 2014, p. 97)

Wilbur Knorr, no seu artigo de 1994, concluiu que nenhuma das duas versões que chegou até nós é "original", embora a *versão B* se baseie em uma redação mais antiga. Segundo ele, a *versão A* partiu da *versão B* e introduziu diversas alterações.

[1] Em sua maior parte, a versão **B** é anterior à [versão] **A**; em passagens paralelas em que as versões diferem, tipicamente **B** contém leituras que podem ser vistas como a fonte cuja modificação editorial, algumas vezes apenas leve, algumas vezes substancial, originou **A**. (Knorr, 1994, p. 29)

Porém, esse autor acredita que as duas versões que chegaram até nós foram elaboradas depois do trabalho de Pappus, que discutiu detalhadamente dois dos teoremas da *Optika* – e, neste caso, a incorporação das contribuições de Pappus deve ter sido feita primeiro na *versão A* e só depois na *versão B*:

[2] A extensa discussão que Pappus devota a um teorema sobre a aparência de círculos vistos obliquamente na *Collectionis*, livro VI (ed. Hultsch, seções 80-97) assume a forma de um comentário sobre uma proposição da *Optica* (**A**, prop. 35 = **B**, prop. 36). Eu defendo que o tratamento de Pappus é, em sua maior parte, original, e que os materiais na *Optica* correspondentes a isso são baseadas em Pappus, e não o oposto, e que a apresentação na versão **A** da *Optica* é anterior à da versão **B**. (Knorr, 1994, p. 34)

Se as versões *A* e *B* que chegaram até nós são posteriores ao trabalho de Pappus, quem foi responsável por sua elaboração? Invertendo a interpretação de Heiberg, Knorr propôs que a *versão A* foi elaborada por Theon e que a *versão B* alterada, com as adições de Pappus, foi desenvolvido por algum de seus discípulos – talvez por sua filha Hypatia (Knorr, 1994, p. 43).

[3] Os dois aspectos da produção da versão **A** (ou seja, a revisão de **B** e a divisão dos materiais associados a Pappus) podem ser atribuídos ao mesmo editor que eu proponho ser Theon, embora de modo bastante preliminar. A reedição subsequente da versão **B**, consistindo na interpolação dos materiais de Pappus e algumas outras modificações menores, eu atribuo a um dos discípulos de Theon. (Knorr, 1994, pp. 41-42).

Essa atribuição de autoria é bastante especulativa, é claro. Mas a ideia de que o núcleo da *versão B* é anterior ao da *versão A*, e que ambas foram modificadas após o trabalho de Pappus, é bastante plausível.

A sugestão de Knorr de que Theon teria sido responsável pela elaboração da *versão A* da *Optika* tem um problema grave, que foi suscitado por Roshdi Rashed em sua análise a respeito do comentário de al-Kindī sobre a *Optika* de Euclides: al-Kindī, na sua *Retificação*, atribuiu a Theon uma opinião a respeito do cone visual que era claramente oposta à de Euclides, sendo semelhante à de Ptolomeu (Rashed, 1997, p. 29). Não parece plausível que Theon tivesse elaborado uma versão da *Optika*, já que não aceitava uma de suas ideias básicas.

9. A AUTORIA DA *OPTIKA*

Além da discussão sobre a autoria das diversas versões modificadas que chegaram até nós, outra questão importante é saber se o conteúdo do original dessa obra foi realmente escrito pelo famoso matemático, ou se a atribuição que lhe é feita seria espúria.

O estilo pouco rigoroso da *Optika* atribuída a Euclides já suscitou muitos questionamentos. Em sua edição e tradução comentada, Giuseppe Ovio mostrou problemas graves em várias das demonstrações contidas na obra (Ovio, 1918), que parecem incompatíveis com sua atribuição a Euclides. Já no período medieval, al-Kindī redigiu não um simples comentário sobre a *Optika*, mas uma análise sistemática de todas suas proposições, procurando melhorar as demonstrações, resolver suas dificuldades e corrigir seus erros (Rashed, 1997b, p. 5).

Pode-se conjecturar que, se Euclides realmente foi o seu autor, talvez a composição da *Optika* tenha ocorrido muito antes da elaboração de sua obra prima, os *Elementos*. Existe também a possibilidade de que a obra tenha sido redigida por um discípulo de Euclides. Tal conjetura é reforçada pela linguagem utilizada no prólogo que se encontra na *versão B*, que se refere a Euclides na terceira pessoa:

> Enquanto ele estava mostrando as coisas que se referem à visão, apresentou várias razões pelas quais ele concluía que toda luz era levada por linhas retas. (Euclides, 1895, p. 145)

Esta é a versão que Heiberg associou ao nome de Theon, de Alexandria. Mas é evidente que Theon, tendo vivido vários séculos depois de Euclides, não poderia relatar o que Euclides dizia em suas exposições. É mais razoável supor que esse preâmbulo tenha sido composto por algum aluno de Euclides. Se o preâmbulo tiver sido escrito por um estudante, o restante do tratado também deve ter sido redigido pelo mesmo. Isso explicaria as falhas encontradas no texto.

A existência de imprecisões e erros na *Optika* levou muitas pessoas a pensarem que ela não poderia ser de autoria do mesmo Euclides que escreveu os *Elementos*. Heiberg indicou vários autores que, desde o século XVII, colocaram em dúvida a autoria euclidiana da Óptica e da Catóptrica, incluindo Erasmus Bartholin, Henry Savile, François Peyrard, Johannes Kepler, e outros (Heiberg, 1882, pp. 90-91)

Wilfred Theisen mencionou que houve muitas dúvidas sobre a autoria da obra porque só se conhecia, inicialmente, a versão B. Seguindo Heiberg que atribuiu essa versão da Theon, Theisen afirmou:

> [...] como a versão de Theon é consideravelmente inferior ao tratado original de Euclides, surgiram dúvidas sobre sua autoridade e, como consequência, o interesse pelo trabalho se retardou. Foi apenas no final do século XIX, com a descoberta por Johan Heiberg de manuscritos tanto em grego quanto em latim da *Óptica* de Euclides, que a confusão foi eliminada. (Theisen, 1979, pp. 45-46)

Em uma nota de rodapé, Theisen comentou:

> Por exemplo, Joseph Priestley, na sua *History and present state of discoveries relating to vision, light and colour* (London, 1772), p. 10, comenta assim sobre a *Óptica*: "Mas este

trabalho é tão imperfeito, e elaborado de forma tão imprecisa que, creio, em geral não se pensa que seja uma produção daquele grande geômetra". (Theisen, 1979, p. 45, nota 8)

Porém, consultando a obra de Priestley, verificamos que lá ele se referiu à *Catóptrica* e não a *Óptica* de Euclides, como se pode ver pela parte que Theisen omitiu de sua citação:

> O tratado de óptica que tem sido associado a Euclides se dedica a determinar o tamanho aparente e a forma de objetos, do ângulo sob o qual eles aparecem, ou pelas suas extremidades subentendidas pelo olho, e o lugar aparente da imagem de um objeto refletido por um espelho polido; que ele fixa no lugar onde o raio refletido encontra uma perpendicular ao espelho traçada pelo objeto. Mas este trabalho é tão imperfeito, e elaborado de forma tão imprecisa que, creio, em geral não se pensa que seja uma produção daquele grande geômetra. (Priestley, 1772, p. 10)

Nos outros pontos de seu livro em que Priestley se refere à obra de Euclides (Priestley, 1772, pp. 11, 12, 13) ele também indica passagens associadas à reflexão, ou seja, referentes à temática da *Catóptrica*.

Além disso, a opinião de Theisen de que a versão da *Optika* conhecida antes do trabalho de Heiberg (*versão B*) era muito inferior ao "tratado original de Euclides" (*versão A*) é falsa, como já foi comentado na seção anterior. Na parte final deste artigo, onde apresentamos as proposições ou teoremas da *Optika*, será possível constatar a grande quantidade de problemas existentes na própria *versão A*.

David Gregory, que publicou uma coletânea das obras de Euclides, incluiu na sua edição a *Óptica*, porém comentou: "Muitas coisas nos levam a suspeitar que esta obra é espúria; ou, se um trabalho como este foi composto por Euclides, ele deve ter sido completamente corrompido com a passagem do tempo." (Euclides, 1703, fol. c1 verso).

Wilbur Knorr apresentou interessantes argumentos questionando a validade de se negar a autoria de Euclides com base nas falhas encontradas na *Optika*. Segundo ele, as pessoas que colocam em dúvida que Euclides seja o autor da *Optika* parecem imaginar que Euclides era tão perfeitamente competente em geometria, que não poderia ter produzido um trabalho que tivesse qualquer imperfeição técnica (Knorr, 1994, p. 44). Então, essas pessoas atribuem as falhas encontradas na *Optika* e em alguns outros trabalhos atribuídos a Euclides como sendo devidas ou a equívocos de copistas e redatores posteriores, ou mesmo a uma atribuição espúria de autoria. Tais interpretações supõem que a tradição matemática foi se deteriorando com os séculos e que Theon, por exemplo, seria capaz de cometer todo tipo de erros matemáticos ou lógicos. No entanto, Knorr argumenta que os antigos comentadores (como Pappus e Theon) conheciam a tradição matemática antiga muito melhor do que os críticos atuais e que não devemos, portanto, menosprezar sua capacidade.

Knorr também argumenta que os *Elementos* de Euclides não são uma boa evidência da competência desse autor. Em primeiro lugar, porque a versão que chegou até nós foi certamente alterada e melhorada por autores posteriores; em segundo lugar, porque os *Elementos* não constituem uma obra original de Euclides e sim uma compilação, a partir de um extenso corpo de fontes de matemáticos anteriores que, em sua maioria, não conhecemos. Porém, esperaríamos encontrar falhas e limitações em tratados que estivessem entre os primeiros de um determinado ramo — e a *Optika* está justamente neste caso (Knorr, 1994, p. 45). Assim, em vez de invalidar sua atribuição a Euclides, os equívocos encontrados na *Optika* reforçam a ideia de que é uma obra muito antiga, a primeira ou uma das primeiras a ser escrita sobre o assunto, sendo perfeitamente plausível que tenha sido escrita por Euclides.

Independentemente dessas questões, vale a pena conhecer a estrutura e algumas das proposições dessa obra atribuída a Euclides, onde encontramos o mais antigo tratamento sistemático de uma perspectiva (ou seja, estudo da aparência visual) baseada no princípio de propagação retilínea da visão.

10. INTRODUÇÃO DA OBRA

Como já foi mencionado, a *versão B* contém um preâmbulo muito interessante, que não ocorre na *versão A* (considerada mais antiga por Heiberg). Essa introdução apresenta alguns argumentos que ajudam a compreender as bases da teoria da visão de Euclides. Vamos traduzi-la e comentá-la abaixo. O texto parece se referir a ensinamentos orais de Euclides, embora seu nome não seja citado.

> Quando ele [Euclides?] apresentava seus argumentos sobre a visão, acrescentou algumas considerações para confirmar que a luz sempre se move em linhas retas; e como evidência principal ele citava tanto as sombras projetadas pelos corpos quanto os raios que passam pelas aberturas das janelas e por fendas. Pois isso não aconteceria como se percebe que acontece, se os raios que emanam do Sol não se movessem em linhas retas. E nos fogos que estão entre nós, afirmou que os raios enviados fazem com que alguns dos objetos sejam iluminados e projetem sombras, algumas iguais, algumas maiores, e outras menores do que os objetos presentes. E produzem sombras iguais, quando o fogo que as ilumina é igual, e então ocorre que os raios de luz extremos são paralelos, nem convergindo para diminuir a sombra, nem divergindo para aumentá-la. Aquilo que é atingido pela luz era preservado igualmente na sombra. Mas as sombras dos objetos são menores quando o fogo que ilumina é maior; poie então os raios mais extremos convergem entre si e desse modo tornam as sombras menores. Mas as sombras são maiores quando o fogo que ilumina é menor; pois então os raios externos divergem e tornam maior a parte sombreada. Mas isso não poderia acontecer se os raios emanados do fogo não se movessem em linhas retas. Isso pode ser reconhecido mais claramente por um arranjo. Pois se for colocada uma tabuleta perto de uma lamparina, com uma fenda estreita feita por uma serra defronte ao meio da lamparina, e do outro lado da tabuleta for colocada uma

outra, sobre a qual caem os raios que passam pela fenda, sempre encontrarem os que os raios que atingem a tabuleta [traseira] são delimitados por linhas retas, e a linha que une o centro da lamparina e a fenda da tábua está nesta linha reta. (Euclides, 1895, pp. 145-147)

Embora a *Optika* euclidiana se baseia na hipótese dos raios visuais, este preâmbulo começa apresentando evidências sobre o movimento retilíneo da luz, e não dos raios. São dois tipos de argumentos, um deles tratando de sombras e o outro se referindo à luz que passa por uma fenda. O argumento da sombra é mais teórico do que prático, pois é difícil distinguir os limites exatos entre sombra e penumbra e tentar estabelecer se o tamanho da sombra é realmente igual à do objeto, quando a fonte luminosa tem o mesmo tamanho que este, por exemplo.

> Então, quando ficou manifesto e constatado por todos que a luz sempre se move em linhas retas, passou para os raios emitidos pelo olho, afirmando que se deveria admitir que eles também se movem segundo linhas retas e que eles são afastados uns dos outros. (Euclides, 1895, p. 147)

O texto dá a entender que, logo em seguida, o autor vai tratar sobre a propagação retilínea dos raios visuais, mas isso só é realizado quase no final do preâmbulo, como se verá mais adiante. O ponto que ele aborda aqui é que os raios visuais não formam um conjunto contínuo, infinito, de segmentos de reta, mas sim um conjunto finito, em que os raios visuais mantêm uma separação vão criando espaços cada vez maiores entre si, quando se afastam do olho. Por isso, um pequeno objeto que está à nossa frente poderia não ser visto, se seu tamanho for menor do que a distância entre os raios visuais que chegam até onde ele está. Para ilustrar esse ponto, ele fornece um primeiro exemplo da dificuldade de encontrar uma agulha que caiu no chão:

> E que por isso, aquilo que é visto não visto totalmente de uma vez, lembrando o seguinte: se uma agulha ou algum outro

corpúsculo for colocado no chão, pode-se procurar muitas vezes em vão, embora nada esteja no caminho do objeto procurado. Depois, porém, com os olhos voltados para o local onde estava o corpúsculo, avista-se a agulha. (Euclides, 1895, pp. 147-149)

É um pouco difícil interpretar esta passagem. Por que motivo agulha não era vista mas, fixando o olhar onde ela está, passa a ser vista? Note-se que não se trata de uma mudança de distância entre o olho e o objeto, portanto os raios visuais continuam igualmente distantes entre si e poderiam não atingir a agulha. Alguns intérpretes supõem que o autor está se referindo ao aumento de acuidade visual quando utilizamos a visão direta do que quando usamos a visão periférica. Talvez ele supusesse que os raios visuais são mais numerosos e próximos quando emitidos em uma direção frontal, e menos numerosos e mais espaçados quando emitidos lateralmente. Mas nenhuma outra parte do texto permite elucidar esse ponto.

É evidente, então, que quando o que foi lançado ao chão não foi visto, o lugar onde estava também não foi visto; assim, nem todos os lugares sob os olhos do buscador são vistos. Pois se fossem vistos, o que se buscava também seria discernido; mas não foi visto. E continuou seu argumento: os homens que examinam os livros também não conseguem ver todas as letras na página. Pois quando eram solicitados a indicar as letras mais raras, às vezes não conseguiam, porque os raios visuais não atingiam todas as letras, mas tinham espaços entre eles, e não podiam ver muitos dos objetos colocados sob o olho. Assim, fica evidente que nem mesmo o espaço de uma página é visto em sua totalidade. E com os outros objetos vistos acontece a mesma coisa; então o que é visto não é visto de uma só vez. Mas parece ser visto, porque os raios de visão se movem de forma extraordinariamente rápida, sem omitir nada, isto é, correndo continuamente e não fazendo saltos. (Euclides, 1895, pp. 147-149)

O segundo exemplo abordado pelo autor é a percepção das letras em um texto. Embora tenha sido utilizada a tradução "livro", é claro que se trata de um manuscrito. Considerando uma página do manuscrito diante do leitor, seus raios visuais atingirão algumas das letras, mas nem todas, por causa do espaçamento entre as extremidades dos raios. Como, então, se consegue ler o manuscrito? O autor supõe que os raios visuais passeiam rapidamente e de forma contínua (sem saltos) sobre a superfície onde estão as letras, sem saltar nada, permitindo então a leitura.

O trecho seguinte do preâmbulo critica a ideia de que a visão se dá através da intromissão de imagens no olho – como na hipótese defendida pelos antigos atomistas, argumentando que tal explicação não permite compreender a dificuldade de ver a agulha ou as letras.

> Para demonstrar, além disso, que aquilo que é visto não é trazido à vista por uma imagem que chega, adicionou a seguinte razão. Com relação à questão do corpúsculo procurado e do homem que olha atentamente para o livro, pode surgir a dúvida: se o efeito da visão for realizado por uma imagem que flui e se de todos os corpos fluem perpetuamente imagens que afetam nosso sentido, qual a causa pela qual aquele que procura a agulha ou perscruta o livro não percebe a agulha nem todas as letras? Talvez por estar distraído pelo pensamento? Mas mesmo aqueles que estão atentos e procuram não encontram, e muitas vezes encontram mais rapidamente quando estão com outros e distraído. Todas as imagens não penetram no olho? Mas por que razão as que penetram são selecionadas? (Euclides, 1895, pp. 147-149)

Outro argumento que o autor utiliza contra a hipótese de intromissão de imagens no olho está relacionada com a forma dos órgãos sensoriais. Ele considera que alguns deles são côncavos para facilitar a recepção de algo que vem do exterior; mas o olho é convexo, não sendo assim adequado para receber algo de fora.

Afirmou depois que, nos animais, a natureza havia tornado alguns dos instrumentos dos sentidos aptos para receber [algo de fora], mas não outros. Pois os órgãos de audição, de paladar e de olfato são dotados de uma cavidade interna, para que os corpúsculos externos que chegam a eles possam mover os sentidos. Pois a voz que chega ao ouvido precisa encontrar um local adequado para ficar e não deixar o sentido imóvel imediatamente depois e destruir o som que atinge o ouvido. E de forma semelhante para o sentido do olfato. E quanto ao paladar, nem é necessário discutir. É por isso que os instrumentos desses sentidos são ocos e dispostos como uma caverna, para que os corpúsculos trazidos até eles permaneçam por mais tempo. Quanto à própria visão, se os corpos que a colocam em movimento fossem trazidos de fora e ela não emana nada, então sua disposição deveria ser igualmente oca e adequada para receber os corpos que chegam. Mas na verdade, não é assim, mas o olho é semelhante a uma esfera. (Euclides, 1895, pp. 149-151)

Retornando à questão da propagação retilínea dos raios visuais, o autor apresentou então um argumento interessante:

Para confirmar que os raios emanam do olho e produzem o processo de visão, indicou o que lhe parecia ser suficiente, que uma curva colocada no mesmo plano que o olho parece reta, dizendo o seguinte: que um olho que se encontra no plano de qualquer objeto visível é aquele que não é nem mais alto nem mais baixo do que o que é visto; pois isto é estar colocado no mesmo plano. Pois se o olho não está mais alto nem mais baixo do que o arco desenhado no plano, ele não pode lançar raios mais altos em algumas partes e mais baixo em outras, mas deve lançar raios que se movem através do plano por todas as partes do arco, igualmente. Assim, a mesma razão faz com que o plano produza a ideia de uma linha reta, e o arco de um círculo descrito no plano também. O plano colocado na direção do olho não é realmente visível, pois nenhum dos raios que emanam do olho o atinge, mas percebe-se o seu limite, ou seja, a linha reta mais próxima do olho, que oculta as partes restantes do plano e o torna invisível. E a mesma causa que se aplica ao plano colocado diretamente diante do olho também faz surgir uma imagem reta dos arcos colocados no mesmo plano em que o olho está. (Euclides, 1895, pp. 151-153)

O final do preâmbulo aborda um novo tópico, que tem grande importância no restante da obra: o tamanho aparente dos objetos que são vistos, em função do ângulo formado pelos raios visuais.

As coisas parecem maiores quando mais raios visuais os atingem; iguais, quando [os números de raios visuais] são iguais; e menores quando os ângulos formados pelos raios visuais que saem do olho são menores. (Euclides, 1895, pp. 153-155)

11. AS DEFINIÇÕES OU POSTULADOS

O método utilizado na *Optika* euclidiana é bem distinto daquele que encontramos nos seus *Elementos*. A geometria de Euclides começa pela apresentação de definições, depois introduz os postulados e os axiomas (ou noções comuns). Na *Optika*, pelo contrário, há apenas um conjunto de suposições iniciais, identificadas no texto grego pela palavra ὅροι (plural de ὅρος), traduzida geralmente por "definições". O número exato dessas suposições varia de manuscrito para manuscrito, não por mudanças drásticas de conteúdo, mas pela subdivisão das proposições. Na edição de Jean Pena (1557, p. 4), são indicadas como sendo doze; na edição de Heiberg da versão B, são sete:

1. Suponhamos que os raios emitidos pelo olho são transportados ao longo de linhas retas, distantes entre si por intervalos.

2. E a forma compreendida pelos raios é um cone, que tem o vértice no olho, e sua base onde a visão termina.

3. E que podem ser vistas [as coisas] atingidas pelos raios, mas não podem ser vistas aquelas em que os raios não incidem.

4. E aquelas [coisas] que são vistas sob um ângulo maior, parecem maiores; e menores as [que são vistas sob um ângulo] menor; e iguais, as que são vistas sob ângulos iguais.

5. E aquelas [coisas] que são vistas por raios superiores parecem mais altas, e as [que são vistas por raios] inferiores, mais baixas.

6. E de modo semelhante, aquelas que são vistas por raios à direita parecem estar à direita, e as que [são vistas por raios] à esquerda [parecem estar] à esquerda.

7. Além disso, aquilo que é visto por ângulos mais numerosos aparece mais claramente. (Euclides, 1895, p. 155)

As versões com doze definições ou postulados simplesmente subdividem várias das suposições como ocorre na edição de Jean Pena:

3. E que vemos aquilo que os raios atingem.

4. E que não vemos aquilo que os raios não atingem.

5. E que aquilo que é visto sob um maior ângulo parece maior.

6. E que aquilo que é visto sob um ângulo menor parece menor.

7. E aqueles que são vistos sob ângulos iguais, parecem iguais.

8. E que aquilo que é visto por um raio mais elevado, parece mais alto.

9. E que [aquilo que é visto por um raio] mais baixo, [parece] mais baixo.

10. E que aquilo que é visto por um raio à direita, parece estar á direita.

11. E que [aquilo que é visto por um raio] à esquerda, [parece estar] à esquerda.

12. E que aquilo que é visto sob ângulos mais numerosos é visto mais distintamente.

A primeira suposição é amplamente explicada no preâmbulo da *versão B* e é necessária para a compreensão de argumentos apresentados posteriormente. No entanto, a apresentação da primeira suposição da *versão A* é diferente: "Suponhamos que as linhas retas traçadas do olho são transportadas em um intervalo de grande magnitude". Não há menção a raios visuais e sim a retas; não há menção à separação entre os raios; e afirma-se que as retas se estendem até uma grande distância, o que não aparece na *versão B* (Jones, 1994, p. 52).

O "cone" indicado na suposição 2 não é, necessariamente, cônico no sentido geométrico. Em algumas versões encontramos "pirâmide", que poderia ser mais conveniente, pois a base da figura pode ser um polígono ou alguma outra figura, em vez de um círculo, por exemplo.

Não existe uma especificação a respeito do ponto do olho de onde saem os raios visuais. Seria de uma região no seu interior, ou da sua superfície externa? Simon Gerard afirmou que, nas antigas teorias de extromissão dos raios visuais, estes partiriam do centro do olho, formando um cone que tangencia a abertura da pupila:

> Dentre as múltiplas teorias elaboradas pelos antigos gregos para explicar a visão, a única que permitiu desenvolver uma ciência geometrizada se baseia na ideia de uma emissão, a partir do olho, de um cone de raios cujo vértice era situado, sem mais precisão, no meio do globo ocular, e cuja geratriz se apoiava sobre o círculo da pupila. (Simon, 2001, p. 327)

No entanto, o texto da *Optika* não tem nenhuma indicação a esse respeito. Apenas Ptolomeu, alguns séculos depois de Euclides, localizou a fonte do fluxo visual no centro do olho (Smith, 1999, p. 37). Galeno, por outro lado, supunha que os raios visuais saíam da pupila:

> Considere um círculo. [...] visto por um dos olhos, enquanto o outro permanece fechado. Do ponto médio do círculo, que também é chamado centro, pense sobre um caminho reto até a pupila do olho que o está vendo, um caminho que não está se dobrando em nenhuma direção nem se desviando de sua trajetória reta; pense sobre essa linha reta como um fino cabelo ou filamento de teia de aranha, esticado

cuidadosamente da pupila até o centro do círculo. Além disso, da pupila até a linha que limita o círculo e também é chamada circunferência, imagine uma série de muitas outras linhas se estendendo como fina teia de aranha. Chame de cone a figura limitada por todas essas linhas retas e pelo círculo, e pense sobre a pupila como seu vértice e o círculo como sua base. (Galeno, *De usu partium* X, cap. 12, 94.22-95-13; *apud* Lloyd, 2006, pp. 124-125).

A terceira suposição pode parecer óbvia, se for interpretada como indicando que não se vê aquilo para onde não se olha (para onde os raios visuais não vão). Mas está relacionada com a explicação do preâmbulo, sobre a possibilidade de não ver uma agulha ou uma letra que está diante dos olhos.

A quarta suposição é praticamente uma repetição do último parágrafo do preâmbulo e relaciona o tamanho visual aparente dos objetos com o ângulo do cone (ou pirâmide) sob o qual eles são vistos. A quinta e a sexta suposições relacionam a direção em que vemos os objetos com a direção dos raios visuais que os atingem. Essas duas hipóteses assumem que o observador "sente" a direção dos raios.

A última suposição não se refere ao tamanho aparente, mas à nitidez da visão. Os objetos atingidos por um maior número de raios são vistos de forma mais distinta.

Devemos notar que, ao contrário do que se costuma afirmar, a base da *Optika* de Euclides não é puramente geométrica, embora muitas das proposições introduzidas ao longo da obra utilizem apenas argumentos de geometria.

> [...] a afirmação de que Euclides ignorou os aspectos da visão não redutíveis à geometria é verdadeira apenas em uma primeira aproximação. Pois, como até mesmo os antigos comentaristas de Euclides reconheceram, os postulados e várias proposições da Óptica têm implicações inescapáveis com relação à ontologia dos raios visuais e, assim, transbordam para o reino físico. Em primeiro lugar, é evidente por expressões como "procedendo do olho" e "aquelas coisas... sobre as quais os raios visuais incidem" que a visão é o resultado de raios

que saem do olho do observador; não há garantia, até onde posso ver, para interpretar isso como metáforas desajeitadas, destinadas (mas falhando) a transmitir verdades puramente geométricas. O olho é, portanto, o membro ativo no processo visual, estendendo a mão para apreender seu objeto. Em segundo lugar, dentro do cone de raios visuais existem regiões sensíveis e insensíveis. Na primeira proposição afirma-se que um objeto não é totalmente visível em um momento por causa dos espaços entre os raios visuais, e na segunda que qualquer objeto dado pode ser removido a uma distância da qual não será mais visível porque cai entre os raios visuais adjacentes. É claro que raios com tais propriedades não podem ser meras construções destinadas a representar a geometria da visão; eles devem ser os agentes físicos da visão. Uma terceira e última afirmação não geométrica pode ser extraída do sétimo postulado e da segunda proposição, onde Euclides oferece uma explicação física do que hoje consideraríamos um fenômeno psicofisiológico. A clareza da percepção, afirma ele, depende do número de ângulos sob os quais um objeto é visto – ou, para colocar nos termos mais claros da segunda proposição, do número de raios visuais interceptados pelo objeto. (Lindberg, 1971, p. 473)

Uma passagem atribuída a Geminos, de Rhodes (Γεμῖνος ὁ Ῥόδιος, séc. I d.C.) propunha que a Óptica fosse construída independentemente de hipóteses sobre a natureza da visão, utilizando apenas argumentos geométricos:

A Óptica nem trata sobre a natureza física nem procura saber se certas emanações viajam até os limites dos corpos com raios que fluem dos olhos, ou se imagens emanam dos objetos de percepção e entram nos olhos depois de caminhar em uma linha reta, ou se o ar intermediário é tensionado ou movido junto com o pneuma luminoso do olho. Ela apenas investiga se em cada hipótese o caráter retilíneo do movimento, ou extensão e convergência em um ângulo em que se juntam é preservada, sempre que um olho está contemplando coisas maiores ou menores. (Jones, 1994, p. 48)

No caso da *Optika* euclidiana, fica claro que essa abordagem "instrumentalista" não foi utilizada. Lucio Russo (2013, pp. 148-149) sugeriu que as ideias de Euclides sobre a visão podem ter sido inspiradas no trabalho do anatomista Herophilos (Ἡρόφιλος, 335-280 a.C.), seu contemporâneo, que também viveu em Alexandria.

A suposição de uma estreita conexão entre os médicos alexandrinos e os fundadores da óptica pode ajudar a entender certas partes da *Óptica* de Euclides que permaneceram obscuras desde a era imperial. Vimos, por exemplo, que Herophilus conhecia a estrutura "em forma de teia" da retina, como está implícito no nome que lhe deu. Esse conhecimento, somado ao da função dos nervos sensoriais, poderia facilmente ter sugerido a existência de um conjunto discreto de fotorreceptores. Para construir um modelo matemático da visão, então, é natural considerar um conjunto discreto de "raios visuais", um para cada elemento sensorial da retina, e é exatamente isso que Euclides faz. A teoria resultante pode explicar quantitativamente o poder de resolução do olho humano. Na vida real, objetos distantes parecem não apenas menores, mas também mais difusos, porque a quantidade de informação fornecida pelas terminações nervosas diminui com a porção da retina envolvida. Essa perda de detalhes não é facilmente explicada dentro de uma teoria contínua da visão; mas no modelo de Euclides os raios visuais formam um conjunto discreto e são separados ao menos por algum ângulo mínimo, de modo que a perda deriva de menos raios visuais interceptando o objeto. [...]

Pode-se perguntar se a óptica antiga incorporava outros conhecimentos anatômicos e fisiológicos sobre o olho. O prefácio da *Óptica* de Euclides na redação atribuída a Theon contém algumas observações interessantes, como que, ao ler, o olhar se move de modo que as palavras lidas sucessivamente estão sempre centradas no campo de visão e que, analogamente, ao procurar um objeto pequeno, só o avistamos ao olhar diretamente para ele, no centro do campo visual. Embora o texto não diga isso explicitamente, é claro que para explicar tais fenômenos no quadro da teoria óptica de

> Euclides é preciso supor que os raios visuais não são distribu-
> ídos uniformemente, mas mais concentrados perto do centro
> do cone de visão: uma suposição compatível com, embora não
> explicitamente contida no texto da *Óptica*. O nome "teia"
> dado por Herophilus à retina parece aludir ao tamanho da ma-
> lha mais fina de uma teia perto do centro, por isso a ideia de
> uma distribuição não uniforme dos raios visuais pode ter
> vindo da anatomia. (Russo, 2013, pp. 148-150)

Essa possível relação é uma especulação curiosa, mas que não pode ser justificada com base na documentação existente, indo muito além do que nos diz o texto da *Optika*. Talvez Lucio Russo tenha sido influenciado pela leitura da interpretação posterior, de Ptolomeu, que introduziu uma suposição que não encontramos explicitada em Euclides: a de que a visão direta ou central é mais nítida porque os raios visuais próximos ao eixo do cone visual são mais fortes: "[...] segue-se que a percepção visual daquilo que está distante do vértice do cone é levada por um raio que age mais fracamente do que a percepção visual de algo que está a uma distância moderada. O mesmo ocorre para objetos que estão distantes do eixo visual em comparação com os que estão perto dele." (Ptolomeu, *apud* Smith, 1999, p. 53).

De acordo com Ptolomeu, os raios visuais possuem também a capacidade de indicar a distância à qual está um objeto, pois o observador "sente" o comprimento dos raios: "É assim que as diferenças de localização são determinadas, porque o que é visto com um raio mais longo parece mais distante, desde que o aumento do comprimento seja sensível" (Smith, 1999, p. 55). Essa percepção direta de distâncias seria o que nos permite, segundo Ptolomeu, distinguir um objeto côncavo de um convexo, porque as distâncias do centro e das bordas até nosso olho são diferentes (*ibid.*, p. 63; Gerard, 1994, p. 331).

É importante assinalar que as muitas versões diferentes da *Optika* se diferenciam principalmente quanto ao número e conteúdo das definições, assim como em relação às primeiras proposições (Siebert, 2014, p. 97). Como elas envolvem o próprio processo de visão, percebe-se que esse aspecto da *Optika* foi o que suscitou o maior número de críticas e alternativas.

12. A NATUREZA DOS RAIOS VISUAIS

Embora a *Optika* não tente descrever a natureza dos raios visuais, é evidente que há certas suposições implícitas a seu respeito. Não são linhas geométricas e sim entes físicos, capazes de transmitir sensações.

> Para os defensores posteriores da radiação que sai do olho, filósofos estoicos como Crysippos ou médicos como Galeno, tudo se passava como se um tipo de pseudópode sensitivo saísse da pupila para ir em linha reta apalpar os objetos lá onde eles estão, impregnando-se de sua cor.[6] Assim, a radiação visual que eles postulavam não tem nenhum equivalente em nossa cultura: trata-se de uma projeção sensorial, análoga à mão ou extremidade do braço, mas que seria um quase-órgão sem permanência (pois a visão se estingue nas trevas) e cuja sensibilidade se realizaria, diferente do paladar e do tato, fora dos limites de nosso corpo, longe, em contato com as coisas. Além disso, esses raios visuais obedeceriam a regras geométricas estritas, o que conduziu por muito tempo os historiadores da óptica a compará-los erroneamente a raios luminosos se propagando ao contrário, esquecendo assim de levar em conta sua função sensorial. (Simon, 2001, p. 330-331)

Sendo dotados de características físicas, os raios visuais não poderiam ter uma espessura nula, ou seja, não poderiam ser linhas geométricas. Sendo reais, não poderiam ser em número infinito, já que todo pensamento antigo negava a possibilidade de um infinito real, aceitando apenas o infinito potencial (infinitamente divisível, infinitamente prolongável, infinitamente contável e assim por diante). Devemos assim pensar em um conjunto finito de fibras finas mas de espessura finita (não são retas geométricas), que saem do olho e vão até os objetos, transmitindo

---

[6] No caso da *Optika*, não há qualquer menção a cores.

de volta a sua posição, que o observador reconhece porque o raio permanece conectado ao olho e sua direção é conhecida. As propriedades desses raios são apresentadas de forma explícita na *versão B* da *Optika*.

> Embora a *Optica* em nenhum lugar nos conte exatamente o que são os raios, podemos pelo menos listar várias propriedades dos raios que são invocadas nas definições e proposições. De acordo com as duas primeiras definições, eles se originam do olho; movem-se em linha reta; há espaços entre eles; quando vemos um objeto, os raios visuais formam um "cone" com o olho no vértice e o objeto como base; e a fissão de um objeto ocorre se e somente se um raio visual cair sobre ele. Apesar disso (prop. 1), podemos acreditar que vemos a superfície toda de um objeto contínuo embora os raios caiam apenas sobre pontos discretos dele; isso é porque os raios visuais se movem rapidamente de um lado para outro [...]. No entanto, aparentemente, esse movimento lateral só ocorre quando se move o olho ou a cabeça, pois as proposições posteriores sobre a percepção do movimento transversal [...] assumem que o leque de raios visuais permanece estacionário em relação ao olho, enquanto os objetos passam por ele. Os vazios entre os raios são suficientes para explicar por que os objetos mais distantes são vistos menos claramente, ou não são vistos absolutamente (prop. 2-3), de modo que um único raio visual talvez seja capaz de "ver" igualmente bem a qualquer distância. As proposições sobre "perspectiva", de qualquer modo, pressupõem que o raio não transporta para o olho qualquer informação sobre a distância do objeto. (Jones, 1994, p. 56)

Não existe, na *Optika*, qualquer ideia de que o *comprimento* dos raios visuais é conhecido pelo observador. Essa ideia apareceu alguns séculos depois, na obra de Ptolomeu, como já foi mencionado.

Ptolomeu criticou a ideia de um conjunto descontínuo de raios, afirmando a natureza da radiação visual é contínua. Se houvesse um número finito de raios espaçados entre si, nossa visão dos objetos não teria a aparência de continuidade que observamos, mas seria formada por um conjunto de pontos visíveis, com espaços invisíveis entre eles (Smith, 1999, pp. 53-54). É interessante comentar aqui que, segundo nossa compreensão atual da visão, as imagens formadas pelo cristalino na retina são captadas por um conjunto finito de células fotorreceptoras e, portanto, também é produzido um conjunto finito de sinais que são enviados ao cérebro. A aparência do campo visual é contínua, mas o processo de visão capta um conjunto finito de pontos.

13. AS PROPOSIÇÕES OU TEOREMAS DA *OPTIKA*

Logo após as definições ou suposições, a *Optika* de Euclides apresenta uma série de aproximadamente 60 proposições e suas demonstrações. O número exato varia de manuscrito para manuscrito – e também nas versões impressas, é claro. A edição de Jean Pena (Euclides, 1557) indica 61 teoremas e o mesmo número aparece em versões que se basearam nela – como, por exemplo, a tradução de Egnatio Danti (Euclides, 1573). Na versão de Bartolomeo Zamberti (Euclides, 1546) são também 61 teoremas. Na edição de Heiberg, são 58 para a *versão A* e 57 na *versão B*. O número total é também diferente nas versões árabes e latinas e em vários manuscritos. Para simplificar as indicações a seguir, vamos empregar a numeração da edição de Heiberg (versão A), exceto quando indicado.

Não é objetivo deste artigo traduzir toda a *Optika* de Euclides e suas demonstrações. Vamos fornecer os enunciados das 58 proposições da *versão A* (numerados e em itálico), os esquemas geométricos das mesmas, e dar algumas explicações que não devem ser interpretadas como uma tradução do texto.

Foram utilizadas as imagens da edição de Gregory (Euclides, 1703). As letras utilizadas nos diagramas são letras gregas maiúsculas, não são letras romanas. Assim, quando no diagrama aparece a letra A, trata-se de um *alpha*, quando aparece B trata-se de um *beta*. Como a edição de Gregory se baseou na *versão B* da *Optika*, é possível perceber que a escolha das letras é mais ou menos caótica, conforme comentado anteriormente. Os diagramas são essenciais para compreender quase todas as proposições, porque os enunciados não são muito claros e omitem aspectos importantes da situação que está sendo considerada.

1. *Nada do que é visto pode ser percebido todo simultaneamente.*

Este teorema é uma consequência da primeira suposição que, na *versão B*, afirma que os raios visuais possuem uma certa distância entre si, ou seja, não cobrem o cone visual de um modo contínuo. Portanto, se o olho B estiver diante de um segmento de reta AΔ, os raios visuais emitidos a partir de B não cobrem todo o segmento, mas atingem apenas alguns pontos, como AΓKΔ. Os intervalos entre esses pontos, não sendo atingidos pelos raios, não são vistos. Porém, segundo a *Optika*, os raios visuais percorrem todo o segmento muito rapidamente e, assim, os pontos intermediários também são vistos – mas não todos ao mesmo tempo. A ideia de que os raios visuais se deslocam sobre o objeto que está sendo visto não faz parte das suposições iniciais e é, portanto, uma hipótese adicional. Neste diagrama e nos seguintes, a distância entre os raios visuais está muito exagerada, apenas para simplificar a sua representação.

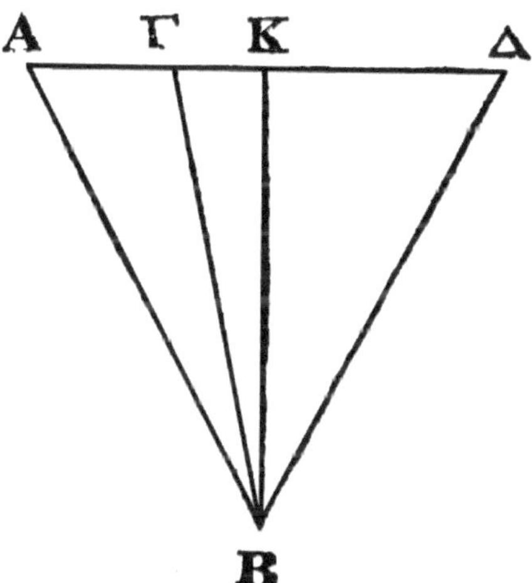

Diagrama da Proposição 1.

2. *De grandezas iguais, colocadas a diferentes distâncias, a mais próxima é vista mais nitidamente.*

Este segundo teorema é uma consequência da suposição 7, que afirma que aquilo que é visto por "ângulos mais numerosos" (ou seja, por um maior número de raios visuais) aparece mais claramente ou mais nitidamente. Neste e em outros teoremas, a palavra "grandeza" significa um segmento de reta.

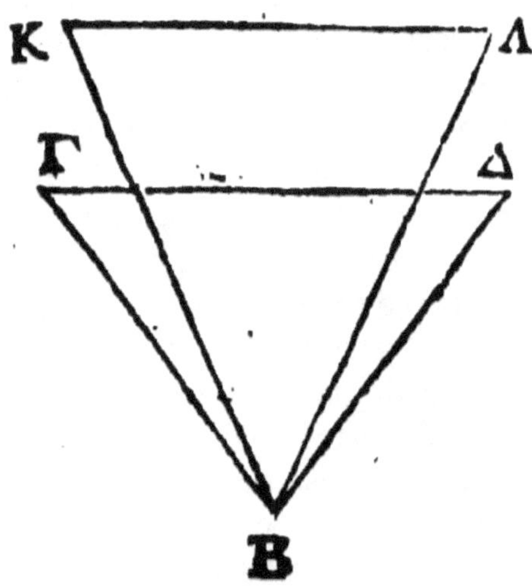

Diagrama da Proposição 2.

No esquema ilustrativo desta proposição, temos dois segmentos de reta iguais, KΛ e ΓΔ, a diferentes distâncias do olho B. Todos os raios visuais que atingem KΛ passam por ΓΔ e, além disso, há outros raios que atingem ΓΔ (como BΓ e BΔ) que não atingem KΛ. Portanto, há um maior número de raios visuais atingindo a mais próxima ΓΔ do que a mais distante KΛ e, assim, a mais próxima é vista mais nitidamente.

3. *Para tudo que se vê, existe uma distância a partir da qual ela não é mais vista.*

Esta é, também, uma consequência da suposição sobre a existência de um número finito de raios visuais, separados entre si por certos ângulos. Suponhamos que KΓ e BΔ são raios visuais que saem do olho B, e que não existe nenhum outro raio visual entre eles. Uma determinada grandeza (segmento de reta) K somente será vista se alguns de seus pontos forem tocados pelos raios visuais. Se ela estiver na posição ΓΔ, suas extremidades serão atingidas pelos raios (embora seu meio não seja tocado); mas se ela estiver mais distante, a grandeza inteira poderá estar no espaço entre os dois raios visuais e, então, ela não será mais vista.

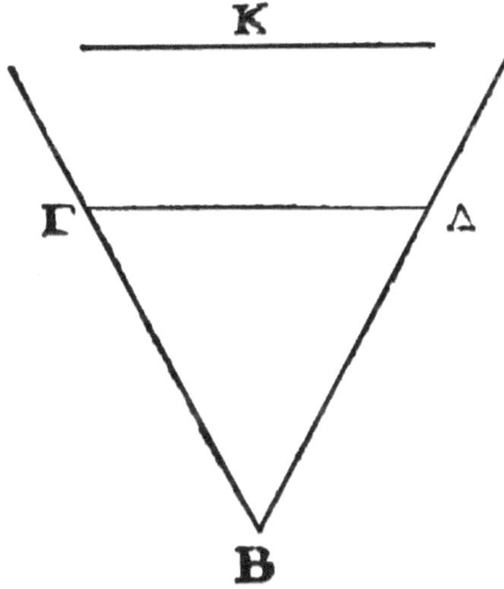

Diagrama da Proposição 3.

4. *Dos intervalos iguais que estão na mesma linha reta, os que são vistos a uma maior distância parecem menores.*

Nesta proposição, deve-se entender que o olho K está fora da reta observada BZ, e que nessa reta são marcados segmentos iguais BΓ, ΓΔ, ΔZ etc. A *Optika* apresenta um argumento geométrico para mostrar que o ângulo ΔKZ sob o qual é visto o segmento mais distante é menor do que os ângulos sob os quais são observados os segmentos mais próximos do olho. Como o tamanho aparente é dado exatamente pelo ângulo visual, então o segmento ΔZ é visto menor do que os mais próximos.

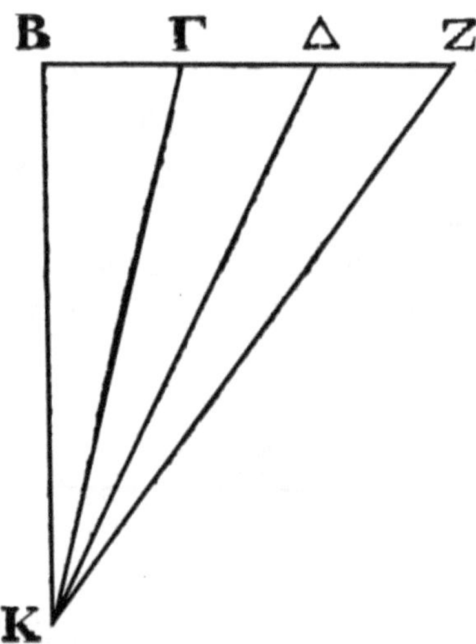

Diagrama da Proposição 4.

5. *Grandezas iguais colocadas a distâncias diferentes aparecerão diferentes, e sempre [parecerá] maior aquela que está mais próxima do olho.*

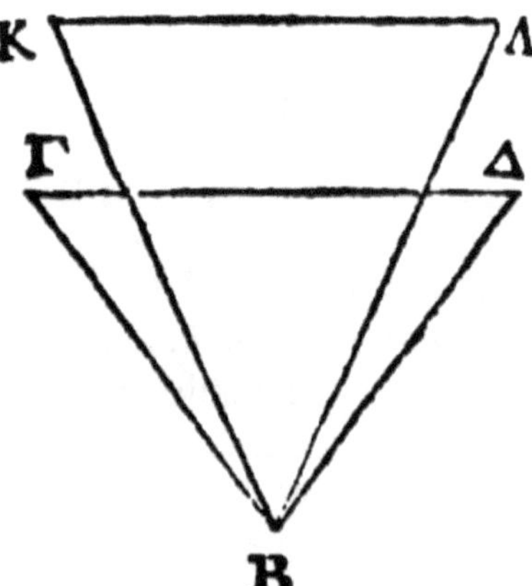

Diagrama da Proposição 5.

No diagrama, a posição do olho é o ponto B. As duas grandezas iguais são KΛ e ΓΔ. É necessário provar que o ângulo sob o qual ΓΔ é vista é maior do que o ângulo sob o qual KΛ é vista e, portanto, ΓΔ parece maior do que KΛ. A demonstração geométrica utiliza uma construção auxiliar, na qual as duas grandezas iguais coincidem e o olho está em duas posições diferentes B e β. Agora, temos dois triângulos com a mesma base e diferentes alturas, e é fácil provar que o ângulo ΓBΔ é maior do que o ângulo KβΛ.

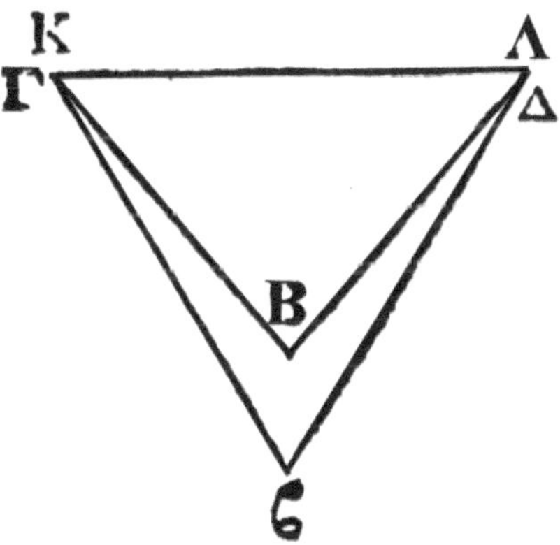

Esquema auxiliar da Proposição 5.

6. *Paralelas vistas de longe parecem ter distâncias desiguais.*

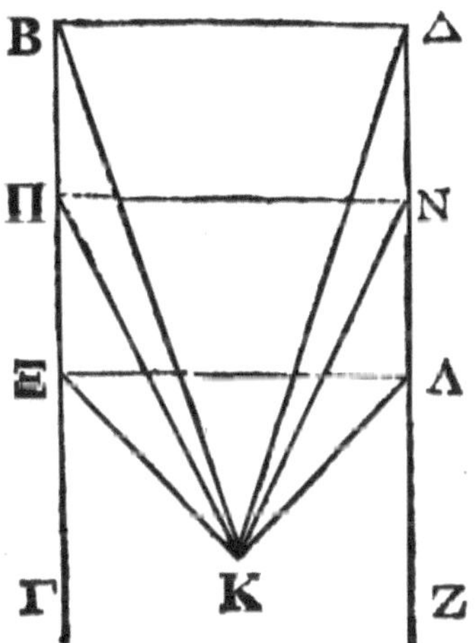

Diagrama da Proposição 6.

O caso considerado na *Optika* é aquele em que o olho K está entre duas retas paralelas BΓ e ΔZ, e no mesmo plano delas. São tomados vários pontos das paralelas, unidos por segmentos de reta perpendiculares a elas. Como as duas retas são paralelas, esses segmentos são todos iguais entre si. Para provar que a distância KΔ é vista menor do que as outras distâncias ΠN e ΞΛ, basta utilizar o teorema anterior. Depois, a *Optika* considera o caso em que o olho está fora do plano, fazendo a demonstração da mesma propriedade. A situação estudada corresponde ao caso bem conhecido atualmente de um trecho retilíneo de uma estrada de ferro, em que as partes mais distantes dos trilhos paralelos parecem cada vez mais próximas entre si.

7. *Grandezas iguais na mesma linha reta e colocadas a distâncias diferentes parecem desiguais.*

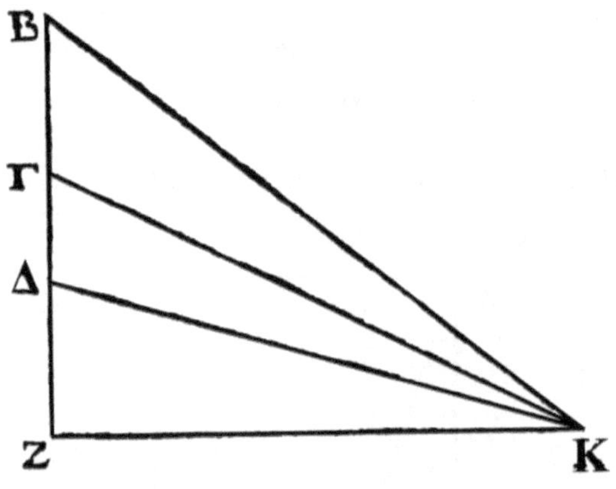

Diagrama da Proposição 7.

Esta proposição é muito semelhante à de número 4. Considera-se que o olho K está fora da reta BZ onde estão os segmentos de reta de igual tamanho. Porém, na demonstração da proposição 4, são considerados vários segmentos sucessivos de mesmo tamanho. No caso da proposição 7, são considerados apenas dois segmentos BΓ e ΔZ que não são sucessivos nem separados por um intervalo de mesmo tamanho, então a demonstração geométrica é diferente.

8. *Grandezas iguais colocadas a diferentes intervalos [do olho] não são vistas de modo proporcional [às distâncias].*

À primeira vista, poderia parecer que o tamanho aparente de um objeto deveria ser inversamente proporcional à distância até o observador. Esta proposição esclarece que não existe essa proporcionalidade – ou seja: um mesmo objeto, colocado à metade da distância, não é visto como se fosse duas vezes maior, porque o ângulo visual não é o dobro.

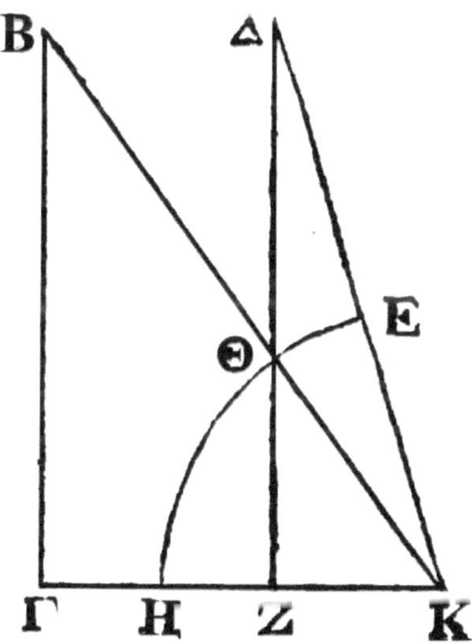

Diagrama da Proposição 8.

A *Optika* não utiliza trigonometria, que ainda não havia sido desenvolvida na época, mas para nós, é mais fácil compreender esta proposição usando trigonometria. Considere o olho na posição K e as duas grandezas BΓ e ΔZ de mesmo tamanho, que vamos chamar de *h*. Suas distâncias respectivas ao olho são ΓK, que chamaremos de *a*, e ZK, que chamaremos de *b*. Representando o ângulo visual BKΓ da primeira grandeza por α e o ângulo visual ΔKZ da segunda grandeza por β, teremos:

$$h = a.\tan \alpha = b.\tan \beta$$

Portanto, as tangentes dos ângulos visuais são inversamente proporcionais às distâncias até o olho:

$$\frac{\tan \alpha}{\tan \beta} = \frac{b}{a}$$

Como os ângulos não são proporcionais às tangentes, então os tamanhos aparentes não são inversamente proporcionais às distâncias. O argumento geométrico apresentado na *Optika* é mais complicado e não será reproduzido aqui.

9. *As grandezas retangulares vistas de longe parecem arredondadas.*

A ideia básica desta proposição é que as partes do retângulo (ou quadrado) próximas a cada um dos quatro vértices são pequenas, comparadas ao retângulo como um todo. Por causa do número finito de raios visuais, há uma distância a partir da qual uma grandeza deixa de ser vista, segundo a proposição 3. Então, a partir de uma certa distância, esses cantos do retângulo deixarão de ser vistos, produzindo uma forma arredondada.

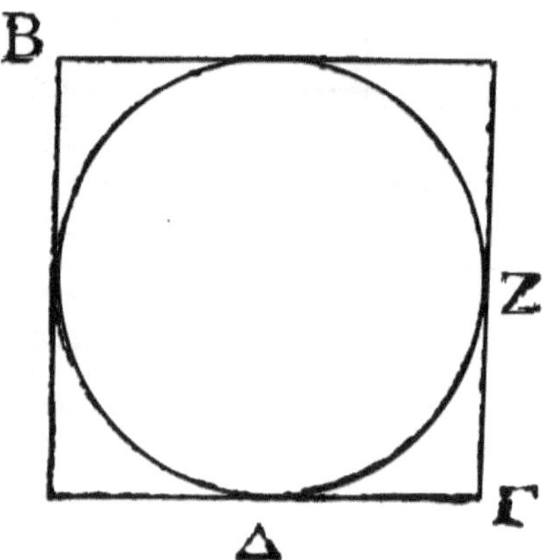

Diagrama da Proposição 9.

10. *Dos planos colocados abaixo do olho, as partes mais remotas parecem superiores.*

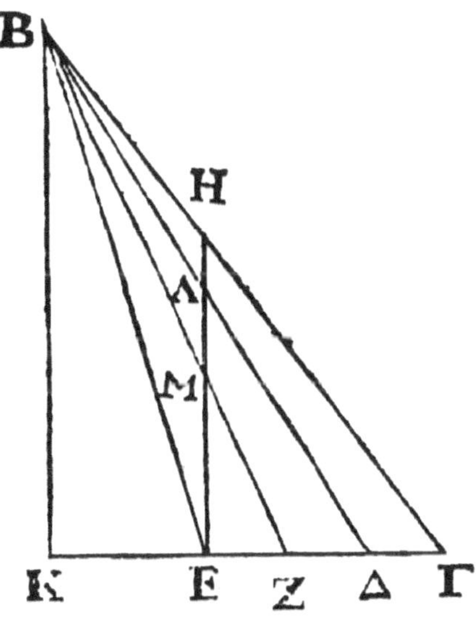

Diagrama da Proposição 10.

No diagrama, a posição do olho é indicada por B e o plano considerado é KΓ. Se considerarmos diversas partes desse plano, indicadas por EZ, ZΔ e ΔΓ, os raios visuais que vão do olho B até as extremidades dessas partes do plano interceptam uma reta vertical HE em pontos sucessivamente mais elevados: M, Λ, H. Portanto, as partes mais distantes do plano são vistas como se estivessem mais elevadas.

Nesta proposição e na próxima são mencionados planos, mas o raciocínio se aplica igualmente a retas.

11. *Dos planos colocados acima do olho, as partes mais remotas parecem inferiores.*

Trata-se de uma proposição muito semelhante à anterior, mudando apenas a posição do olho, que está abaixo do plano considerado. No diagrama que ilustra esta proposição, a posição do olho é indicada por B e o plano considerado é ΔZ.O raciocínio é análogo ao anterior.

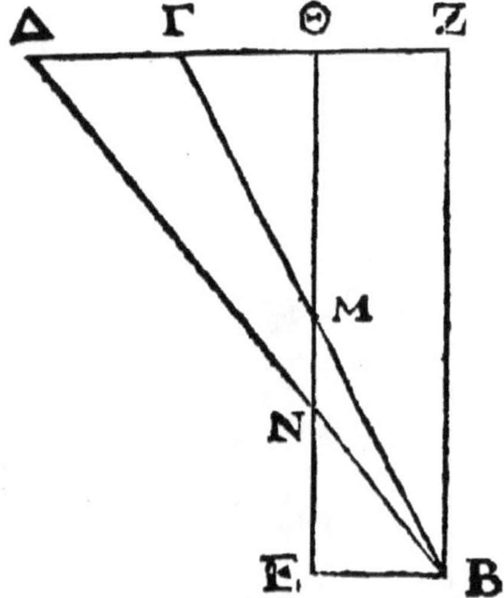

Diagrama da Proposição 11.

12. *Dos [segmentos] que se estendem diante [do olho], os que estão à direita parecem se desviar para a esquerda, os à esquerda, para a direita.*

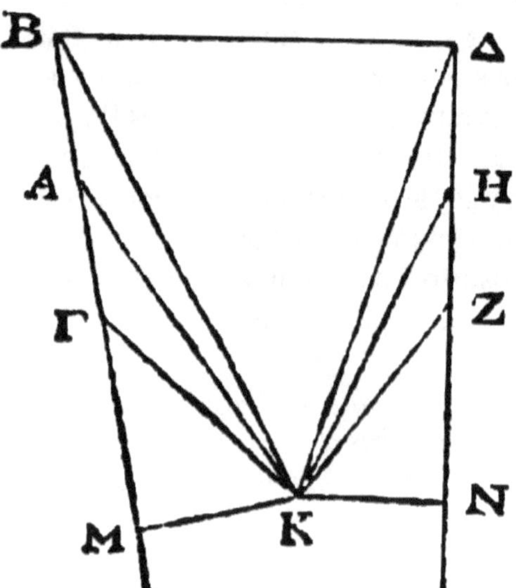

Diagrama da Proposição 12.

Esta proposição se refere à observação de segmentos de retas colocadas à direita ou à esquerda do olho. A primeira metade da proposição se refere a segmentos de reta colocados à direita do olho K, sobre a reta NΔ. Os segmentos mais afastados do olho, como HΔ, são vistos à esquerda dos que estão mais próximos, como ZH. A segunda metade se refere a segmentos de reta à esquerda do olho K, sobre a reta MB. Nesse caso, os segmentos mais afastados do olho, como AB, são vistos à direita dos que estão mais próximos, como AΓ. Esta proposição é muito semelhante às duas anteriores, mudando apenas a orientação dos segmentos, que não estão acima ou abaixo do olho e sim à direita ou à esquerda.

13. *De grandezas iguais colocadas abaixo do olho, as mais distantes parecem superiores.*

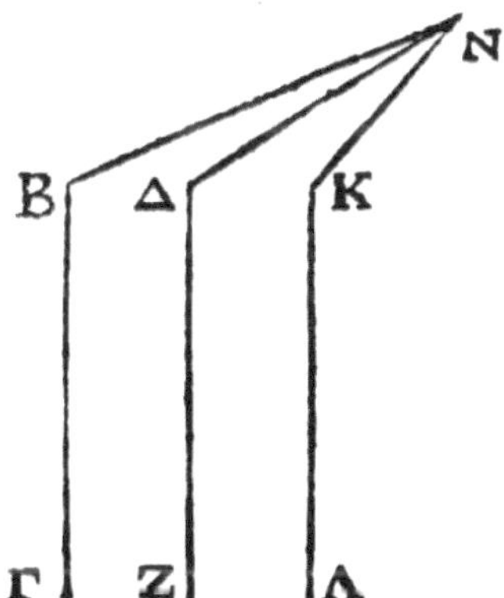

Diagrama da Proposição 13.

Supõe-se que as grandezas são paralelas entre si, embora o enunciado não mencione isso. A proposição 10 analisou a aparência visual de partes de um plano (ou partes de uma reta) abaixo da posição do olho. Nesta proposição 13, trata-se de segmentos de reta paralelos e não colineares. No diagrama, a posição do olho é N e as grandezas observadas são BΓ, ΔZ e KΛ. Embora a posição dos segmentos seja diferente da considerada

221

na proposição 10, pode ser utilizado o mesmo raciocínio lá empregado, pois basta analisar a posição visual das extremidades dos segmentos, ou seja, dos pontos B, Δ, K, os quais estão sobre uma mesma reta horizontal (e sobre o mesmo plano horizontal). Em relação ao olho N, a extremidade B parece mais elevada do que Δ, e esta parece mais elevada do que K.

A proposição só é correta se as extremidades dos segmentos de reta forem colineares (ou se estiverem sobre o mesmo plano) – uma condição que não está no enunciado do teorema. Pois poderíamos ter segmentos de reta de mesmo comprimento e paralelos em que as extremidades dos mais distantes fossem vistas mais baixas, como no diagrama do contraexemplo da proposição 13. Assim, o enunciado da proposição 13, da forma como foi apresentada (sem condições adicionais) é falso.

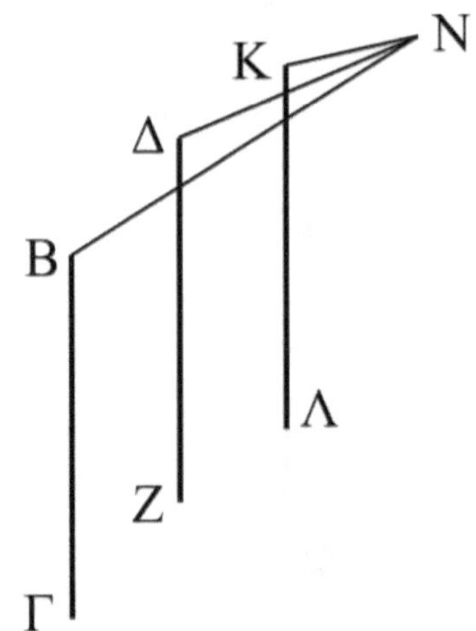

Contraexemplo da Proposição 13.

14. *De grandezas iguais colocadas acima do olho, as mais distantes parecem inferiores.*

É uma situação muito semelhante à da proposição anterior, porém com o olho colocado abaixo dos segmentos de reta. Ou seja: a posição do olho é B e os segmentos de reta observados são ΓΔ, ΛZ e KN. A proposição 11 havia analisado segmentos de um plano colocado acima do olho. O presente caso pode ser analisado da mesma forma, bastando estudar as posições visuais das extremidades dos segmentos, ou seja, dos pontos Δ, Z e N.

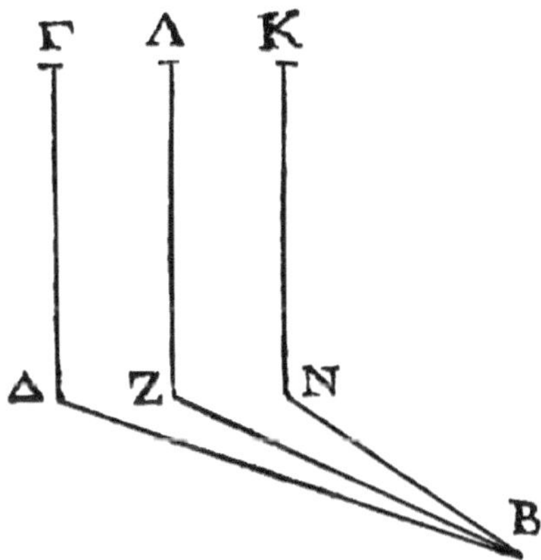

Diagrama da Proposição 14.

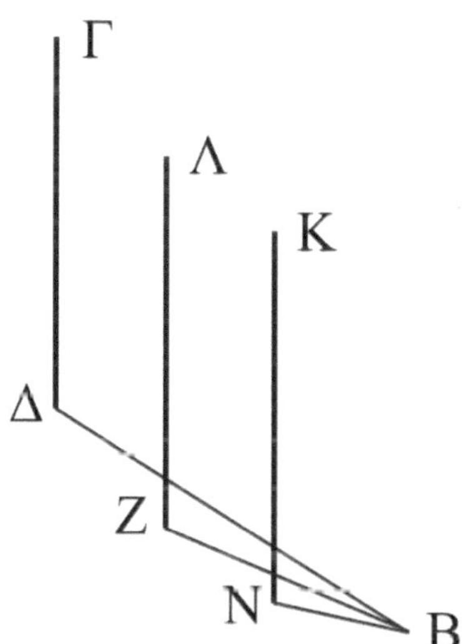

Contraexemplo da Proposição 14.

Assim como no caso anterior, esta proposição só é correta se as extremidades dos segmentos de reta forem colineares (ou se estiverem sobre o mesmo plano) – uma condição que não está no enunciado do teorema. Pois poderíamos ter segmentos de reta de mesmo comprimento e paralelos em que as extremidades dos mais distantes fossem vistas mais baixas, como no diagrama do contraexemplo da proposição 14. Assim, o enunciado da proposição 14, da forma como foi apresentada (sem condições adicionais) é falso.

15. *Se as [grandezas] que estão colocadas abaixo do olho e são diferentes uma da outra, quando o olho se aproxima a maior parece exceder mais, quando [o olho] se afasta, menos.*

Como na proposição anterior, pressupõe-se que as duas grandezas são paralelas.

O significado do enunciado pode ser compreendido pela figura correspondente. A grandeza BΓ é maior do que a grandeza ΘZ. Quando o olho está na posição Λ, a maior parece exceder a menor pelo segmento BN. Quando o olho se aproxima e passa à posição K, o excesso aparente da grandeza maior passa a ser BΔ, ou seja, o excesso aumentou.

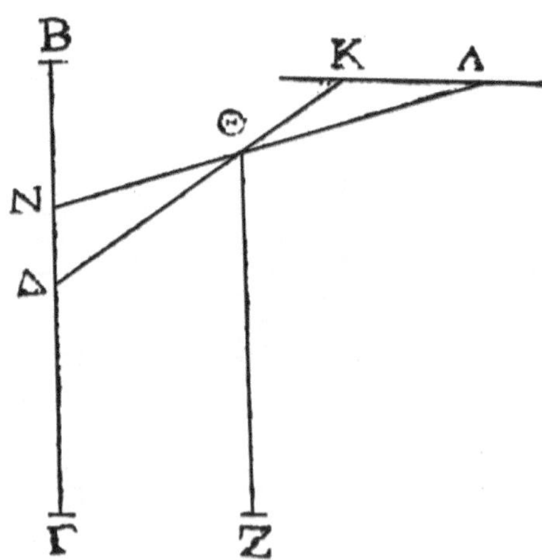

Diagrama da Proposição 15.

A proposição só é válida se os dois segmentos de reta possuem suas extremidades inferiores alinhadas (como na figura) e se o segmento menor está mais próximo à posição do olho. Em outras situações, quando o olho se aproxima, o excesso parecerá menor (e não maior), como se pode perceber pelos diagramas dos contraexemplos dessa proposição.

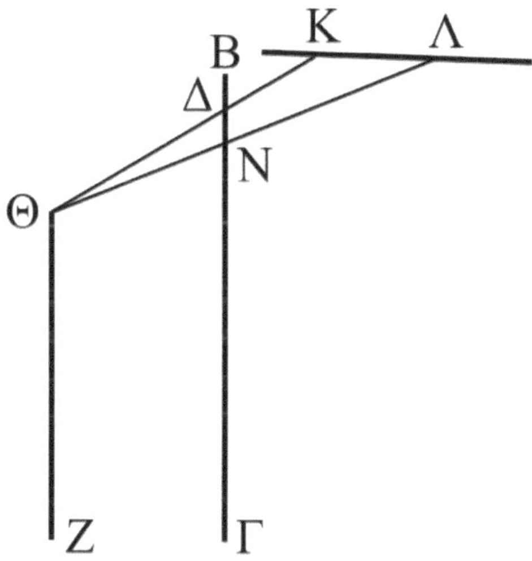

Contraexemplo 1 da Proposição 15.

No contraexemplo 1, o segmento maior BΓ está mais próximo ao olho. Quando o olho está na posição Λ, a maior parece exceder a menor pelo segmento BN. Quando o olho se aproxima e passa à posição K, o excesso aparente da grandeza maior passa a ser BΔ, ou seja, o excesso diminuiu, em vez de aumentar, como o enunciado da proposição indica.

No contraexemplo 2, o segmento maior BΓ está mais distante do olho, mas os dois segmentos estão alinhados por suas extremidades superiores, e não pelas inferiores. Quando o olho está na posição Λ, a maior parece exceder a menor pelo segmento NΓ. Quando o olho se aproxima e passa à posição K, o excesso aparente da grandeza maior passa a ser ΔΓ, ou seja, o excesso diminuiu, em vez de aumentar, como o enunciado da proposição indica. Dependendo da posição do olho, o segmento menor ΘZ será visto como maior do que o segmento BΓ. Portanto, o enunciado da proposição 15 é falso, a menos que lhe sejam adicionadas outras condições.

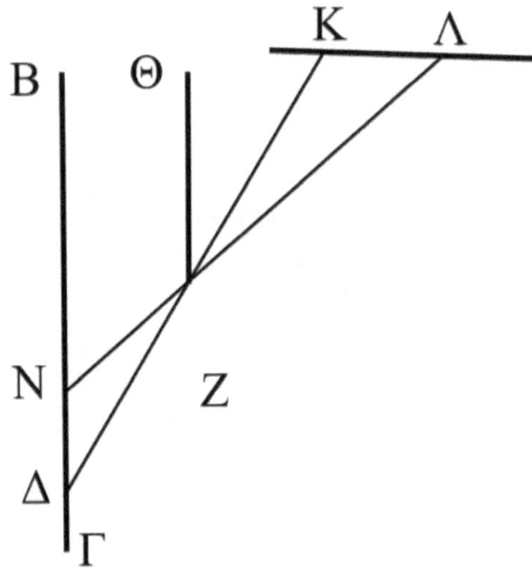

Contraexemplo 2 da Proposição 15.

16. *Se forem diferentes entre si, com o olho colocado abaixo, quando o olho se aproxima a maior parece exceder menos, quando [o olho] se afasta, mais.*

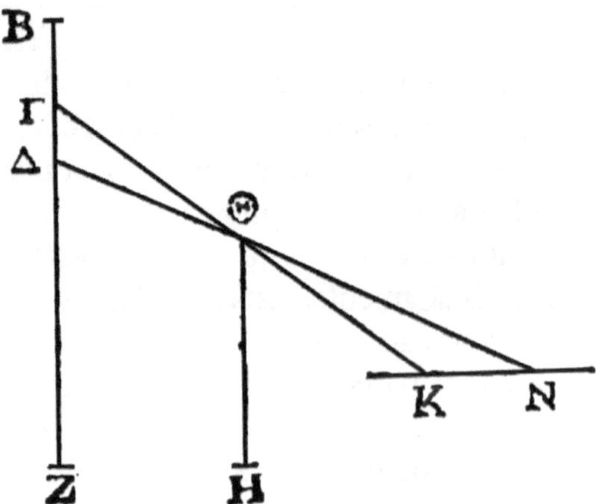

Diagrama da Proposição 16.

Esta proposição apresenta um caso semelhante ao anterior, porém com o olho mais baixo do que as extremidades dos dois segmentos de reta. Quando o olho está na posição N, o segmento maior BZ parece superar o menor ΘH pela distância BΔ. Quando o olho se aproxima para a posição K, o segmento maior parece superar o menor pela distância BΓ. Porém, assim como no caso da proposição anterior, se forem trocadas as posições dos segmentos maior e menor entre si, ou se eles estiverem alinhados pelas suas extremidades superiores, verifica-se que o enunciado da proposição perde a validade.

17. *Se forem diferentes entre si, com o olho colocado na linha reta da grandeza menor, quando o olho se aproxima ou se afasta a maior parece sempre exceder igualmente a menor.*

A situação representada pelo diagrama mostra o olho se movendo sobre uma reta perpendicular aos dois segmentos de reta e que passa pela extremidade Θ da grandeza menor. Nessa situação, a grandeza maior BΔ sempre excede a grandeza menor pela diferença BΓ, esteja o olho na posição Z ou na posição K. Se o olho se mover sobre uma reta que não é perpendicular aos dois segmentos, mas que passa pela extremidade Θ da grandeza menor, segue-se a mesma consequência. E se o segmento maior for inclinado em relação ao menor, a mesma propriedade continua válida.

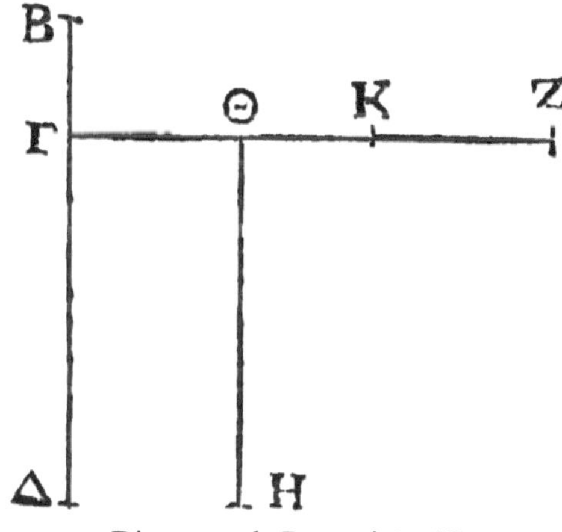

Diagrama da Proposição 17.

Há, no entanto, um problema com essa proposição – e que afeta também outras proposições anteriores (15 e 16). Não se está considerando aqui o *tamanho aparente* (visual) do segmento BΓ, mas o seu valor absoluto. O tamanho aparente é dado pelo ângulo formado pelos raios visuais que vão do olho até o segmento, e esse ângulo muda quando o olho se desloca da posição Z para a posição K, conforme mostrado no diagrama complementar da proposição 17, que mostra os raios visuais. O ângulo visual quando o olho está na posição Z é ΓZB, que é menor do que o ângulo visual BKΓ, quando o olho está na posição K. Portanto, a aparência visual do excesso do segmento maior BΔ em relação ao menor ΘH aumenta, quando o olho se aproxima.

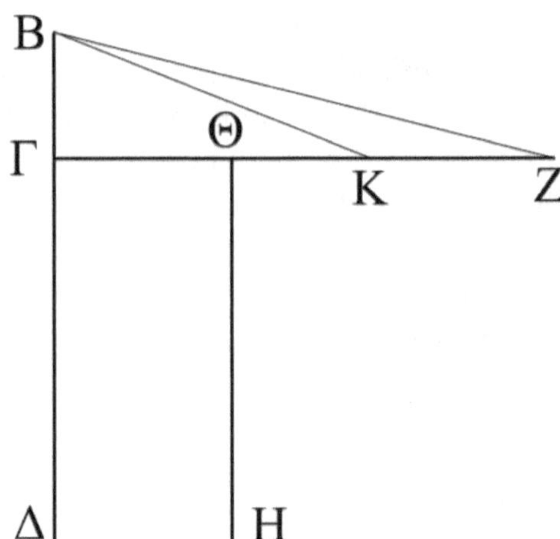

Diagrama complementar da Proposição 17.

18. *Saber o tamanho de uma dada altura, com o Sol aparente.*

Trata-se aqui de determinar uma altura, pelo método de sombras, que já foi explicado na parte inicial deste artigo. Ao contrário das outras proposições, não se está analisando a aparência visual de um objeto e não são utilizados os raios visuais e sim os raios luminosos do Sol.

No diagrama, BΓ é a altura que se quer determinar. Os raios do Sol BΔ que passam pela extremidade B desse segmento de reta atingem o ponto Δ em um plano que passa pela base da grandeza que se quer conhecer. O segmento de reta KZ (por exemplo, um bastão) tem uma altura conhecida e a sombra de sua extremidade K também cai sobre o ponto Δ. Por semelhança de triângulos, pode-se determinar a altura desconhecida desde que se conheçam as distâncias ΓΔ e ZΔ. O plano que passa pelas duas bases não precisa ser horizontal.

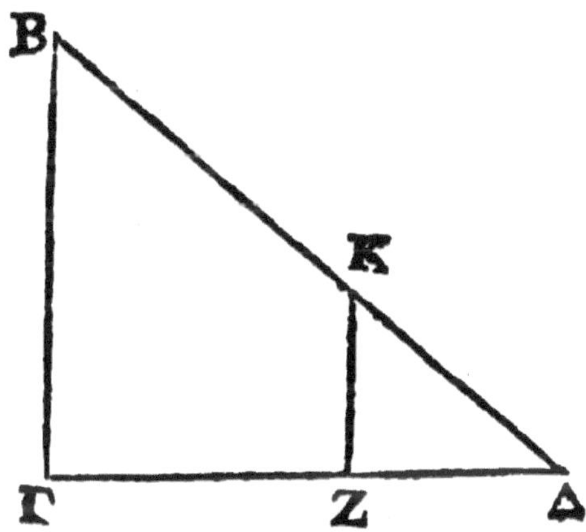

Diagrama da Proposição 18.

19. *Sem o Sol aparente, saber o tamanho de uma dada altura.*

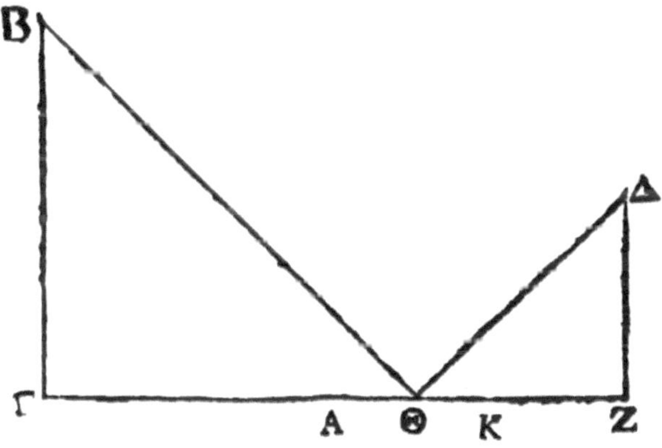

Diagrama da Proposição 19.

Neste caso, utiliza-se um espelho e raios visuais para determinar uma altura. O uso do espelho é curioso e anômalo, já que a *Optika* não estuda o fenômeno de reflexão.

No diagrama, que representa um plano vertical, BΓ é a altura desconhecida e ΔZ é uma altura conhecida (no caso, é a altura da pessoa) e Δ é a posição do olho. Coloca-se um espelho em uma posição Θ tal que, a partir de Δ, vê-se no espelho o reflexo de B. Como o ângulo de incidência do raio visual no espelho e o seu ângulo de reflexão são iguais (uma propriedade que aparece na *Katoptrika* atribuída a Euclides), os triângulos retângulos BΓΘ e ΔZΘ são semelhantes. Conhecendo-se as distâncias ΓΘ e ZΘ e a altura ΔZ, pode-se calcular a altura BΓ utilizando a proporcionalidade dos lados de triângulos semelhantes. É necessário assumir que ΓZ é horizontal para que os dois triângulos sejam retângulos; e o espelho precisa ser plano e estar exatamente na posição horizontal.

20. *Saber quanto é uma dada profundidade.*

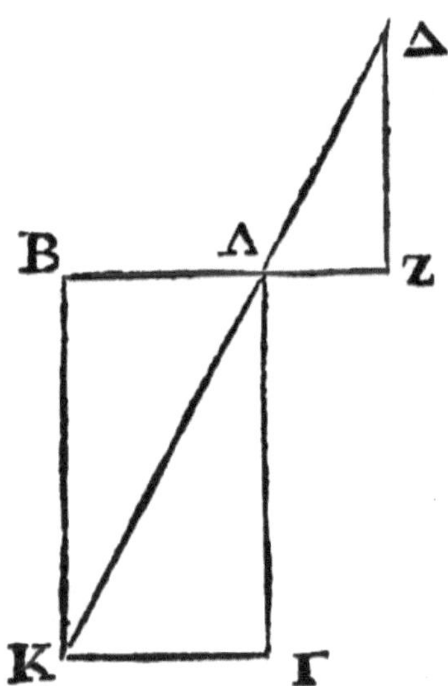

Diagrama da Proposição 20.

No diagrama, que mostra um plano vertical, BZ representa o nível do solo, ΔZ é uma altura conhecida (a altura da pessoa) e Δ a posição do olho. O retângulo BΛΓK representa uma cavidade no solo, cuja profundidade BK se quer determinar. A pessoa deve se movimentar até que o raio visual ΔK toque a borda Λ da cavidade. Nessa situação, os triângulos retângulos ΔZΛ e ΛBK serão semelhantes e, como ΔZ é uma altura conhecida, conhecendo-se as distâncias ZΛ e ΛB pode-se encontrar, por proporcionalidade, a profundidade BK. Os dois triângulos só serão semelhantes se a linha do solo for horizontal, para que os ângulos ΔZΛ e ΛBK sejam retos.

21. *Saber quanto é um dado comprimento.*

O diagrama representa um plano horizontal, no qual BΓ é o comprimento que se quer conhecer. A posição do olho é Δ. Traça-se uma linha ZK paralela a BΓ, de tal modo que os raios visuais passam tanto pelas extremidades de ZK quanto de BΓ. Os dois triângulos ΔZK e ΔBΓ são semelhantes (não é necessário que sejam triângulos retângulos, como na figura), portanto seus lados correspondentes são proporcionais. Medindo-se ΔZ, ΔB e ZK, pode-se calcular a distância BΓ, por proporcionalidade.

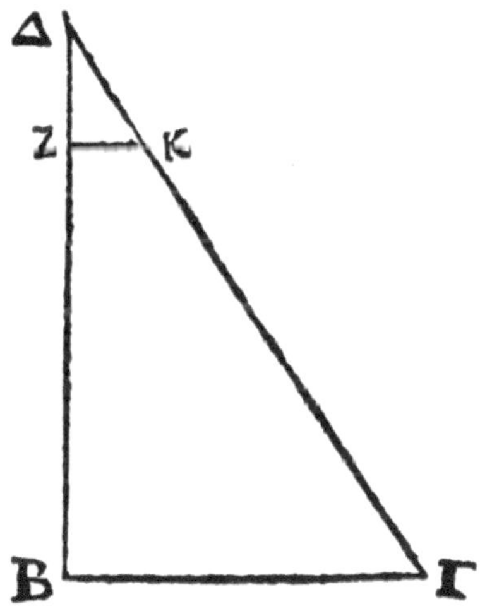

Diagrama da Proposição 21.

22. Se um arco de círculo é colocado no mesmo plano em que está o olho, o arco de círculo parece uma linha reta.

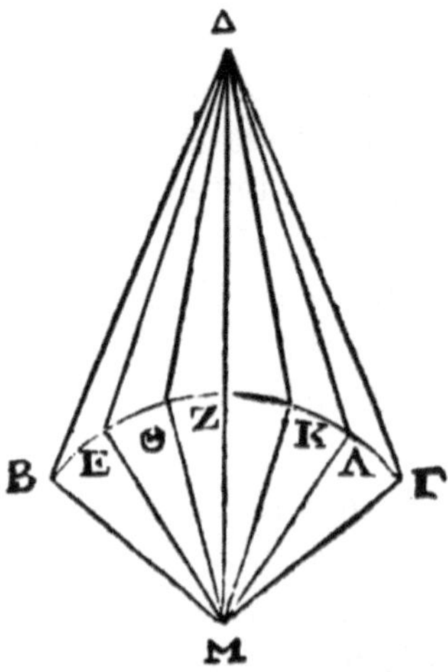

Diagrama da Proposição 22.

No diagrama, Δ é a posição do olho, BΓ é o arco que está sendo visto e que está no plano onde está o olho. O olho é capaz de perceber as direções dos vários pontos desse arco, mas não é capaz de perceber suas distâncias. Desse modo, a aparência visual do arco é igual à de uma reta que unisse as extremidades B e Γ.

Os manuscritos da *Optika* apresentam várias demonstrações diferentes para esta proposição, nenhuma muito convincente. Penso que a demonstração mais simples seria a que é ilustrada pelo diagrama complementar da proposição 22.

Como no diagrama anterior, a posição do olho é o ponto Δ, do qual saem os raios visuais. O arco de circunferência BZΓ está em um plano que contém o olho e a corda desse arco é o segmento de reta BΓ. Consideremos um dos raios visuais, que sai de Δ, cruza o arco no ponto Θ e, prolongado, toca a corda do arco no ponto Π. Sob o ponto de vista das aparências, como os pontos Θ e Π estão sobre o mesmo raio visual, diferindo apenas por suas distâncias (que não são percebidas diretamente pelo

232

processo visual), esses dois pontos são indistinguíveis visualmente. O mesmo acontece se analisarmos todos os outros raios visuais. Assim, o olho não pode distinguir os pontos do arco de círculo dos pontos do segmento de reta. Como não é percebida nenhuma curvatura, o arco de círculo é visto como se fosse um segmento de reta.

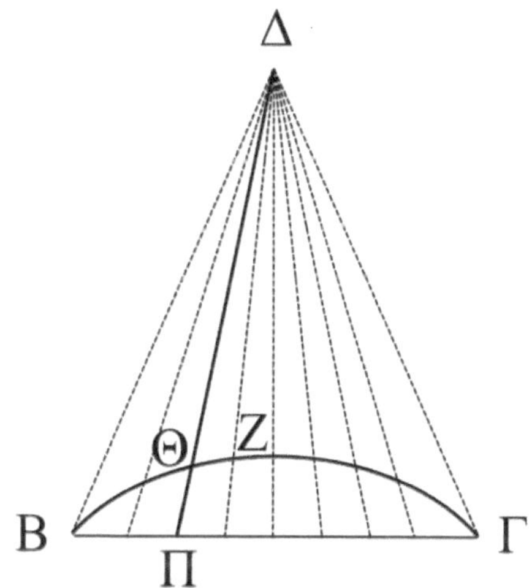

Diagrama complementar da Proposição 22.

23. *Se uma esfera é examinada por um único olho em qualquer posição, aparecerá sempre menor do que um hemisfério, e a parte da esfera que é vista aparece como um círculo.*

No diagrama, o olho está na posição B e o centro da esfera observada é K. Alguns dos raios visuais que saem de B tocam a esfera, outros não a tocam. Os raios extremos serão tangentes à esfera. Para determinar o ponto em que esses raios tangenciam a esfera, é realizada uma construção geométrica, traçando uma circunferência cujo diâmetro é BK. A intersecção dessa circunferência com o círculo que representa a superfície da esfera determina os pontos Z e Λ. Os triângulos BZK e BΛK são triângulos retângulos, pois cada um deles está inscrito em um semicírculo. Portanto, BZ é perpendicular a BK. Como BK é um raio do círculo que representa a esfera, BZ é tangente a esse círculo sendo, portanto, um raio visual extremo que toca a esfera. Pelo mesmo raciocínio, vê-se que BΛ é o outro raio visual extremo. Cortando-se a esfera por um plano perpendicular a BK e que passa pelos pontos Z e Λ, determina-se a parte da esfera que é vista a partir do olho na posição B. Ou seja: a parte da superfície da esfera que é vista é representada pelo arco ZNΛ. Portanto, menos da metade da esfera é vista. Essa parte que é vista é uma calota esférica; porém, como os raios visuais não permitem determinar distâncias, essa calota esférica é percebida como se fosse um círculo.

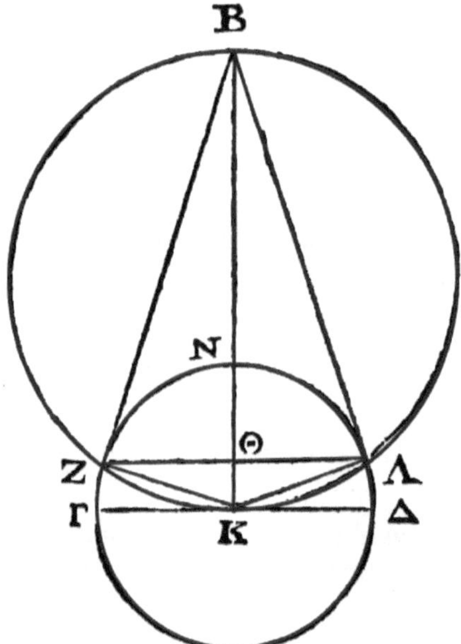

Diagrama da Proposição 23.

24. *Aproximando o olho da esfera, a parte vista é menor, mas parece ser vista maior.*

O diagrama que representa esta proposição é semelhante ao da proposição anterior. O olho está inicialmente na posição Δ e o centro da esfera observada é K. O cone visual que tangencia a esfera tem um ângulo de abertura igual a NΔΛ. Suponhamos, agora, que o olho se aproxima da esfera e sua nova posição é a do ponto P. Fazendo-se uma construção geométrica semelhante à que foi apresentada na proposição anterior, são encontrados os pontos Z e Σ em que os raios visuais, saindo de P, tangenciam a esfera. A abertura do novo cone visual que tangencia a esfera é o ângulo ZPΣ e esse ângulo é maior do que o ângulo do cone visual NΔΛ quando o olho estava em Δ. Portanto, a parte visível da superfície da esfera parece maior. No entanto, ela é menor, pois é a calota que corresponde ao arco ZΣ.

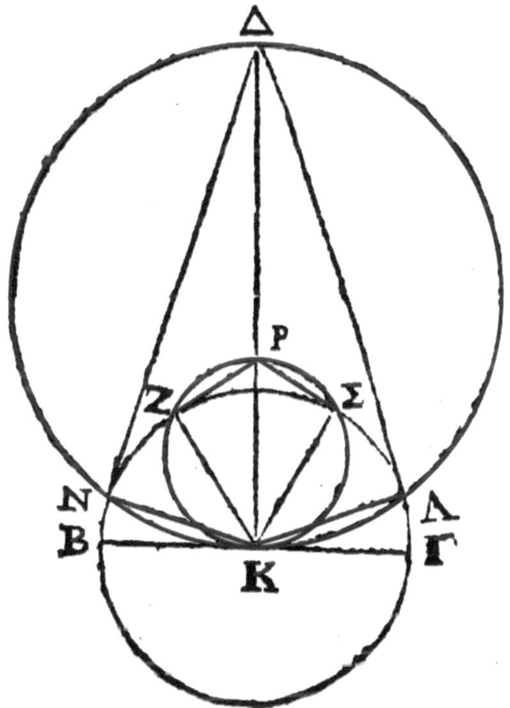

Diagrama da Proposição 24.

25. Quando uma esfera é vista com os dois olhos, se o diâmetro da esfera for igual à linha reta que separa os olhos, será visto o hemisfério todo.

Esta proposição está errada, como será mostrado.

O diagrama ilustrativo desta proposição mostra os dois olhos nas posições Z e Λ. A distância entre os dois olhos é igual ao diâmetro BΓ da esfera. O raio visual ZB que sai do olho B e o raio ΛΓ que sai do olho Λ são tangentes à esfera. Então, fica-se inicialmente com a impressão de que todo o hemisfério será visível. Porém, a proposição está errada.

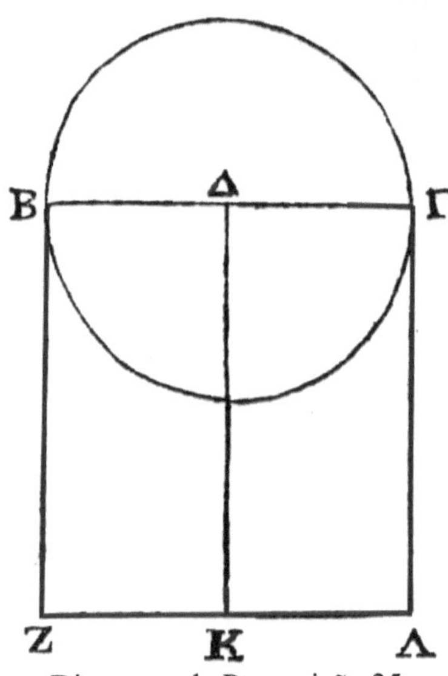

Diagrama da Proposição 25.

No diagrama complementar da proposição 25, os dois olhos estão igualmente nas posições Z e Λ. A distância entre os dois olhos é igual ao diâmetro BΓ da esfera. Os triângulos sombreados representam os cones visuais associados aos dois olhos. O olho Z vê a calota esférica BMN. O olho Λ vê a calota esférica MNΓ. Essas duas calotas esféricas, juntas, contêm todos os pontos que podem ser vistos por algum dos dois olhos. Essas duas calotas não formam um hemisfério, pois há um triângulo esférico BΓΘ cujos pontos não podem ser vistos por nenhum dos dois olhos (e um triângulo esférico correspondente do outro lado da esfera).

A proposição 25 estaria correta se ela se referisse a uma superfície cilíndrica, em vez de uma superfície esférica. Utilizando o mesmo diagrama complementar, mas interpretando o círculo superior como uma representação de um cilindro, o olho

Z vê a parte da superfície esférica BMN e o olho Λ vê a parte da superfície cilíndrica MNΓ. As duas se superpõem parcialmente e cobrem todo o semicilindro.

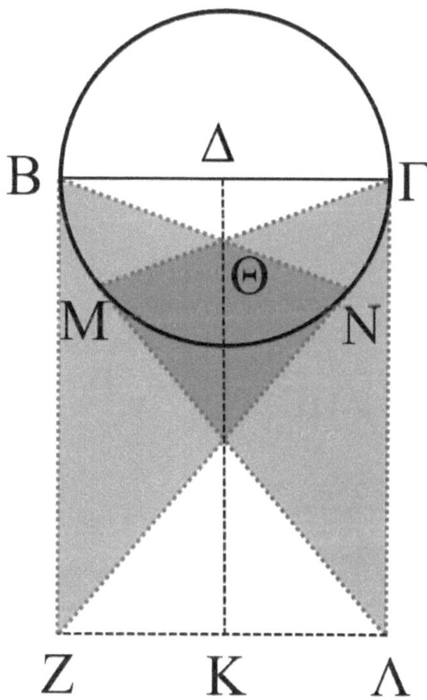

Diagrama complementar da Proposição 25.

É muito curioso que a maioria dos autores posteriores não tenha percebido que a proposição 25 da *Optika* está errada.

26. *Se a distância entre os olhos é maior do que o diâmetro da esfera observada, será visto mais do que um hemisfério da esfera.*

Outra proposição errada.

Examinemos o diagrama desta proposição 26. A distância BΓ entre os olhos é maior do que o diâmetro ΠΡ da esfera. Nessa situação, o olho B consegue ver alguns pontos da região ΔΠ do segundo hemisfério e o olho Γ consegue ver outros pontos da região PZ do segundo hemisfério. Se a proposição 25 estivesse correta, então nesta nova situação os dois olhos conseguiriam enxergar mais do que um hemisfério. Porém, mesmo com a separação entre os olhos maior do que o diâmetro da esfera, o primeiro hemisfério (o mais próximo dos olhos) não fica todo visível.

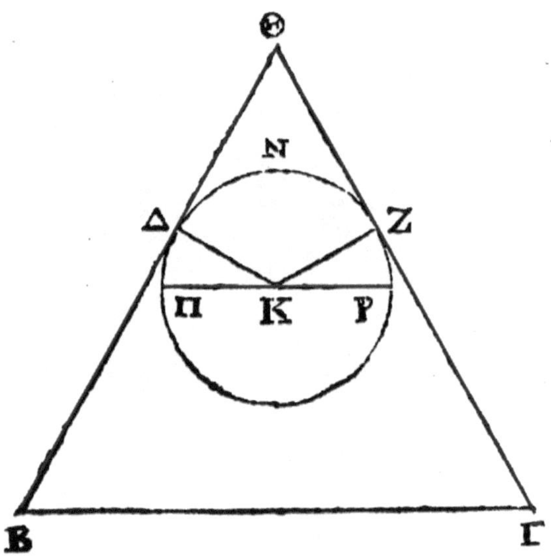

Diagrama da Proposição 26.

A análise correta é elucidada através do diagrama complementar da Proposição 26. A distância BΓ entre os dois olhos é maior do que o diâmetro ΠΡ da esfera. Nessa situação, o olho B consegue ver todos os pontos da calota esférica ΔΘΛ, mas não vê o ponto K nem outros pontos próximos a ele. O olho Γ consegue ver todos os pontos da calota esférica ΘΛZ, mas também não vê o ponto K nem outros pontos próximos a ele. Portanto, há pontos próximos de K que estão no hemisfério mais próximo dos olhos e que não são vistos por nenhum dos olhos. Assim, os dois olhos não veem nem mesmo um hemisfério inteiro e, portanto, não veem mais do que um hemisfério.

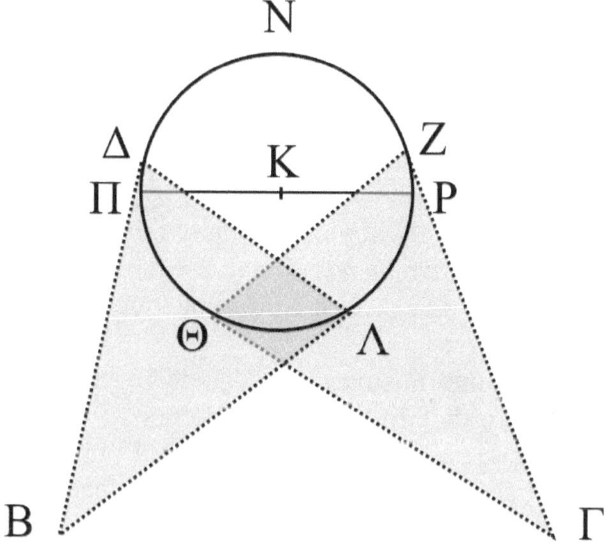

Diagrama complementar da Proposição 26.

27. Se a distância entre os olhos é menor do que o diâmetro da esfera observada, será visto menos do que um hemisfério.

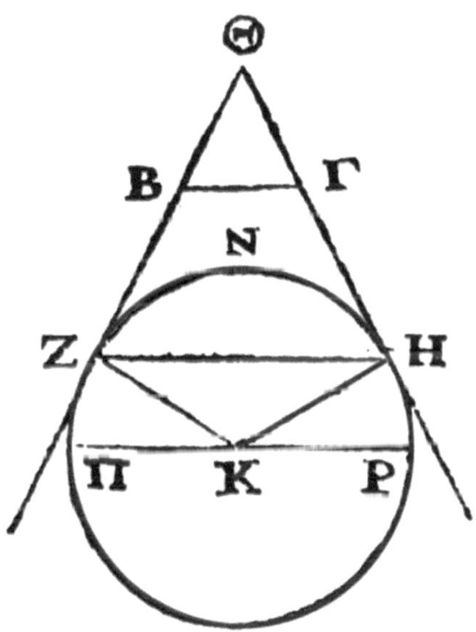

Diagrama da Proposição 27.

A proposição está correta, embora a análise apresentada na sua demonstração não esteja correta, pois não identifica adequadamente a parte da esfera que é vista com cada um dos olhos. A partir do que já foi explicado nas duas proposições anteriores, é fácil perceber como deve ser feita a análise correta.

28. *Se um cilindro é examinado com um único olho de qualquer posição, será visto menos do que um semicilindro.*

Esta proposição da *Optika* e a próxima, que se referem a um cilindro, estão corretas.

No diagrama que ilustra esta proposição 28, a posição do olho é N e o eixo do cilindro é indicado por K. O diâmetro do cilindro, por onde passa um plano que separa sua superfície em duas metades, é ΓB. O diagrama é muito semelhante ao da Proposição 23 e é feita uma construção geométrica equivalente, para encontrar os pontos Z e Δ onde os raios visuais extremos tangenciam a superfície do cilindro. O olho será capaz de ver a parte da superfície cilíndrica que, na projeção do diagrama, corresponde ao arco ZΛΔ, que é menor do que o semicilindro.

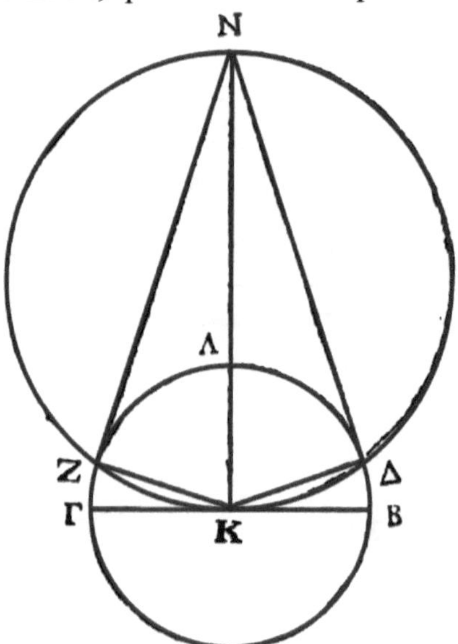

Diagrama da Proposição 28.

29. *Colocando o olho mais próximo do cilindro, a parte do cilindro atingida pelos raios é menor, mas parece ser vista maior.*

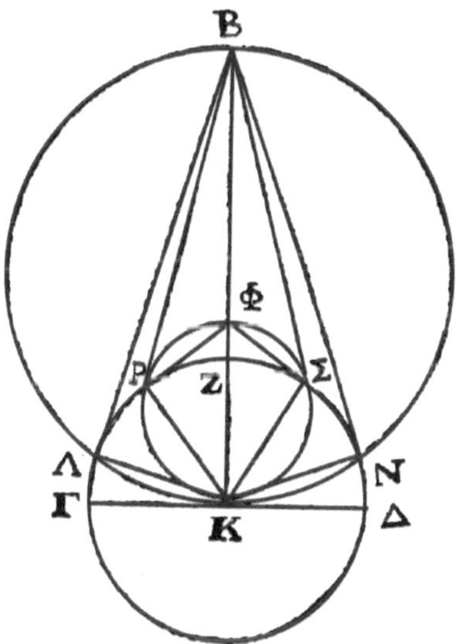

Diagrama da Proposição 29.

Esta proposição é análoga à proposição 24, que se referia ao caso em que o olho se aproxima da esfera. No diagrama da proposição 29, a primeira posição do olho é indicada por B e a segunda por Φ. São feitas as construções geométricas para determinar os raios visuais tangentes à superfície do cilindro, para cada posição do olho. Quando o olho está em B, a parte visível da superfície do cilindro é representada pelo arco ΛZN. Quando o olho está em Φ, a parte visível da superfície do cilindro é menor, representada pelo arco PZΣ. Porém, o ângulo visual PΦΣ é maior nessa segunda posição do que o ângulo visual ΛBN na primeira posição.

30. *Se um cone com base circular perpendicular ao seu eixo é visto com um olho, será visto menos do que meio cone.*

Esta proposição é falsa. É semelhante às proposições 23 (para a esfera) e 28 (para o cilindro) e a demonstração proposta na

Optika é análoga à dessas duas; porém, o caso do cone é muito diferente dos casos da esfera e do cilindro.

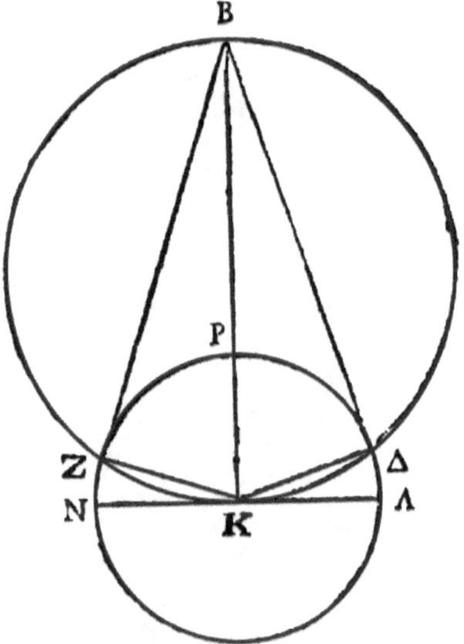

Diagrama da Proposição 30.

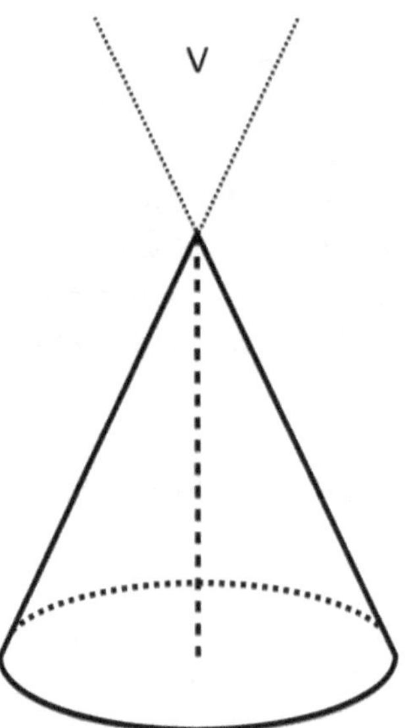

Primeiro contraexemplo da Proposição 30.

Como se pode ver pelo diagrama desta proposição 30, a construção geométrica utilizada é análoga à dos casos da esfera (prop. 23) e do cilindro (prop. 28). A análise apresentada é válida *se o olho estiver no plano da base do cone* (ou, de modo geral, abaixo do vértice do cone, como será mostrado), mas torna-se inválida dependendo da posição do olho.

Podemos nos convencer de que a proposição 30 está errada analisando um primeiro contraexemplo, no qual o olho esteja posicionado no ponto V acima do vértice do cone, na região interna do prolongamento do cone. Nesse caso, o olho será capaz de ver a totalidade da superfície do cone.

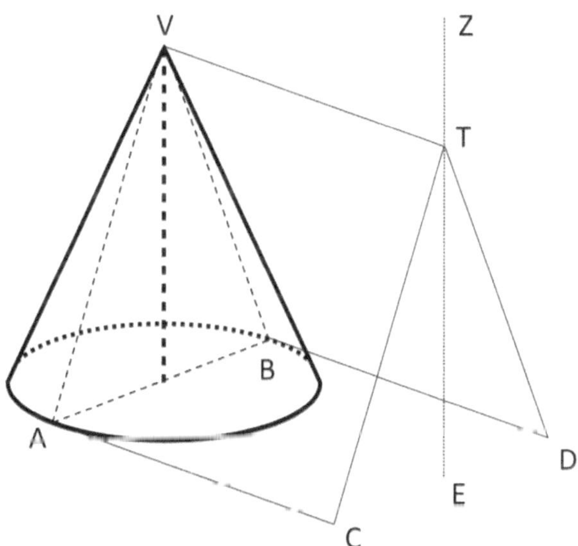

Diagrama do segundo contraexemplo da Proposição 30.

Podemos compreender melhor a situação a partir do diagrama do segundo contraexemplo da proposição 30. Consideremos o cone reto com base circular e tracemos um diâmetro AB da base. Unindo as extremidades do diâmetro ao vértice V, a superfície do cone ficará dividida em duas partes iguais. Agora, consideremos os planos *ACTV* e *BDTV* que tangenciam o cone nessas linhas. Esses planos se interceptam na reta *VT*. Agora, consideremos uma reta *EZ* paralela ao eixo do cone, passando por *T*. Se o olho do observador estiver em *T*, seus raios visuais tangentes ao cone estarão nos dois planos considerados e, portanto, ele verá exatamente meio cone. Se o olho estiver em qualquer ponto da reta paralela ao eixo, entre *E* e *T*, ele verá menos do que o semicone. Se o olho estiver na reta *EZ* em um ponto acima de *T*, ele verá mais do que o semicone.

Assim sendo, a proposição 30 da *Optika* está errada. Ela ficaria correta, no entanto, se seu enunciado especificasse que o olho está no plano da base do cone, como na próxima proposição.

31. *Colocando o olho mais próximo [ao cone], no mesmo plano da base do cone, a parte atingida pelos raios visuais será menor, mas ele será visto como maior.*

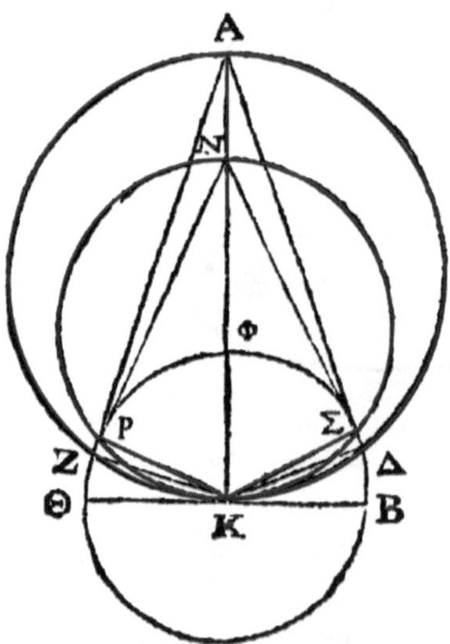

Diagrama da Proposição 31.

Esta proposição está correta e é análoga às apresentadas para a esfera (proposição 24) e para o cilindro (proposição 29). O diagrama e a argumentação também são muito semelhantes, por isso não vamos apresentar aqui a sua explicação.

32. *Em um cone cuja base é um círculo, se pelos pontos de encontro dos raios visuais que caem sobre [tangenciam] a base desse cone forem traçadas linhas retas sobre a superfície do cone até o seu vértice, e se forem passados dois planos por essas linhas e pelos raios visuais que caem na base do cone, sendo o olho colocado na interseção deles [dos planos], a porção vista será sempre igual, qualquer que seja o ponto em que ele se encontre sobre essa interseção dos dois planos.*

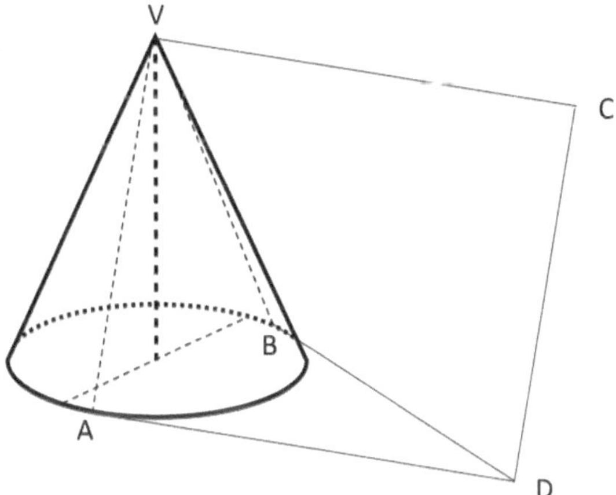

Diagrama auxiliar 1 da Proposição 32.

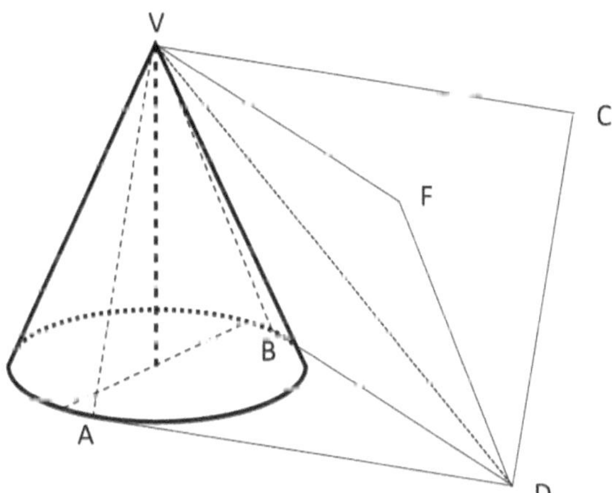

Diagrama auxiliar 2 da Proposição 32.

O enunciado da proposição 32 é extremamente complexo. Para entender a situação que ele descreve, apresentamos quatro diagramas auxiliares.

No diagrama auxiliar 1, o ponto D indica a posição do olho, no plano da base do cone. As retas AD e BD são os raios visuais que tangenciam o círculo da base do cone. Os pontos A e B onde essas retas tocam a base são conectados ao vértice V do cone pelas retas AV e BV. A reta AV e o olho D definem um plano $ADCV$, tangente ao cone.

O diagrama auxiliar 2 apresenta uma construção análoga, para o outro raio visual tangente à base do cone. A reta BV e o olho D definem um segundo plano $BDFV$ tangente à superfície do cone. Os dois planos tangentes ao cone e que passam pelo olho D se interceptam na reta DV, que vai do olho até o vértice do cone.

No diagrama auxiliar 3, os dois planos foram ocultados, para que seja mais fácil visualizar a reta DV e sua conexão com os outros elementos do cone e com o olho D.

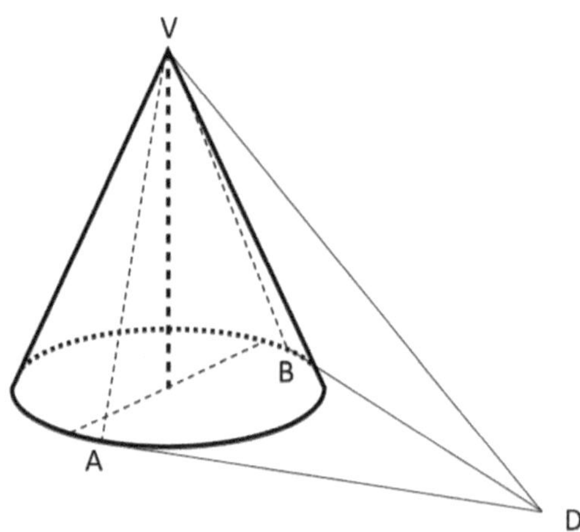

Diagrama auxiliar 3 da Proposição 32.

Agora, suponhamos que o olho se desloca de D, pela linha DV. O diagrama auxiliar 4 mostra a situação quando o olho está na posição E. O plano que passa por E, paralelo à base, corta o cone em um novo círculo. As retas *EM* e *EM* são os raios visuais que tangenciam esse círculo. Nesse plano que passa por *E*, tudo é semelhante à situação que tínhamos no plano da base do cone. Então, o ângulo visual *MEN* é igual ao ângulo visual *ADB*, qualquer que seja o ponto *E* sobre a reta *DV* em que o olho seja colocado. Além disso, seja onde for que esteja o ponto *E*, a parte da superfície do cone que é vista será sempre a mesma.

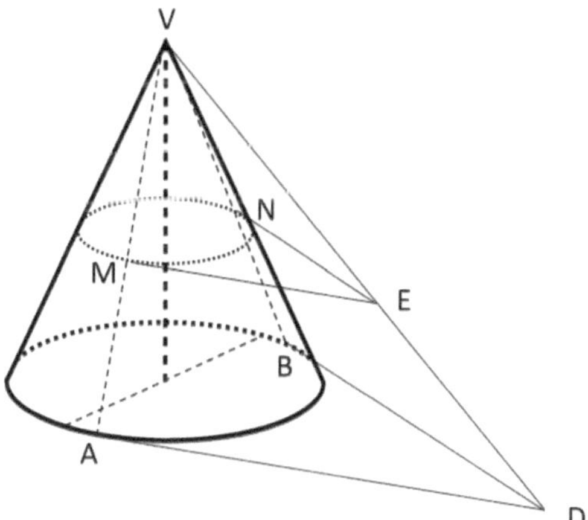

Diagrama auxiliar 4 da Proposição 32.

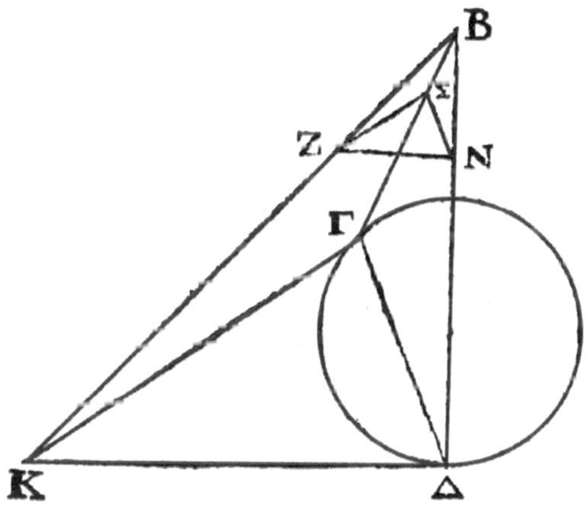

Diagrama da Proposição 32.

Apresentamos também o diagrama original da proposição, que é difícil de interpretar, por não estar em perspectiva.

33. *Mas deslocando o olho da base e colocando-o mais alto, a parte do cone vista será maior, mas parecerá menor; [colocando-o] mais baixo, será menor, mas parecerá maior.*

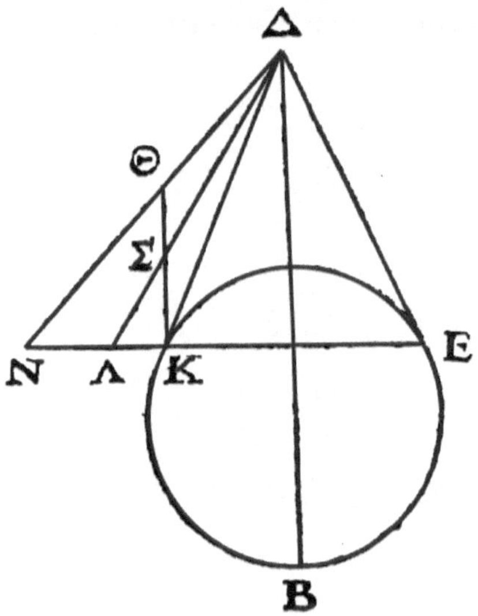

Diagrama da Proposição 33.

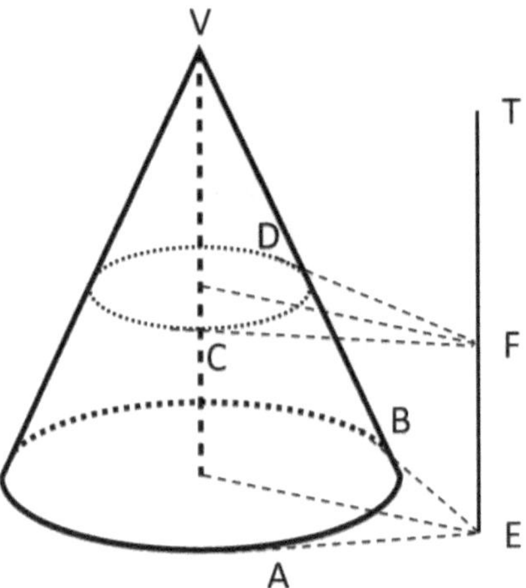

Diagrama auxiliar da Proposição 33.

O enunciado não é muito claro, e o diagrama desta proposição 33 também não ajuda muito a compreender a situação. A ideia é que o olho se desloca em uma linha vertical (ou seja, paralela ao eixo do cone) ou, conforme alguns intérpretes, em uma linha paralela à superfície do cone. Quando o olho está em uma posição mais baixa, o ângulo visual será maior, porém a porção do cone que é visível será menor; quando o olho está em posição mais alta, o ângulo visual será menor, porém a porção do cone que é visível será maior.

No diagrama auxiliar da Proposição 33, o olho se move sobre a reta *ET*, paralela ao eixo do cone. Quando o olho está em uma posição baixa, como em *E*, o ângulo visual determinado pelas tangentes *EA* e *EB* ao cone é grande; porém, a fração da superfície da esfera que é vista é pequena. Quando o olho está em uma posição mais alta, como em *F*, o ângulo visual determinado pelas tangentes *FC* e *FD* ao cone é pequeno; porém, a fração da superfície da esfera que é vista é maior, tendendo à metade do cone quando o olho se aproxima de *T*, que está à mesma altura do vértice do cone.

34. *Se uma linha reta for erguida do centro de um círculo, perpendicularmente ao plano do círculo, e se sobre ela for colocado o olho, todos os diâmetros traçados no plano do círculo parecerão iguais.*

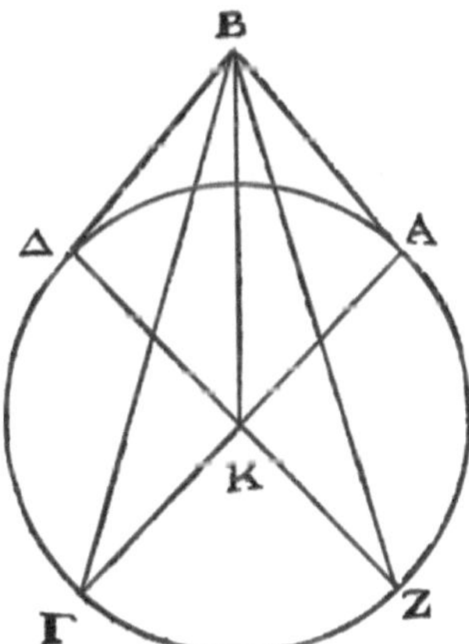

Diagrama da Proposição 34.

No diagrama auxiliar desta proposição 34, a reta *AC* passa pelo centro *C* do círculo e é perpendicular a ele. Se o olho estiver sobre esta reta (por exemplo, no ponto *A*), todos os diâmetros do círculo serão vistos como iguais, porque todos os ângulos visuais de *A* até as extremidades dos diâmetros (como, por exemplo, o ângulo *BAD*) serão iguais.

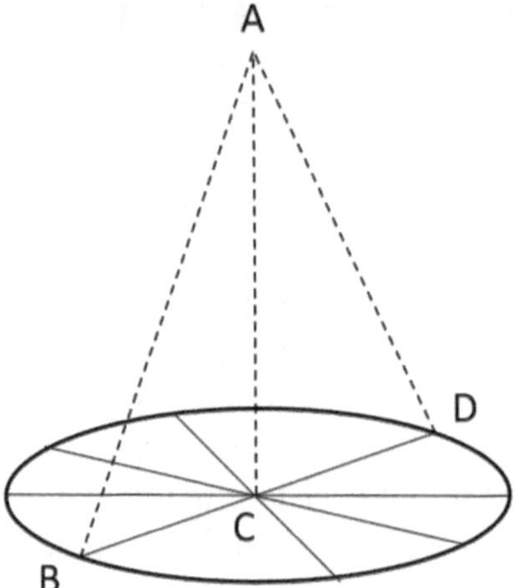

Diagrama auxiliar da Proposição 34.

Tendo compreendido o diagrama auxiliar, torna-se mais fácil compreender o diagrama original desta proposição 34.

A proposição 34 é correta e bastante simples. No entanto, esta proposição e a seguinte deram margem a muitas explicações e demonstrações adicionais. Um dos autores que as estudou foi Pappus, de Alexandria, em sua *Coleção Matemática*. Como o objetivo de Pappus nessa obra era esclarecer pontos de trabalhos anteriores que não estavam muito claros ou corretos, é possível que a versão original desta proposição na *Optika* tivesse algum problema grave. As versões da *Optika* que chegaram até nós parecem ter sido compostas ou alteradas após o trabalho de Pappus e levam em conta a sua análise.[7]

---

[7] Ver discussão detalhada desse ponto em Knorr, 1992 e também em Knorr, 1994, pp. 34-41.

Em algumas versões da *Optika* aparece uma proposição adicional, logo após esta:

34*. *Se a reta traçada do centro [do círculo] não for perpendicular ao plano, mas for igual ao semidiâmetro, todos os diâmetros aparecerão iguais.*

O semidiâmetro do círculo é o seu raio.

O diagrama original desta proposição 34* não é muito claro, por não apresentar uma perspectiva adequada da situação.

Esta proposição não é óbvia, mas sua demonstração geométrica é simples. No diagrama auxiliar desta proposição 34*, *AB* é um diâmetro qualquer do círculo considerado. O olho está na posição *D* e o diagrama representa um plano que passa pelo olho e pelo diâmetro. A distância entre o centro *C* do círculo e o olho *D* é igual ao raio do círculo, ou seja, é a metade de *AB*. O ângulo visual desse diâmetro, visto pelo olho que está em *D*, é *ADB*. Este ângulo é reto, qualquer que seja a inclinação da reta *CD*. Pois traçando-se um semicírculo com centro em *C* e com raio igual a *CD*, percebe-se que o ângulo *ADB* está inscrito nesse semicírculo e, portanto, é um ângulo reto. Assim, qualquer diâmetro do círculo será visto com o mesmo tamanho aparente (ângulo visual).

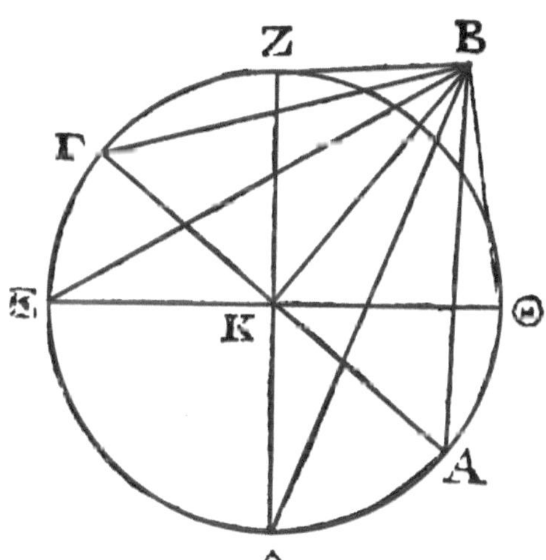

Diagrama da Proposição 34*.

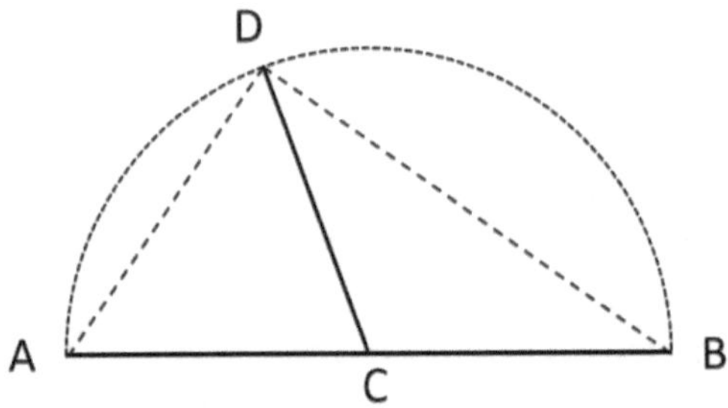

Diagrama auxiliar da Proposição 34*.

35. *Mas se [a reta] do olho ao centro do círculo não é perpendicular ao plano do círculo, nem igual ao semidiâmetro,
nem forma ângulos iguais, os diâmetros sobre os quais se formam ângulos diferentes parecerão diferentes.*

O enunciado exclui os casos especiais estudados nas proposições 34 e 34*. A demonstração dessa proposição é extremamente complicada na *Optika* e utiliza várias proposições auxiliares (*lemmas*), cada uma acompanhada por um diagrama. Não
vamos tentar reproduzir nem explicar aqui o raciocínio apresentado na *Optika* e sim explicar a ideia da proposição de modo
anacrônico, porém mais fácil de compreender para um leitor
atual.

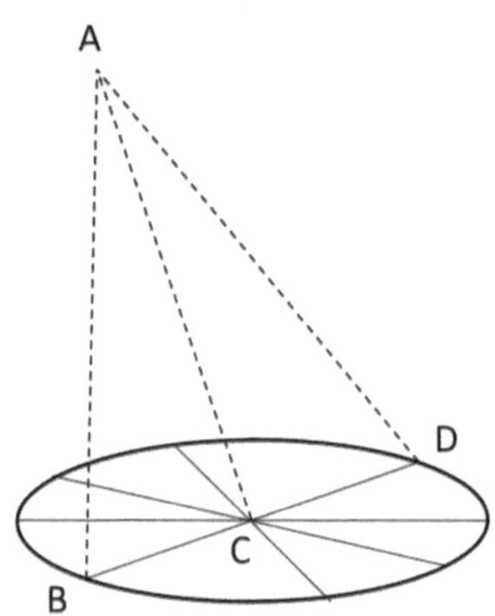

Primeiro diagrama auxiliar da Proposição 35.

O primeiro diagrama auxiliar da proposição 35 ilustra a situação que está sendo considerada. O olho está em uma posição *A*, e a reta que une o olho ao centro do círculo *C* não é perpendicular ao plano do círculo. Além disso, a distância de *A* até *C* é diferente do raio do círculo. Nessa situação, os ângulos visuais *BAD* dos diversos diâmetros do círculo serão geralmente diferentes, isto é, os diâmetros serão geralmente vistos com tamanhos diferentes pelo olho *A*.

Podemos pensar sobre essa situação como se, inicialmente o olho estivesse na reta perpendicular ao círculo e que passa por seu centro; e que então o círculo mudasse sua inclinação, enquanto o olho se mantivesse na mesma posição. Sabemos que o círculo, visto desta posição, terá a aparência de uma elipse.

No segundo diagrama auxiliar da Proposição 35, consideremos um plano que passa pela reta *AC* que une o olho *A* ao centro do círculo e que passa pela reta *TC* perpendicular ao plano do círculo, passando por seu centro *C*. Este é um plano de simetria da situação geométrica considerada.

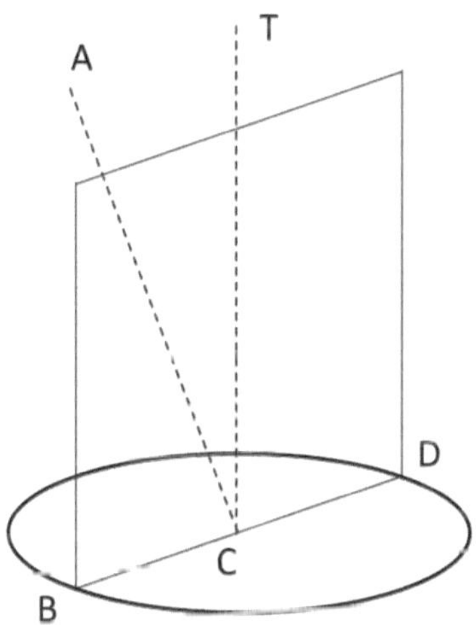

Segundo diagrama auxiliar da Proposição 35

O diâmetro *BD* contido neste plano é o que tem a maior inclinação em relação à reta *AC* e, por isso, será visto como o eixo menor da elipse. O diâmetro perpendicular a este (não representado no diagrama) será visto como o eixo maior da elipse.

O terceiro diagrama auxiliar da Proposição 35 mostra dois diâmetros *MN* e *PQ* do círculo que estão igualmente inclinados para um lado e para o outro em relação ao plano de simetria acima descrito. Eles terão iguais inclinações em relação à reta *AC* e serão vistos pelo olho como sendo iguais entre si (por simetria).

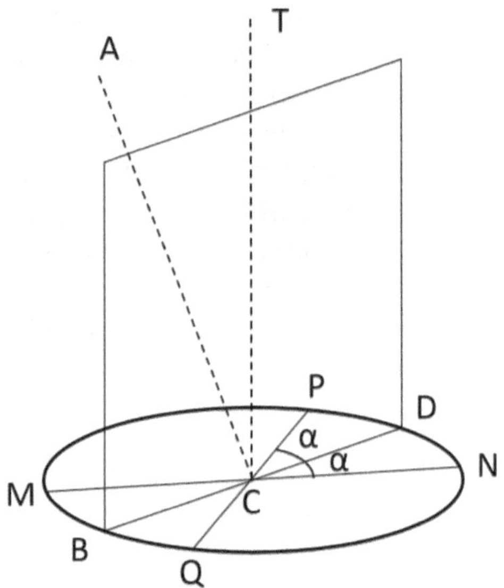

Terceiro diagrama auxiliar da Proposição 35.

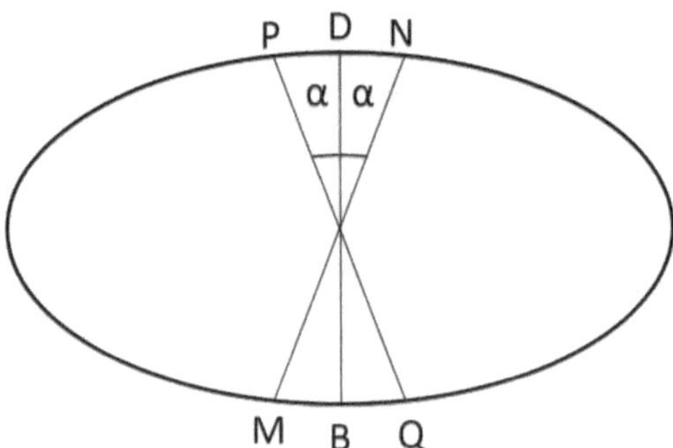

Quarto diagrama auxiliar da Proposição 35.

O quarto diagrama auxiliar da Proposição 35 mostra como o círculo é visto a partir do olho *A*. Os dois diâmetros dois diâmetros *MN* e *PQ* não são vistos com seus tamanhos reais porque estão inclinados, porém possuem o mesmo tamanho visual (angular).

Portanto, no enunciado da proposição 35, deve-se entender que os ângulos mencionados são os ângulos entre os diâmetros que estão sendo comparados um com o outro e o diâmetro formado pela intersecção do plano que passa pelo olho e pela reta perpendicular ao plano do círculo, passando pelo centro do mesmo círculo. Se esses ângulos são iguais para dois diâmetros, eles serão vistos como iguais; se esses ângulos são diferentes, os diâmetros serão vistos como diferentes.

36. *As rodas dos carros às vezes parecem circulares, outras vezes parecem oblongas.*

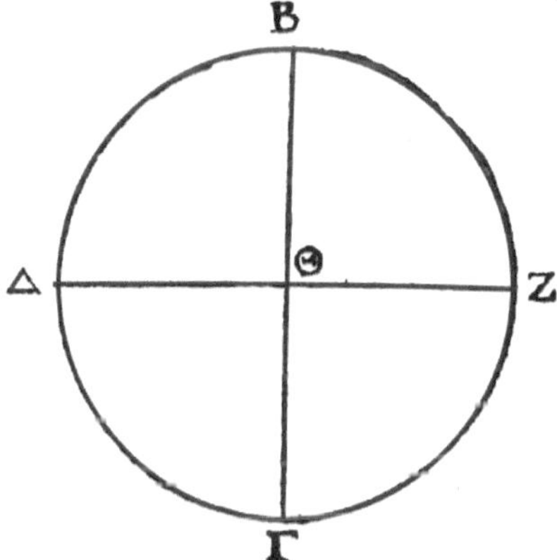

Diagrama da Proposição 36.

A aparência de uma roda será circular, ou seja, com todos os diâmetros iguais, apenas se for observada com o olho na reta perpendicular ao plano da roda, passando pelo seu centro; ou se for observada de uma distância igual ao semidiâmetro, em relação ao centro da roda, pelas proposições 33 e 34. Em qualquer outro caso, alguns diâmetros serão iguais entre si e outros serão diferentes, de acordo com a proposição 35. O diagrama dessa proposição não acrescenta nada à explicação acima.

37. *Há um lugar no qual, movendo-se o que é observado e ficando o olho fixo, aquilo que é visto parece sempre igual.*

Esta proposição é diferente na *versão B* da *Optika*, por isso vamos inicialmente utilizar o diagrama da *versão A*, a partir da edição de Heiberg. Nesse diagrama, a grandeza observada é o segmento BΓ. A posição do olho é A, ou seja, a grandeza e o olho estão no mesmo plano. Se o olho ficar fixo nessa posição e a grandeza for movida para a posição ΔΓ, de tal modo que a distância AΔ seja igual à distância AB, a grandeza será vista sob o mesmo ângulo visual e terá o mesmo tamanho aparente.

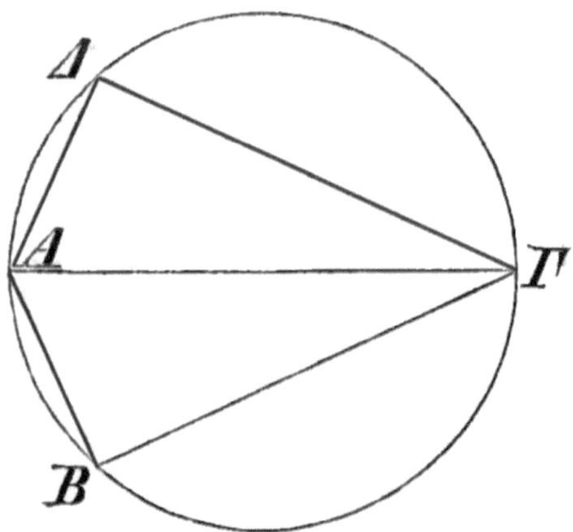

Diagrama da Proposição 37.

Isso está correto, mas é bastante óbvio e pouco interessante. A *versão B* da *Optika* contém o mesmo enunciado (é a proposição 44, na edição de Gregory), porém lhe dá outro significado e apresenta um esquema geométrico diferente (diagrama da Proposição 37 na *versão B*).

Na descrição da *versão B*, a grandeza observada é BΓ e o olho está na posição Z. É construído uma circunferência que contém os pontos B, Γ e Z (os três pontos determinam uma única

256

circunferência). Agora, se a grandeza se deslocar mantendo suas extremidades sobre essa circunferência, ela será sempre vista com o mesmo tamanho aparente, a partir de Z. Por exemplo: se a grandeza se deslocar para a posição ΓΔ, o ângulo visual a partir de Z continuará o mesmo – ou seja, o ângulo BZΓ e o ângulo ΓZΔ são iguais. Para qualquer outra posição da grandeza, mantendo as suas extremidades sobre a circunferência, valerá a mesma propriedade. Vemos que essa proposição na *versão B* é muito menos óbvia e mais interessante do que na *versão A*.

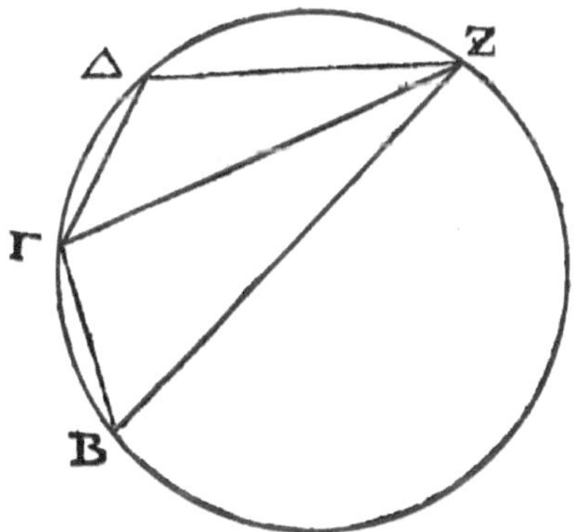

Diagrama da Proposição 37 na *versão B*.

38. *Há um lugar no qual, movendo-se o olho e ficando parado o que é observado, aquilo que é visto parece sempre igual.* Esta proposição tem o número 45 na edição de Gregory.

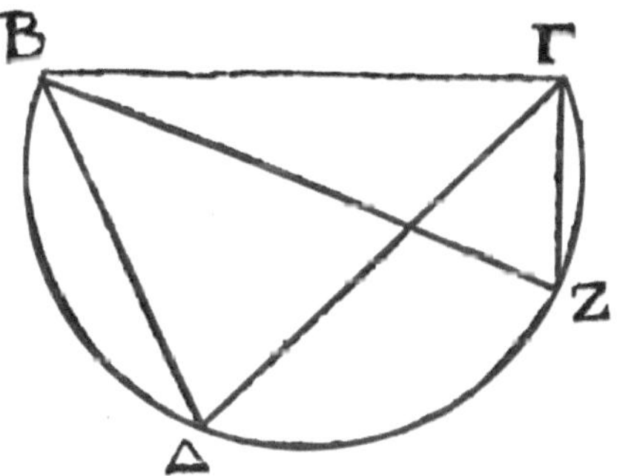

Diagrama da Proposição 38.

No diagrama, a grandeza observada é o segmento BΓ e o olho está na posição Z. O ângulo BZΓ não é necessariamente reto, pode ser qualquer ângulo. Traça-se pelos pontos B, Z e Γ um arco de círculo BΔZΓ (que só será um semicírculo se o ângulo BZΓ for reto). Agora, se o olho se deslocar sobre esse arco de círculo – por exemplo, para o ponto Δ – a grandeza será vista sob o ângulo BΔΓ. Esse ângulo será igual ao ângulo BZΓ. Portanto, se o olho se desloca sobre esse arco de circunferência, a grandeza será vista sempre igual.

Devemos notar que, na *versão B*, esta proposição e a anterior possuem grande semelhança, enquanto na *versão A* a proposição 37 e a proposição 38 apresentam situações muito diferentes.

39. *Se uma grandeza é perpendicular ao plano sobre o qual está e se o olho for colocado em um ponto qualquer do plano, se aquilo que é visto se desloca sobre a circunferência de um círculo cujo centro é o olho, deslocando-se em posição paralela à inicial, aquilo que é visto será visto sempre igual.*

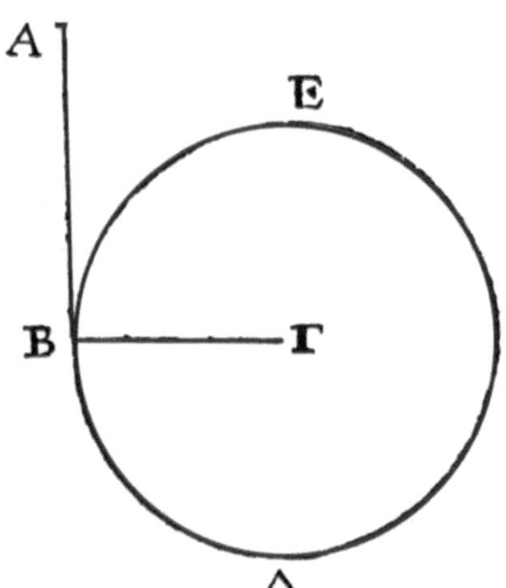

Diagrama da Proposição 39.

No diagrama desta proposição 39, a posição do olho é Γ, que é o centro de um círculo. A grandeza que se move é o segmento de reta AB, que deve ser imaginado em uma posição perpendicular ao plano do círculo. Se o olho fica parado nessa posição Γ e a grandeza se move ao longo da circunferência do círculo, mantendo-se sempre perpendicular ao plano do mesmo, ela será vista sempre igual.

40. Se, pelo contrário, aquilo que é visto não é perpendicular ao plano sobre o qual está e se ele se desloca sobre a circunferência do círculo, deslocando-se em posição paralela à inicial, às vezes ele é visto igual, às vezes diferente.

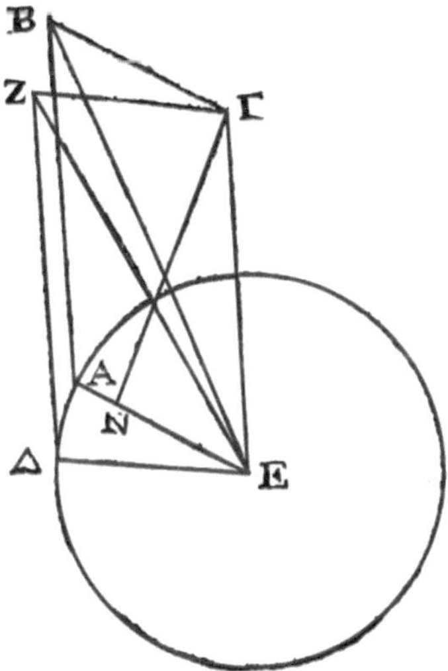

Diagrama da Proposição 40.

O diagrama original referente a esta proposição é de difícil compreensão. A situação descrita no enunciado da proposição pode ser compreendida mais facilmente através do diagrama auxiliar da proposição 40. Nessa figura, a posição do olho *E* é o centro do círculo. A grandeza observada é o segmento de reta *ZD*, que não é perpendicular ao plano do círculo. Esse segmento se desloca mantendo sempre a mesma direção (ou seja, deslocando-se paralelamente) com o ponto *D* descrevendo a circunferência do círculo. A sua outra extremidade *Z* também descreverá um círculo. Dependendo da posição de *ZD*, seu tamanho aparente, visto de *E*, vai mudar.

Na situação representada no diagrama auxiliar da proposição 40, o plano *DZTB* contém a reta *EF* perpendicular ao plano do círculo e também a grandeza observada na posição *DZ*. Este é um plano de simetria da situação estudada. Quando a grandeza está na posição *DZ* seu tamanho aparente (visto de *E*) será máximo, quando está na posição *BT* seu tamanho aparente será mínimo. Os tamanhos aparentes serão iguais quando suas posições forem simétricas em relação ao plano – por exemplo, quando sua extremidade inferior estiver em *M* e *N*, sendo os ângulos *MEB* e *NEB* iguais entre si.

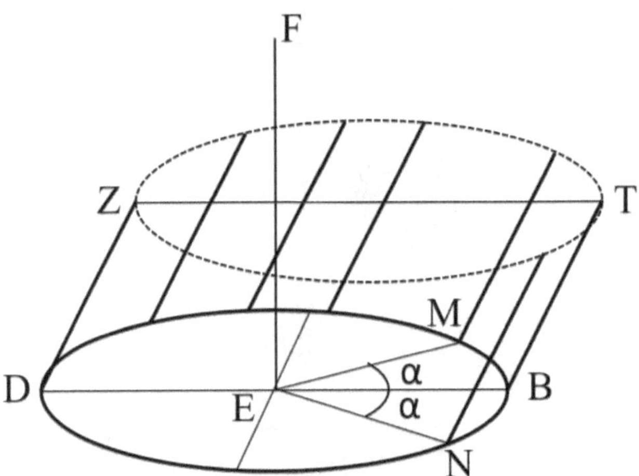

Diagrama auxiliar da Proposição 40.

41. *Se aquilo que é visto é perpendicular ao plano sobre o qual está e o olho se move na circunferência de um círculo que tem o centro no ponto no qual a grandeza se une ao plano, a coisa vista parecerá sempre igual.*

Neste caso, supõe-se que a grandeza AB está fixa em uma posição, que é o centro B do círculo no qual se move o olho Γ. A grandeza deve ser imaginada como estando perpendicular ao plano do círculo. Sob essas condições, a grandeza será vista sempre igual.

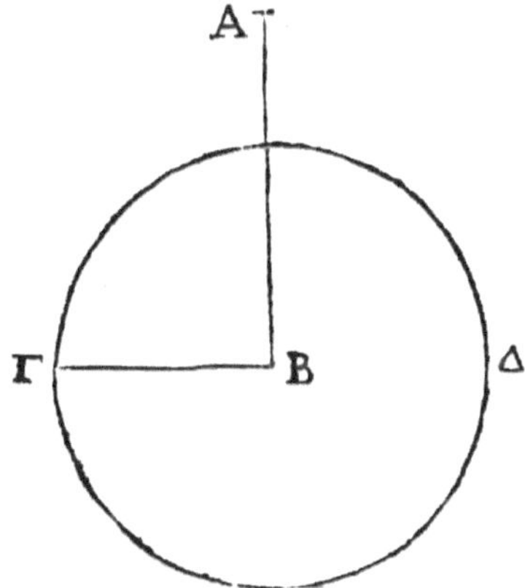

Diagrama da Proposição 41.

42. *Se aquilo que é visto permanece parado e o olho se desloca sobre uma linha inclinada com relação à grandeza observada, aquilo que é visto parecerá às vezes igual, às vezes diferente.*

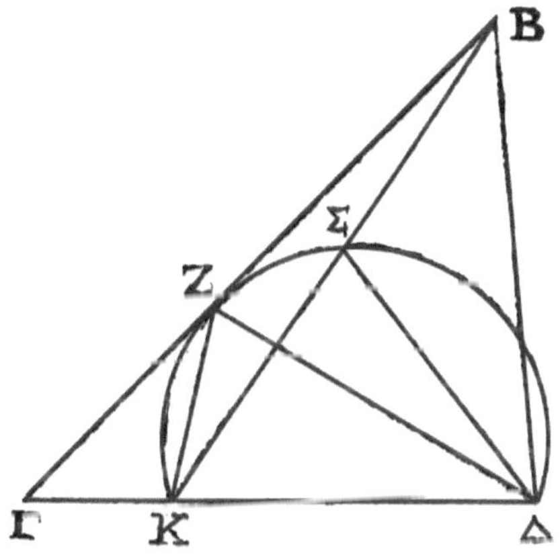

Diagrama da Proposição 42.

A grandeza observada é o segmento de reta KΔ e o olho se move sobre a reta BΓ. Constrói-se um arco de círculo KZΔ que toca as extremidades da grandeza observada KΔ e que é tangente à reta BΓ. O ponto de tangência é Z. Se o olho estiver neste ponto, a grandeza é vista sob o ângulo KZΔ. Se o olho estivesse em qualquer outro ponto do arco de circunferência, como o ponto Σ, o ângulo visual seria o mesmo, como na proposição 38. Porém, o olho se desloca ao longo da reta BΓ e, portanto, quando o olho é colocado em outras posições diferentes de Z, o ângulo visual será sempre diferente (e menor) do que é observado em Z. Porém, há pares de pontos de cada lado de Z, sobre a reta, a partir dos quais o ângulo visual é igual. Para ver isso, é conveniente analisar o diagrama auxiliar da proposição 42.

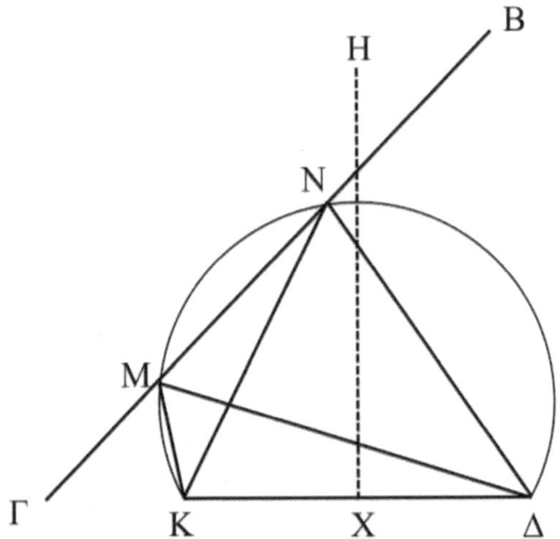

Diagrama auxiliar da Proposição 42.

Construa-se a reta XH perpendicular à grandeza observada KΔ, passando pelo ponto médio desse segmento. Escolhe-se sobre essa reta XH um ponto que é tomado como centro para a construção do arco KMNΔ, que passa pelas extremidades da grandeza observada. O arco pode cortar a reta BΓ em dois pontos, ou pode tangenciar a reta, ou pode não tocá-la. Tomemos o caso em que o arco corta a reta BΓ em dois pontos M e N, como mostrado no diagrama auxiliar da proposição 42. Cada um desses pontos é unido às extremidades K e Δ da grandeza observada. Se o olho for colocado nos pontos M e N, o tamanho aparente da grandeza observada será igual, pois os ângulos KMΔ e KNΔ são iguais. Em nenhum outro ponto da reta o ângulo visual será igual a este. Assim, quando o olho se desloca ao longo da reta BΓ, às vezes o tamanho aparente da grandeza será igual, às vezes será diferente.

43. *O mesmo acontece se a linha reta [sobre a qual se move o olho] é paralela à grandeza observada.*

A análise é muito semelhante à da proposição anterior, por isso não será repetida aqui.

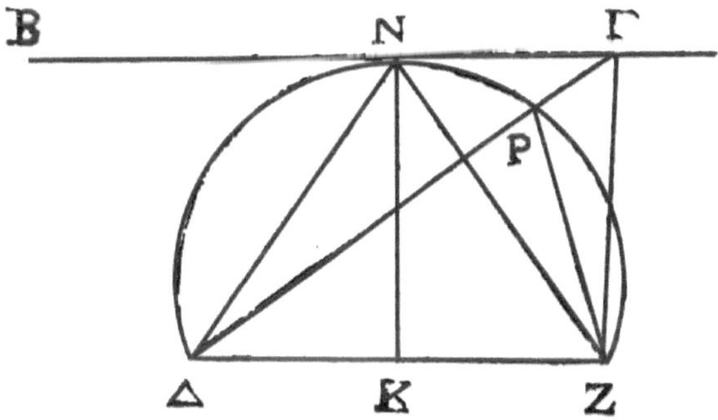

Diagrama da Proposição 43.

44. *Há lugares tais que, deslocando-se o olho, grandezas iguais e que ocupam lugares contíguos às vezes parecem iguais, às vezes diferentes.*

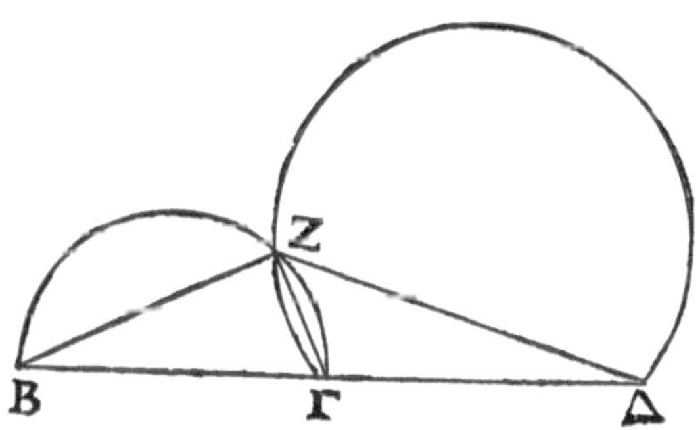

Diagrama da Proposição 44.

As "grandezas contíguas" mencionadas no enunciado são segmentos de reta colineares, como BΓ e ΓΔ. Neste diagrama da proposição 44, os comprimentos dos segmentos BΓ e ΓΔ deveriam ser iguais. Utilizando-se BΓ como um diâmetro, descreve-se um semicírculo. Utilizando-se ΓΔ como base, constrói-se um arco de círculo que toca suas extremidades e que seja maior do que um semicírculo. As duas curvas se cortam no ponto Z. Unindo-se esse ponto às extremidades das duas grandezas, temos os ângulos BZΓ e ΓZΔ que são os ângulos visuais das grandezas BΓ e ΓΔ, vistas a partir do ponto Z. Esses ângulos serão diferentes, pois subentendem arcos diferentes. O ângulo BZΓ será reto e o ângulo ΓZΔ será agudo.

É claro que há pontos a partir dos quais as duas grandezas serão vistas do mesmo tamanho. São pontos situados na reta perpendicular às duas grandezas, passando pelo ponto médio Γ.

45. *Há um lugar comum a partir do qual grandezas diferentes parecem iguais.*

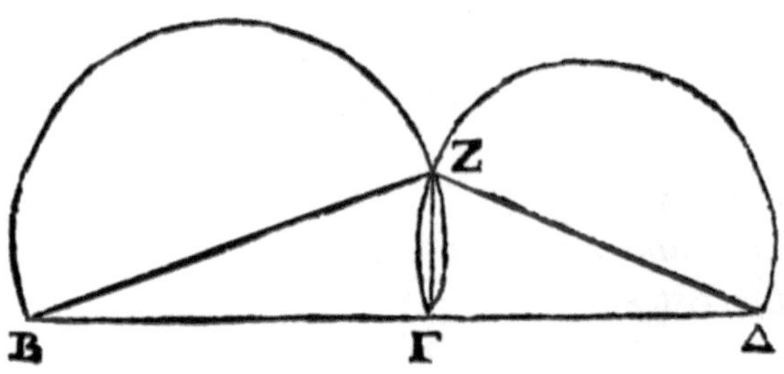

Diagrama da Proposição 45.

Embora o enunciado não mencione essa condição, trata-se novamente de segmentos de reta colineares e contíguos. No diagrama desta proposição 45, as grandezas observadas são BΓ e ΓΔ, que têm comprimentos diferentes. Deseja-se encontrar pontos a partir dos quais os ângulos visuais das duas grandezas sejam iguais. Para isso, basta construir arcos de circunferência proporcionais aos tamanhos das grandezas, passando por suas extremidades, e que sejam maiores do que um semicírculo, para que eles se interceptem. Os ângulos BZΓ serão iguais ΓZΔ pois subentendem arcos iguais. Assim, colocando o olho no ponto de intersecção Z, os tamanhos aparentes das duas grandezas serão iguais. Variando-se os tamanhos dos arcos de círculo, porém mantendo-os sempre proporcionais, serão encontrados outros pontos com a mesma propriedade.

46. *Há lugares sobre os quais, deslocando-se o olho, grandezas iguais e perpendiculares ao plano sobre o qual estão parecem às vezes iguais, às vezes diferentes.*

Esta proposição não aparece na *versão B* da *Optika*, por isso vamos usar o diagrama da *versão A*, segundo Heiberg.

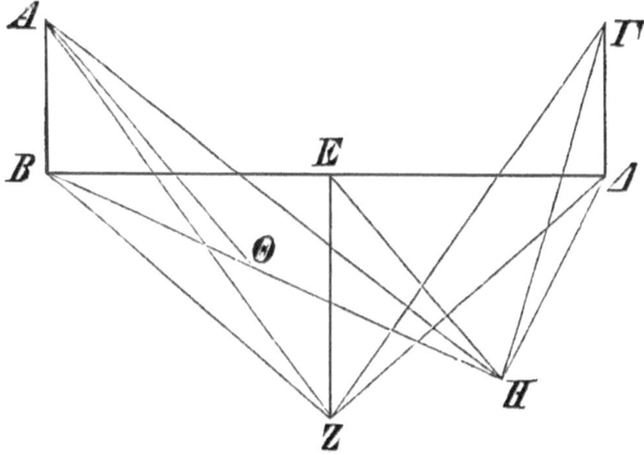

Diagrama da Proposição 46.

As duas grandezas iguais e perpendiculares ao plano são AB e ΓΔ. É óbvio que elas serão vistas como iguais se o olho estiver em qualquer ponto de um plano equidistante das duas grandezas (plano de simetria).

No diagrama desta proposição 46, é construída uma reta EZ perpendicular ao plano e que passa pelo ponto médio do segmento BΔ. Se o olho estiver na posição Z, por exemplo, as duas grandezas serão vistas como sendo iguais.

Se o olho estiver em qualquer ponto fora do plano de simetria (por exemplo, em H) os ângulos visuais de AB e ΓΔ serão diferentes e, portanto, elas parecerão diferentes.

47. *Há lugares nos quais, estando o olho, grandezas desiguais, combinadas em uma só, parecem iguais a cada uma das desiguais.*

As duas grandezas consideradas são colineares e são BΓ e ΓΔ, diferentes entre si. O enunciado parece indicar que haveria algum lugar onde o olho pudesse ser colocado de tal forma que visse a combinação das duas grandezas, que é BΔ, parecesse igual a BΓ ou ΓΔ, o que é impossível. O significado da proposição é outro: é que podem ser encontrados pontos nos quais, colocando o olho sucessivamente neles, o tamanho aparente de BΔ visto de um deles será igual ao tamanho aparente de BΓ visto de um segundo ponto, e de ΓΔ visto de um terceiro ponto.

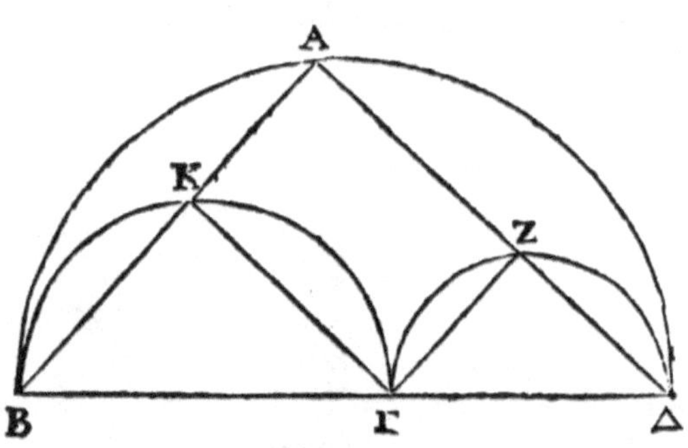

Diagrama da Proposição 47.

O diagrama original mostra um modo de encontrar esses três pontos, fazendo com que os três ângulos visuais sejam retos. Para isso, basta traçar três semicírculos com diâmetros iguais a BΔ, a BΓ e a ΓΔ. Os pontos médios de seus arcos serão, respectivamente, A, K e Z; e a partir de cada um desses pontos, o segmento correspondente será visto com um ângulo visual reto. Esta é apenas uma das construções possíveis; os ângulos poderiam não ser retos, como no diagrama auxiliar da proposição 47.

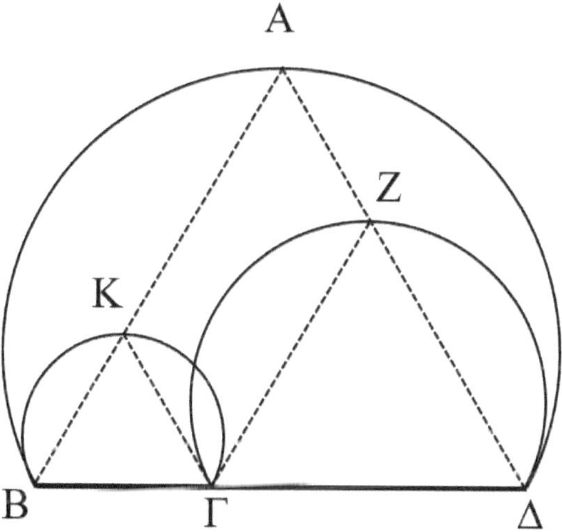

Diagrama auxiliar da Proposição 47.

48. *Encontrar os lugares dos quais uma grandeza igual parece metade ou a quarta parte e, em geral, na mesma razão em que o ângulo é dividido.*

O tamanho aparente de uma grandeza depende do ângulo sob o qual ela é vista. Para que ela tenha a aparência de metade ou da quarta parte do tamanho, o ângulo visual deve ser a metade ou a quarta parte do ângulo inicial. Dividir um ângulo em duas ou quatro partes iguais é simples; porém, se a fração fosse outra (um terço), teríamos um problema, pois não há um método geométrico para dividir um ângulo genérico em três partes iguais.

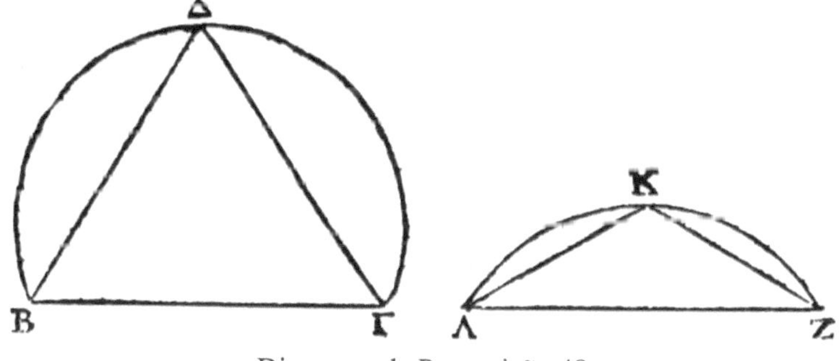

Diagrama da Proposição 48.

No diagrama da proposição 48, há duas grandezas iguais, BΓ e ΛZ. No primeiro caso, o olho está na posição Δ e, no segundo caso, na posição K. É necessário encontrar as posições desses pontos para que um dos ângulos visuais seja o dobro do outro. São utilizados segmentos de circunferência, conforme indicado no diagrama auxiliar da proposição 48.

No diagrama auxiliar, o arco de circunferência *BMC* é o dobro do arco de circunferência *DME* e, portanto, o ângulo *BAC* é o dobro do ângulo *DAE*. Em todos os casos em que seja possível dividir um arco de circunferência em *n* partes iguais, esta relação permite obter um ângulo que é *n* vezes menor do que outro. Ou, inversamente, sempre que seja possível obter um arco de circunferência que seja *n* vezes maior do que um outro, esta relação permite obter um ângulo que é *n* vezes maior do que outro.

Sendo conhecidos esses ângulos, pode-se fazer a construção geométrica para encontrar os pontos onde o olho deve ser colocado para que a aparência das grandezas iguais obedeça à razão desejada.

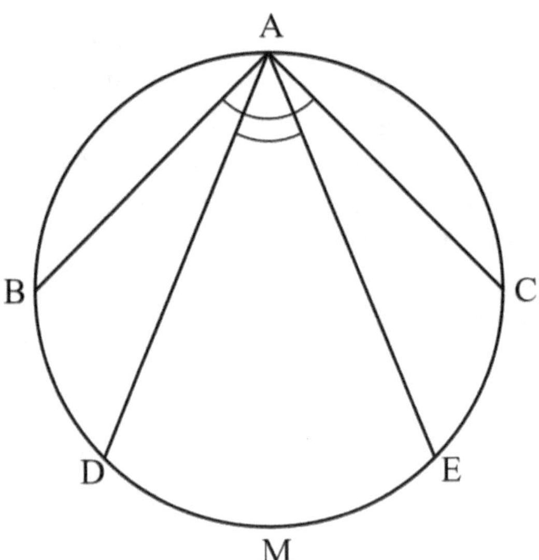

Diagrama auxiliar da Proposição 48.

49. *Seja AB uma grandeza vista. Afirmo que, para AB, existem lugares nos quais, colocando o olho, ela aparece às vezes metade, às vezes inteira, às vezes um quarto e, em geral, em certa razão dada.*

Esta proposição é uma aplicação direta da anterior e não é necessário explica-la.

A proposição 49 não aparece na *versão B* da *Optika*, por isso vamos usar o diagrama da *versão A*, segundo Heiberg.

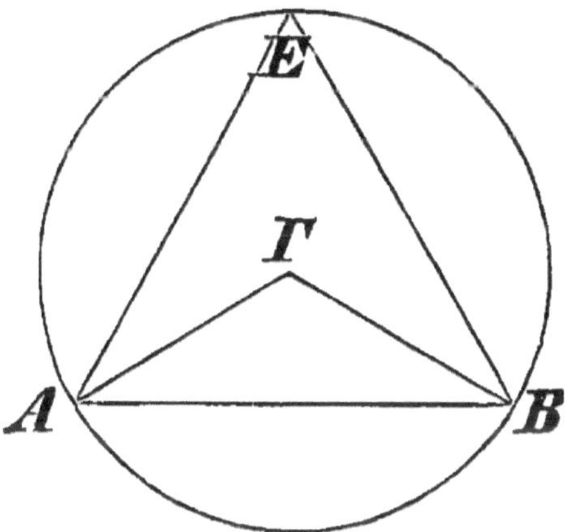

Diagrama da Proposição 49.

50. *Quando [as coisas observadas] se movem com a mesma velocidade e possuem as extremidades do mesmo lado sobre uma mesma linha reta à qual são perpendiculares, e se aproximam da linha reta traçada pelo olho paralelamente à reta anterior, a mais distante do olho parece superar a mais próxima; quando se afastam, pelo contrário, aquela que vinha antes parece seguir, aquela que seguia parece vir antes.*

Esta é a primeira de uma sequência de proposições que analisam a aparência de objetos em movimento. O diagrama publicado na edição de Gregory é incompleto, por isso vamos utilizar o esquema da *versão A* de Heiberg.

No diagrama, as grandezas que se movem são os segmentos de reta BΓ, ΔZ e KΛ do lado esquerdo, e as grandezas NΞ, ΠP

e ΣΤ do lado direito. Essas grandezas são perpendiculares às retas ΓΑ (no lado esquerdo) e ΝΣ (no lado direito). As grandezas
se movem em direção à reta ΛΜ que passa pela posição do olho
Μ e que é paralela a ΓΑ e ΝΣ. Basta considerar as grandezas do
lado direito para compreender a proposição. A extremidade Γ da
grandeza ΒΓ é vista pelo olho Μ como estando mais à direita e
assim, quando as grandezas ΒΓ, ΔΖ e ΚΑ se movem em direção
à reta ΛΜ que está no centro, todas com a mesma velocidade, o
ponto Γ parece estar à frente das extremidades das outras grandezas. Por outro lado, se as mesmas grandezas estiverem se afastando da reta central ΛΜ, ou seja, se estiverem se movendo para
a esquerda, a extremidade Γ parece estar atrasada, em relação às
outras. O mesmo raciocínio pode ser feito para as grandezas do
lado direito.

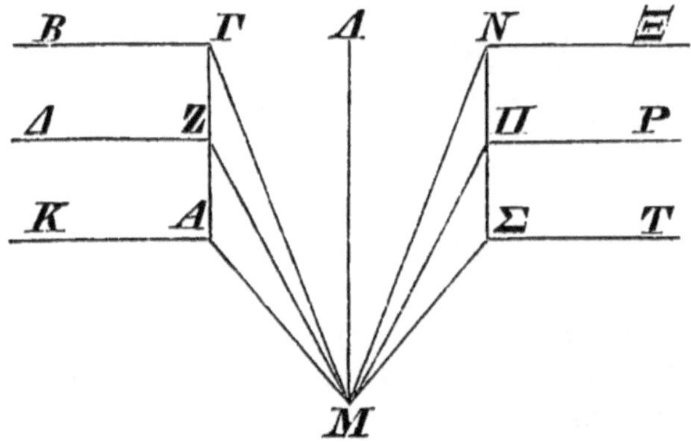

Diagrama da Proposição 50.

51. *De várias [coisas] que se movem com diferentes velocidades, se o olho se move na mesma [direção], as que se movem
com a mesma velocidade do olho parecem estar paradas, as
mais lentas parecem se mover no sentido contrário, as mais velozes parecem se mover para a frente.*

Esta é uma importante proposição, que estuda movimentos
relativos. No diagrama desta proposição 51, o ponto Κ representa o olho e os pontos Β, Γ e Δ representam objetos que estão

se movendo. Suponhamos que o olho e esses objetos estão todos se movendo para o mesmo lado (para a direita, por exemplo) e que B é mais lento, Γ tem a mesma velocidade que o olho e Δ é mais rápido. Como em um determinado tempo Γ e K vão se deslocar igualmente, então a reta KΓ que une o olho K ao objeto Γ terá sempre a mesma direção e, por isso, ele parecerá estar parado. Porém, no mesmo tempo Δ se desloca uma distância maior e, portanto, a reta KΔ mudará de direção, inclinando-se para a direita, ou seja, o objeto Δ será visto se movendo para a direita; inversamente, o objeto B, que é mais lento, será visto se movendo para a esquerda.

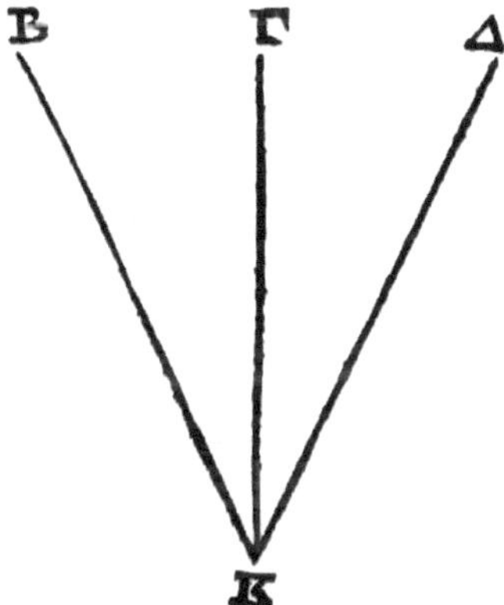

Diagrama da Proposição 51.

52. *Se, entre algumas [coisas] que se movem, há uma que não se move, essa que não se move parece se mover no sentido oposto.*

O diagrama desta proposição é igual ao da anterior, com a mudança da letra que representa o olho, que passa a ser Z em vez de K. Supõe-se que o olho está parado. No diagrama, os pontos B, Γ e Δ representam os objetos que estão sendo observados. Se B e Δ se movem para a direita com iguais velocidades e Γ está parado, o olho verá a distância entre B e Γ diminuir, e a distância entre Γ e Δ aumentar. Então, parecerá que Γ se move para a esquerda, ou seja, no sentido oposto.

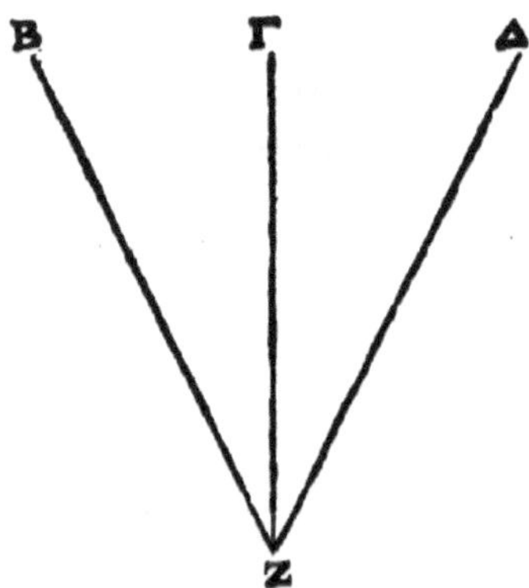

Diagrama da Proposição 52.

53. *Quando o olho se aproxima daquilo que é visto, parece que aquilo que é visto aumenta.*

No diagrama da proposição 53, a grandeza observada é BΓ. O olho está inicialmente na posição Z e depois se aproxima da grandeza, passando para a posição Δ. É fácil perceber que o ângulo visual aumenta e, portanto, a grandeza parece aumentar.

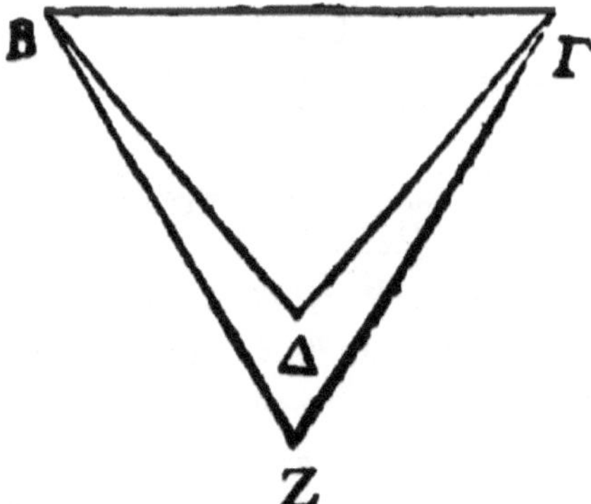

Diagrama da Proposição 53.

54. *Dentre as [coisas] que se movem com a mesma velocidade, as mais distantes parecem se mover mais lentamente.*

No diagrama desta proposição 54, o olho está parado na posição A e as grandezas indicadas por B e K se movem para a direita, com velocidades iguais. Em um certo instante, suas extremidades estão sobre o raio visual AΓ. Como as velocidades são iguais, as grandezas percorrem distâncias iguais em tempos iguais, mas a mais distante (B) vai demorar mais tempo para chegar às retas AΔ e AZ, que indicam outros raios visuais que saem de A. Portanto essa grandeza mais distante parece mais lenta do que a mais próxima.

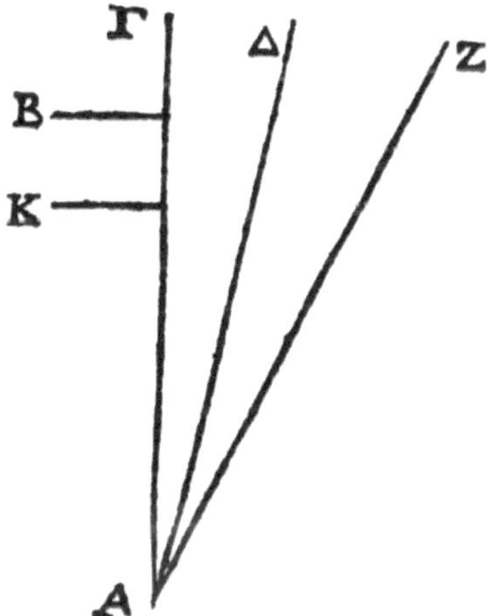

Diagrama da Proposição 54.

55. *Se o olho fica parado e os raios visuais se movem, parece que as [coisas] mais distantes ficam para trás.*

Esta proposição e sua explicação na *Optika* são muito obscuras. Além disso, os diagramas e explicações para a mesma são diferentes, na *versão A* e na *versão B*.

Na *versão A*, o olho é representado por E. Os objetos vistos são A e Γ. No diagrama publicado por Heiberg e reproduzido aqui, as distâncias AB e ΓΔ estão diferentes, mas em outras versões essas distâncias são iguais. Supõe-se que A e Γ estão parados, mas que a visão (o raio visual) se desloca da direção EB para eles. Então, esse raio passará primeiro por A e depois por Γ (tanto no diagrama de Heiberg quanto no caso em que AB e ΓΔ são iguais). Portanto, A será visto ficando para trás.

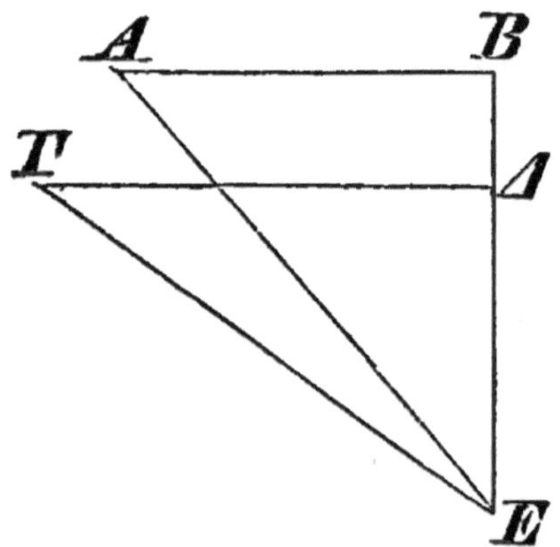

Diagrama da Proposição 55 na *versão A*.

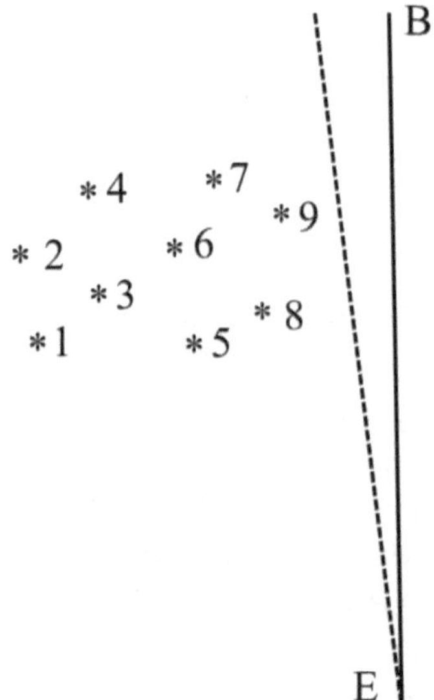

Diagrama auxiliar da Proposição 55.

Porém, o significado dessa explicação não é claro. Se a ideia for de que os raios visuais varrem os objetos (como na Proposição 1), eles não podem transmitir nenhuma informação sobre a distância dos objetos, apenas suas direções. Se tanto o olho quanto os objetos vistos estão parados, esse movimento dos raios visuais não pode diferenciar entre os objetos próximos e os distantes. Veja-se, por exemplo, o diagrama auxiliar da proposição 55, onde os asteriscos indicam um certo número de objetos vistos. Supõe-se que esses objetos estão parados. Suponhamos que o olho esteja parado na posição E e que o raio visual EB se mova, girando em torno de E. Ele atingirá sucessivamente todos os objetos visíveis, mas a ordem em que eles são atingidos não está diretamente relacionada com suas distâncias até o olho E. Então, não faz sentido dizer que o mais distante é atingido antes e, por isso, ele parece ficar para trás.

Na *versão B*, o diagrama é diferente e o próprio enunciado da proposição também é diferente: 55B. *Quando o olho se move velozmente, aquilo que é visto mais distantes parece ficar para trás.*

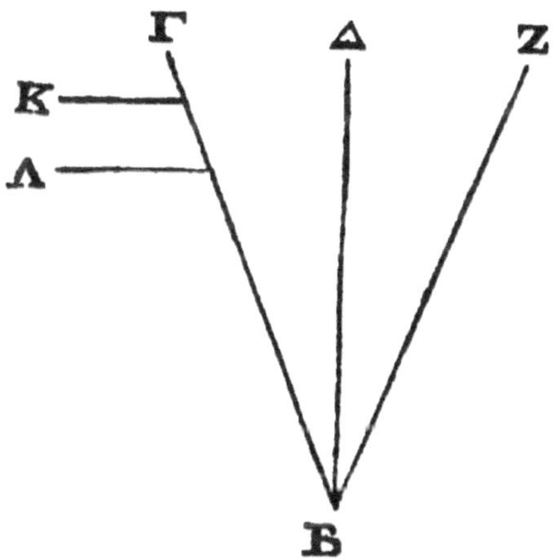

Diagrama da Proposição 55 na *versão B*.

Devemos notar que, na *versão B*, o diagrama desta proposição 55 é praticamente igual ao da proposição 54, apenas com troca de algumas letras; e os seus enunciados descrevem situações semelhantes. Na proposição 54, o olho está parado e as coisas vistas se movem com iguais velocidades. Na proposição 55B, as coisas vistas estão paradas, mas o olho se move.

Porém, a explicação da proposição, na *versão B*, também é obscura. O olho é indicado por B, e dele saem os raios visuais BZ, BΔ, BΓ. Os objetos vistos são K e Λ. O raio passa por K e por Λ, e K parece ficar para trás, enquanto Λ parece ir para o lado oposto, ou seja, no sentido de Z. O diagrama não ajuda a compreender a conclusão.

Alguns comentadores da *Optika*, como Ignazio Danti e Roland Fréart, interpretaram essa proposição como sendo a descrição daquilo que acontece quando uma pessoa está em um barco passa por vários objetos. As montanhas distantes parecem paradas, enquanto as árvores próximas parecem se mover no sentido oposto ao do barco (Euclides, 1573, p. 73; Euclides, 1663, p. 122). Fréart se refere ao texto de Óptica de François d'Aguilon (1567-1617), que descreve esse efeito (embora sem se referir a Euclides): "Para os navegantes que são transportados, o navio parece parado e as outras coisas paradas são vistas passando" (Aguilon, 1613, p. 349) e Aguilon, por sua vez, cita a obra *De rerum natura* de Lucretius. Pode ser que, na *versão B* da *Optika*, a intenção fosse descrever esse efeito; mas não podemos ter certeza sobre isso.

56. *As grandezas que aumentam parecem se aproximar do olho.*

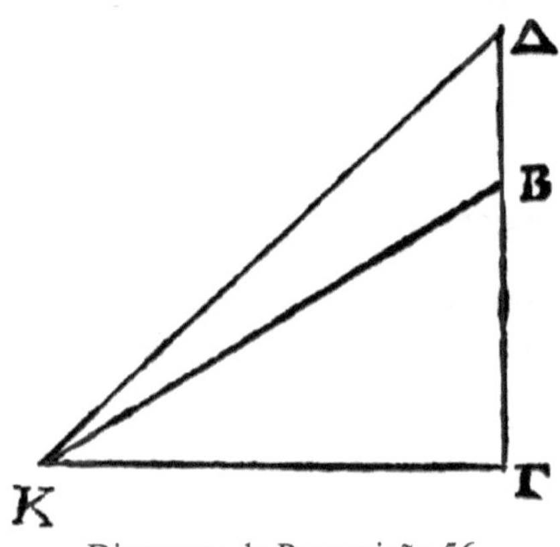

Diagrama da Proposição 56.

Talvez fosse melhor dizer: tem-se a mesma percepção das as grandezas que aumentam permanecendo no mesmo lugar e das que se aproximam sem mudar de tamanho.

No diagrama desta proposição 56, a posição do olho é K. O tamanho inicial da grandeza é ΓB, depois ela aumenta e se torna ΓΔ. O ângulo visual aumenta, como também acontece quando a grandeza se aproxima do observador.

57. Quando várias [grandezas] estão à mesma distância e seus meios não estão alinhados com as extremidades, a figura composta às vezes parece côncava, às vezes convexa.

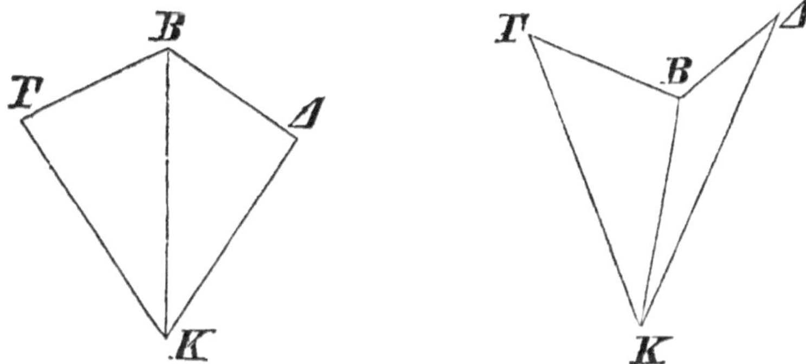

Diagrama da Proposição 57 (*versão A*).

Na *versão A* da *Optika*, o diagrama mostra grandezas retilíneas; na *versão B*, mostra curvas. Mas a interpretação é a mesma, nos dois casos. A contrário do que o enunciado pode sugerir, não se trata de uma situação em que, estando tudo parado, a percepção muda e a mesma figura é vista como se fosse côncava e depois convexa. A explicação da proposição indica que o olho muda de posição em relação à figura observada e, por isso, aquilo que parecia côncavo vai parecer convexo.

Há um problema nesta proposição. Como o olho e a figura observada estão no mesmo plano, não existe nenhum modo de se saber se o ponto central B da figura está mais distante ou mais próximo do olho K do que as extremidades da figura. Devemos recordar que a proposição 22 afirmou que um arco de círculo colocado no mesmo plano do olho parece uma linha reta.

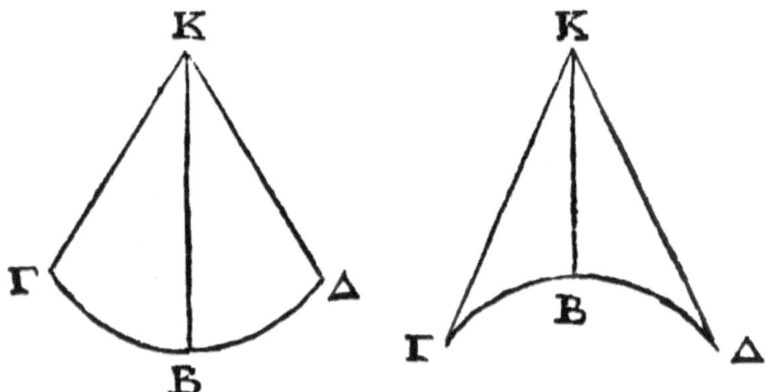

Diagrama da Proposição 57 (*versão B*).

58. *Se for traçada uma linha reta a partir do ponto de encontro das diagonais de um quadrado, perpendicularmente a ele, e sobre ela for colocado o olho, os lados do quadrado parecerão iguais e as diagonais também parecerão iguais.*

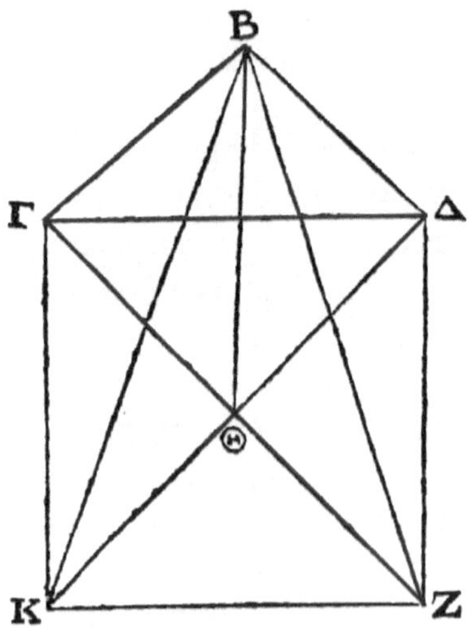

Diagrama da Proposição 58.

Esta proposição é muito semelhante à 34, que analisava o tamanho aparente dos diâmetros de um círculo, com o olho colocado na perpendicular ao círculo que passa pelo seu centro. No diagrama, a posição do olho é B e o quadrado observado é ΓΔZK. O centro do quadrado é o ponto Θ e a reta BΘ deve ser imaginada como se fosse perpendicular ao plano do quadrado. O significado da proposição é claro e não é necessário acrescentar explicações.

Na *versão B* da *Optika*, após esta proposição há uma outra que considera o caso em que a reta que vai do olho B até o centro Θ do quadrado não é perpendicular ao plano do quadrado – um caso semelhante ao da proposição 35, que estuda a situação correspondente para o círculo.

14. COMENTÁRIOS FINAIS

Apresentamos neste artigo alguns aspectos do surgimento da Óptica Geométrica grega, analisando os estudos que faziam uso da hipótese de que a luz e a visão caminham em linha reta, sem incluir os fenômenos de reflexão e refração. É impossível datar o início dos mais antigos trabalhos sobre o assunto, que estiveram muitas vezes associados a questões práticas e também a estudos de outra natureza – como a astronomia. Porém, o mais antigo tratado específico sobre Óptica Geométrica que chegou até nós é a *Optika* de Euclides, de aproximadamente 300 a.C. Embora a autoria dessa obra tenha sido colocada em dúvida, é bastante plausível que tenha sido realmente escrita por Euclides – embora as versões que chegaram até nós não contenham a redação original do trabalho e sim textos revistos e alterados ao longo dos séculos. Este artigo mostrou que muitas proposições (ou teoremas) da *Optika* apresentam obscuridades ou mesmo erros flagrantes. Isso não é uma evidência de que o autor da obra tenha sido alguém com pequena capacidade matemática, mas poderia indicar que o texto não foi elaborado pelo próprio Euclides e sim por algum de seus estudantes. Porém, esses equívocos são também compreensíveis levando em conta que, ao contrário do que ocorreu no caso de sua obra mais famosa – os

Elementos –, ao compor a *Optika* Euclides não dispunha de antecessores que já tivessem escrito sobre o assunto e em cujos trabalhos pudesse se basear. Assim, por estar elaborando o primeiro (ou um dos primeiros) trabalhos sobre o assunto, é razoável encontrar muitas falhas em seu conteúdo.

AGRADECIMENTOS

O autor agradece o apoio recebido do Conselho Nacional de Desenvolvimento Científico e Tecnológico (CNPq) que tornou possível a realização desta pesquisa.

REFERÊNCIAS BIBLIOGRÁFICAS

AGUILON, François de. *Opticorum libri sex: philosophiis juxtà ac mathematicis utiles*. Antverpiæ: Ex officina Plantiniana, apud Viduam et filios J. Moreti, 1613.

ALBERTI, Leon Battista. *Opuscoli morali*. Trad. Cosimo Bartoli. Venetia: appresso Francesco Franceschi, Sanese, 1568.

ARISTOPHANES. *The Birds*. Trad. Eugene O'Neill, Jr. New York: Dover, 1999.

ARISTOTLE. *Complete works of Aristotle*. The revised Oxford translation. Edited by Jonathan Barnes. 2 vols. Princeton: Princeton University Press, 1995.

ARISTOTLE. *The poetics*. Longinus: on the sublime. Demetrius: on style. Trad. William Hamilton Fyfe. Cambridge: Harvard University Press, 1927.

BAILLY, Anatole. *Le Grand Bailly: Dictionnaire grec-français*. Paris: Hachette, 1935.

BERNARDI, Federico M. *L'Ottica di Euclide e la scienza della visione*. Tesi di Laurea in Storia del Pensiero Scientifico. Bologna: Facoltà di Scienze Matematiche, Fisiche e Naturali, Università degli Studi di Bologna, 2009.

BOSSE, Abraham. *Manière universelle de Mr Desargues, pour pratiquer la perspective par petit-pied, comme le Geometral*. Ensemble les places et proportions des Fortes &

Foibles Touches, Teintes ou Couleurs. Paris: chez ledit Bosse, 1653.

CHRISTENSEN, Jesper. Vindicating Vitruvius on the subject of perspective. *The Journal of Hellenic Studies*, **119**: 161-166, 1999.

CLARKE, Leonard W. Greek astronomy and its debt to the Babylonians. *The British Journal for the History of Science*, **1** (1): 65-77, 1962.

COHEN, Morris R.; DRABKIN, Israel E. (eds.). *A source book in Greek science*. Cambridge, MA: Harvard University Press, 1958.

DICKS, David Reginald. Thales. *The Classical Quarterly*, **9** (3-4): 294-309, 1959.

EUCLID. *Euclid's Phaenomena: A translation and study of a Hellenistic treatise in spherical astronomy*. Trad. John Lennart Berggren & Robert S. D. Thomas. Providence: American Mathematical Society, 2006.

EUCLIDES. *Euclidis Megarensis mathematici clarissimi Elementorum geometricorum libri xv*. Cum expositione Theonis in priores XIII à Bartholomaeo Veneto Latinitate donata, Campani in omnes, & Hypsiclis Alexandrini in duos postremos. His adiecta sunt Phaenomena, Catoptrica & Optica, deinde Protheoria Marini & Data. Postremum uero, Opusculum de Leui & Ponderoso, hactenus non uisum, eiusdem autoris. Basileae: per Iohannem Hervagivm, 1546.

EUCLIDES. Εὐκλείδου Οπτικά καὶ κατοπτρικά. *Euclidis Optica & catoptrica*, nunquam antehac Graece aedita: eadem Latine reddita. Parisiis: Apud Andream Wechelum, sub Pegaso, in vico Bellouaco, anno salutis, 1557.

EUCLIDES. *La Prospettiva di Euclide*. Nella quale si tratta di quelle cose, che per raggi diritti si veggomo, et di quelle, che con raggi reflessi nelli Specchi appariscomo. Tradotta dal R. P. M. Egnatio Danti cosmógrafo del Seren. Gran Duca di Toscana. Con alcune sue Annotationi de' luogui piu importanti. In Fiorenza: Nella Stamperia de'Giunti, 1573.

EUCLIDES. *La perspectiva y especularia de Euclides*. Traduzidas en vulgar Castellano, y dirigidas a la S.C.R.M. del Rey don Phelippe nuestro Señor. Por Pedro Ambrosio Onderiz su criado. Madrid: En casa de la Viuda de Alonso Gomez, 1585

EUCLIDES. *La perspective d'Euclide*. Traduite en françois sur le texte grec, original de l'autheur, et demonstrée par Rol. Freart de Chantelou sieur de Chambray. Au Mans: De l'imprimÉrie de Jacques Ysambart marchand libraire, et imprimeur, demeurant au Pont-Neuf, à l'enseigne du Sainct-Esprit, 1663.

EUCLIDES. *Eukleidov ta sōzomena. Euclidis quae supersunt omnia*. Ex recensione Davidis Gregorii. Oxoniae: E Theatro Sheldoniano, 1703.

EUCLIDES. *Euclidis opera omnia*. Vol. VII. Euclidis Optica, Opticorum recensio Theonis, Catoptrica, cum scholiis antiquis. Editado e traduzido para o latim por Johan Ludvig Heiberg. Leipzig: B. G. Teubner, 1895.

EUCLIDES. The optics of Euclid. Translated by Harry Edwin Burton. *Journal of the Optical Society of America*, **35** (5): 357-372, 1945.

GARDNER, Percy. The scenery of the Greek stage. *The Journal of Hellenic Studies*, **19**: 252-264, 1899.

GERARD, Simon. Optique et perspective: Ptolémée, Alhazen, Alberti. *Revue d'Histoire des Sciences*, **54** (3): 325-350, 2001.

HEATH, Thomas Little. *Aristarchus of Samos, the ancient Copernicus*. A history of Greek astronomy to Aristarchus, together with Aristarchus's Treatise on the sizes and distances of the Sun and Moon: a new Greek text with translation and notes. Oxford: Clarendon Press, 1913.

HEATH, Thomas Little. *Greek astronomy*. London: J. M. Dent, 1932.

HEIBERG, Johan Ludvig. *Litterargeschichtliche Studien über Euklid*. Leipzig: B. G. Teubner, 1882.

HERODOTUS. *The histories.* Translated by George Rawlinson. Moscow: Roman Roads, 2013.

HERON. *Heronis Alexandrini opera quae supersunt omnia. Vol. III. Rationes dimetiendi et Commentatio dioptrica.* Editado e traduzido para o alemão por Hermann Schöne. Leipzig: B. G. Teubner, 1903.

ISLER, Martin. The gnomon in Egyptian antiquity. *Journal of the American Research Center in Egypt,* **28**: 155-185, 1991.

JONES, Alexander. Peripatetic and Euclidean theories of the visual ray. *Physis,* **31** (1): 47-76, 1994.

JONES, Alexander. Pappus' notes to Euclid's *Optics.* Pp. 49-58, in: SUPPES, Patrick; MORAVCSIK, Julius M.; MENDELL, Henry (eds.). *Ancient and medieval traditions in the exact sciences.* Essays in Memory of Wilbur Knorr. Stanford: CSLI Publications, 2000.

KNORR, Wilbur R. On the principle of linear perspective in Euclid's Optics. *Centaurus,* **34**: 193-210, 1991.

KNORR, Wilbur R. When circles don't look like circles: an optical theorem in Euclid and Pappus. *Archive for History of Exact Sciences,* **44** (4): 287-329, 1992.

KNORR, Wilbur R. Pseudo-Euclidean reflections in ancient optics: A re-examination of textual issues pertaining to the Euclidean *Optica* and *Catoptrica. Physis,* **31** (1): 1-46, 1994.

KUENTZ, Charles. *La face Sud du massif Est du pylône de Ramsès II à Louxor.* Le Caire: Centre de Documentation et d'Études sur l'Ancienne Égypte, 1971.

LAËRTIUS, Diogenes. *Lives of the eminent philosophers.* Trad. Robert Drew Hicks. 2 vols. Cambridge, MA: Harvard University Press, 1925.

LE MEUR, Guy. Le rôle des diagrammes dans quelques traités de la Petite astronomie. *Revue d'Histoire des Mathématiques,* **18** (2) : 157-221, 2012.

LEHN, Waldemar H.; WERF, Siebren van der. Atmospheric refraction: a history. *Applied Optics,* **44** (27): 5624-5636, 2005.

LEWIS, Charlston Thomas. *A Latin dictionary founded on Andrews' edition of Freund's Latin dictionary*. Revised, enlarged, and in great part rewritten by Charlton T. Lewis. Oxford: Clarendon Press, 1879.

LEWIS, Michael Jonathan Taunton. *Surveying instruments of Greece and Rome*. Cambridge: Cambridge University Press, 2001.

LIDDELL, Henry George; SCOTT, Robert. *A Greek-English lexicon*. Revised and augmented throughout by Sir Henry Stuart Jones with the assistance of Roderick McKenzie. 2 vols. Oxford: Clarendon Press, 1940.

LINDBERG, David C. Alkindi's critique of Euclid's theory of vision. *Isis,* **62** (4): 469-489, 1971.

LLOYD, Geoffrey Ernest Richard. *Principles and practices in ancient Greek and Chinese science*. Aldershot: Ashgate Publishing, 2006.

MARTINS, Roberto de Andrade. Ibn al-Haytham e a revolução medieval na Óptica. Pp. 125-163, in: *Ensaios sobre História e Filosofia das Ciências I*. Extrema: Quamcumque Editum, 2021.

MEDAGLIA, Silvio M; RUSSO, Lucio. Sulla prima "definizione" dell'Ottica di Euclide. *Bollettino dei Classici, Accademia dei Lincei*, **16**: 41-54, 1995.

OVIO, Giuseppe. *L'ottica di Euclide*. Milano: Ulrico Hoepli, 1918.

PAPPUS, d'Alexandrie. *La collection mathématique*. 2 vols. Trad. Paul ver Eecke. Paris: Desclée de Brouwer, 1933. 2 vols.

PLINY, the Elder. *The natural history*. Trad. John Bostock & Henry T. Riley. 6 vols. London: Henry G. Bohn, 1855-1857.

PLUTARCH. *Moralia*. With an English translation by Frank Cole Babbitt. 2 vols. Cambridge, MA: Harvard University Press, 1928.

PLUTARCH. *Plutarch's Morals*. Translated from the Greek by several hands. Corrected and revised by William W.

Goodwin. 3rd ed. 5 vols. Boston: Little, Brown, and Company, 1871.

PRIESTLEY, Joseph. *The history and present state of discoveries relating to vision, light, and colours*. London: printed for J. Johnson, 1772

RASHED, Roshdi. Le commentaire par al-Kindī de l'Optique d'Euclide: Un traité jusqu'ici inconnu. *Arabic Sciences and Philosophy*, 7 (1): 9-56, 1997 (a).

RASHED, Roshdi. *Oeuvres philosophiques et scientifiques d'al-Kindī. Volume 1 Optique et la Catoptrique*. Leiden: Brill, 1997 (b).

RAYNAUD, Dominique. Optics and perspective prior to Alberti. Pp. 165-171, in: STROZZI, Paolozzi; BORMAN, Marc (eds.). *The springtime of the Renaissance. Sculpture and the arts in Florence, 1400-60*. Firenze: Madragora, 2013.

RAYNAUD, Dominique. Perspectiva naturalis. Pp. 11-13, in: CAMEROTA, Filippo (ed.). *Nel segno di Masaccio. L'invenzione della prospettiva*. Firenze: Giunti, 2001.

RUDOLPH, Kelli. Democritus' perspectival theory of vision. *Journal of Hellenic Studies*, **131**: 67-83, 2011.

RUSSO, Lucio. *The forgotten revolution: how science was born in 300 BC and why it had to be reborn*. Trad. Silvio Levy. Berlin: Springer, 2013.

SCHÖNE, Hermann. Die Dioptra des Heron. *Jahrbuch des keiserlich deutschen archäologischen Instituts*, **14**: 91-103, 1899.

SIEBERT, Harald. Transformation of Euclid's *Optics* in Late Antiquity. *Nuncius*, **29**: 88-126, 2014.

SIMON, Gérard. Aux origines de la théorie des miroirs: sur l'authenticité de la "Catoptrique" d'Euclide. *Revue d'Histoire des Sciences*, **47** (2): 259-272, 1994.

TANNERY, Paul. *Recherches sur l'histoire de l'astronomie ancienne*. Paris: Gauthier-Villars, 1893.

TAYLOR, Brook. *New principles of linear perspective*: or the art of designing on a plane the representations of all sorts of objects, in a more general and simple method than has been done before. London: Knaplock, 1719.

TERRIER, Mathieu. Le mouvement de traduction gréco-arabe. In : TOUATI, Houari (ed.). *Encyclopédie de l'humanisme méditerranéen.* Octobre 2020. Disponível em: <https://www.encyclopedie-humanisme.com/?Mouvement-de-traduction-greco-arabe>. Consultado em 20/05/2022.

THEISEN, Wilfred Robert. *The Mediaeval tradition of Euclid's 'Optics'.* PhD Dissertation. Madison: University of Wisconsin, 1972.

THEISEN, Wilfred Robert. Liber de Visu: the Greco-Latin translation of Euclid's Optics. *Mediaeval Studies,* **41** (1): 44-105, 1979.

THEON, de Alexandria. *Commentaire de Théon d'Alexandrie, sur le premier [-second] livre de la Composition mathématique de Ptolémée.* Trad. Nicolas B. Halma. 2 vols. Paris: Merlin, 1821.

VITRUVIUS. *The ten books on Architecture.* Trad. Morris Hicky Morgan. Cambridge: Harvard University Press, 1914.

WARDHAUGH, Benjamin; BEELEY, Philip; NASIFOGLU, Yelda. *Euclid in print, 1482–1703.* A catalogue of the editions of the Elements and other Euclidean works. [London]: [The Bibliographical Society], 2020.[8]

---

[8] E-book disponível em: <http://www.bibsoc.org.uk/sites/bibsoc.org.uk/files/Euclid_v1.pdf>. Acesso em 31 de maio de 2022.